纺织品印花

FANGZHIPIN YINHUA

纺织品印花

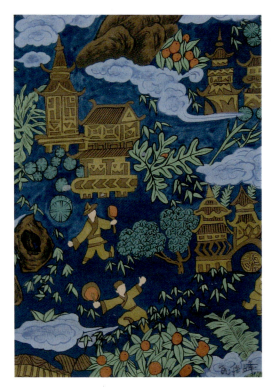

FANGZHIPIN YINHUA

纺织品印花

FANGZHIPIN YINHUA

纺织品印花

以上印花设计图稿由绍兴市中等专业学校陈蔚南老师及他的学生孙丹、阮佳峰、陈琴、宋雅红、屠雪萍、王亮、钱丹、竹旦英等绘制

中等职业教育染整技术专业规划教材编审委员会

主　任（按姓名笔画排序）
　　　　赵迪芳　潘荫缝

副主任（按姓名笔画排序）
　　　　马　振　王　飞　刘仁礼　周曙红

委　员（按姓名笔画排序）
　　　　马　振　王　飞　王　芳　王芳芳　王国栋
　　　　孔建明　刘仁礼　刘今强　许丽君　李忠良
　　　　何艳梅　陆水峰　陈莉菁　陈蔚南　周曙红
　　　　赵迪芳　宣旭初　宣海地　贺良震　郭葆青
　　　　梁　梅　梁雄娟　潘荫缝　魏丽丽

中等职业教育染整技术专业规划教材

纺织品印花

周曙红　主编
陈蔚南　副主编
刘今强　宣海地　主审

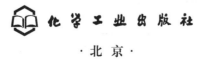

·北京·

本书介绍了纺织品印花材料特性、印花坯布前准备以及印花过程的常用设备，系统地论述了纺织品印花花样设计、印花原理和印花工艺，较详尽地阐述了不同织物印花时的工艺选择及实施方法，并就生产运转中常见的问题及相应的防止措施进行了介绍。对于新颖的印花相关技术，如无版制网、数码喷射印花等也作了适当的叙述，同时还介绍了一些特殊印花工艺和产品。

本书内容简洁明了，注重生产实际和应用效果，可作为中职、高职染整技术专业教材，也可供织物印花技术人员、生产工人和管理人员及纺织院校科研部门有关专业人员参考。

图书在版编目（CIP）数据

纺织品印花/周曙红主编. —北京：化学工业出版社，2011.4（2024.8重印）
中等职业教育染整技术专业规划教材
ISBN 978-7-122-10629-2

Ⅰ.纺⋯ Ⅱ.周⋯ Ⅲ.纺织品-印花-中等专业学校-教材 Ⅳ.TS194.6

中国版本图书馆CIP数据核字（2011）第031204号

责任编辑：旷英姿 李姿娇　　　　　文字编辑：林　媛
责任校对：郑　捷　　　　　　　　　装帧设计：王晓宇

出版发行：化学工业出版社（北京市东城区青年湖南街13号　邮政编码100011）
印　　装：北京科印技术咨询服务有限公司数码印刷分部
787mm×1092mm　1/16　印张15　彩插2　字数351千字　2024年8月北京第1版第6次印刷

购书咨询：010-64518888　　　　　　　售后服务：010-64518899
网　　址：http://www.cip.com.cn
凡购买本书，如有缺损质量问题，本社销售中心负责调换。

定　　价：39.00元　　　　　　　　　　　　　　　　　　　　　　　版权所有　违者必究

前 言

随着印染技术的迅速发展，纺织品印花加工发生了根本的变化，以计算机技术为代表的高新技术已广泛应用于现代印花加工，平网、圆网印花取代了滚筒印花成为印花加工的主力，数码喷射印花也有广阔的发展前景。特别是数码印花技术要求纺织品印花技术人员不仅要懂得印花工艺技术，同时也要具备印花图案设计的相关知识。本书可作为中职、高职染整技术专业学生的教科书，也可作为印染、纺织及印染图案设计行业人员的参考书。

本书在编写中，主要有以下几方面的特点。

（1）对传统教材的编写大纲和内容进行新的设计和编排，将纺织品印花分为基础知识、印前准备、工艺实施、后处理四个方面，每节中的内容可根据需要进行任务设计教学活动。

（2）综合介绍纺织品印花各方面的内容，改变只介绍印花工艺和印花设备的方式，在书中简单介绍了纺织材料、前处理，加入了纺织品印花图案设计的内容，形成一个整体。

（3）主要从实用的角度安排内容层次，对基本原理、基本工艺、常见质量问题的阐述力求通俗易懂，强调基本操作。

（4）重点讲解活性染料印花、涂料印花等目前常用的技术，并保留了常规的印花工艺内容，作为印花理念的一种选择参考。

（5）在内容选择上注重新老结合，尽量反映印花新工艺、新技术、新材料和绿色环保方面的新知识。

本教材分四篇共二十章，其中第一章至第三章、第七章至第二十章由诸暨市实验职业中学周曙红编写，第四章、第五章由绍兴市中等专业学校陈蔚南编写，第六章由广西纺织工业学校梁雄娟与周曙红合作编写，全书设备结构图与流程图由诸暨市职业教育中心宣旭初编写。全书统稿工作由周曙红完成。浙江理工大学材料与纺织学院的刘今强教授以及浙江富润印染有限公司的宣海地担任本书的主审。

本书在编写过程中，参阅了国内印染界前辈和同行的一些相关著作和文献，书后附有的参考文献反映了素材出处，以尊重原作者的辛勤劳动，并表示由衷的谢意。广西纺织工业学校刘仁礼、绍兴市中等专业学校王飞、绍兴县职教中心的马振与王国栋等在教材建设工作会议上对本书的编写提出了宝贵的建议；浙江理工大学材料与纺织学院博士生导师刘今强教授与浙江富润印染有限公司的领导宣海地在审稿中提出了很多较好的意见；绍兴地区多家印染厂，特别是浙江富润印染有限公司各部门的技术人员何东梁、寿海中、魏强等对本书的编写提供了很多帮助，在此一并表示真挚的谢意。

尽管编者对书中的技术内容多方考证，力求准确实用，但由于水平所限，加之印染行业新技术、新方法、新设备、新材料层出不穷，书中难免有不足之处，恳请专家与读者批评指正。

编者

2010 年 12 月

目 录

第一篇 印花基础知识

第一章 纺织品印花概述 ……………………………………………………………………… 2
第一节 印花的历史与发展 …………… 2
一、印花概述 …………………………… 2
二、印花的历史与发展 ………………… 2
第二节 印花与染色的异同 …………… 3
一、印花与染色的相同点 ……………… 3
二、印花与染色的不同点 ……………… 4
思考与练习 ……………………………… 5

第二章 纺织品印花方法 ……………………………………………………………………… 6
第一节 不同设备印花方法 …………… 6
一、型版印花 …………………………… 6
二、筛网印花 …………………………… 6
三、滚筒印花 …………………………… 6
四、转移印花 …………………………… 7
五、喷射印花技术 ……………………… 7
六、其他印花法 ………………………… 7
第二节 不同工艺印花方法 …………… 7
一、直接印花 …………………………… 7
二、拔染印花 …………………………… 8
三、防染印花 …………………………… 8
四、防印印花 …………………………… 8
思考与练习 ……………………………… 9

第二篇 印花前准备

第三章 印花坯布准备 ………………………………………………………………………… 12
第一节 织物材料分析 ………………… 12
一、纺织纤维及其分类 ………………… 12
二、纺织纤维的鉴别 …………………… 12
三、纤维特性 …………………………… 12
第二节 印花前处理 …………………… 15
一、棉布及含棉织物前处理 …………… 15
二、毛织物的前处理 …………………… 15
三、丝织物的前处理 …………………… 16
四、合成纤维及其混纺制品的前处理 … 16
五、前处理半成品的要求 ……………… 16
思考与练习 ……………………………… 16

第四章 印花花样设计 ………………………………………………………………………… 18
第一节 印染美术概述 ………………… 18
一、印染美术的发展 …………………… 18
二、印花图案的形式美原理 …………… 18
第二节 印花图案的艺术造形基础 …… 19
一、印染图案的造形素材 ……………… 19
二、图案设计准备 ……………………… 20
三、花卉的组织结构和生长规律 ……… 21
四、花卉写生的方法 …………………… 22
五、写生稿的变化 ……………………… 22
第三节 印花图案设计的构图法则及工艺拼接 ………………………………… 23
一、印花图案设计的构图法则 ………… 23
二、印花图案设计的工艺拼接方法 …… 26
第四节 印花图案色彩的艺术处理 …… 26
一、色彩的基本知识 …………………… 26
二、色彩的艺术处理 …………………… 27
第五节 印花图案的艺术设计技法 …… 27
一、印花花样设计的塑造技法 ………… 27

二、印花图案的风格 …… 28
三、印花图案艺术设计的基本步骤 …… 29
思考与练习 …… 30

第五章 印花电脑分色 …… 31

第一节 印花电脑分色系统 …… 31
 一、概述 …… 31
 二、电脑分色软件的特点 …… 31
 三、系统的基本配置 …… 32
 四、系统处理流程 …… 32
第二节 印花电脑分色系统功能与操作 …… 32
 一、主要菜单操作 …… 33
 二、分色常规绘图工具的操作 …… 36
 三、分色专用绘图工具操作 …… 40
 四、分色图稿的后期处理 …… 42
思考与练习 …… 44

第六章 制网雕刻 …… 45

第一节 平网制版 …… 45
 一、筛网制作 …… 45
 二、平网的制版 …… 46
第二节 圆网制作 …… 48
 一、圆网准备 …… 48
 二、圆网的制版 …… 49
第三节 花筒雕刻 …… 50
 一、滚筒雕刻的工艺方法 …… 51
 二、照相雕刻的工艺操作 …… 51
第四节 无版制网 …… 52
 一、喷蜡制网 …… 52
 二、喷墨制网 …… 54
 三、激光制网 …… 54
思考与练习 …… 55

第七章 印花工艺制定 …… 56

第一节 印花工艺设计 …… 56
 一、印花生产工艺流程 …… 56
 二、工艺流程说明 …… 56
第二节 仿色打样 …… 59
 一、拼色原则 …… 59
 二、拼色注意点 …… 60
 三、打小样 …… 60
 四、放大样 …… 60
思考与练习 …… 61

第八章 色浆调制 …… 62

第一节 原糊的作用及对原糊的要求 …… 62
 一、原糊的作用 …… 62
 二、对原糊的要求 …… 62
第二节 常用糊料性能 …… 63
 一、淀粉糊 …… 63
 二、淀粉衍生物 …… 63
 三、海藻酸钠糊 …… 64
 四、甲基纤维素 …… 65
 五、羧甲基纤维素 …… 65
 六、龙胶 …… 66
 七、合成龙胶糊 …… 66
 八、乳化糊 …… 66
 九、合成增稠剂 …… 68
第三节 调浆设备 …… 69
 一、煮糊锅 …… 69
 二、快速煮糊器 …… 69
 三、薄板式煮糊机 …… 70
 四、全自动色浆调配系统 …… 70
思考与练习 …… 72

第三篇 印花工艺实施

第九章 纤维素纤维（纯棉）织物直接印花 …… 76

第一节 活性染料直接印花 …… 76
 一、活性染料印花的特点 …… 76

二、印花用活性染料的选择 …………… 77
三、活性染料直接印花工艺 ……………… 78
第二节 还原染料直接印花 ……………… 81
一、还原染料印花的特点 ………………… 81
二、印花用还原染料的选择 ……………… 81
三、还原染料直接印花工艺 ……………… 82
第三节 可溶性还原染料直接印花 ……… 86
一、可溶性还原染料的特点 ……………… 86
二、可溶性还原染料的选择 ……………… 87
三、可溶性还原染料直接印花工艺 ……… 87
第四节 不溶性偶氮染料直接印花 ……… 89
一、不溶性偶氮染料印花的特点 ………… 90
二、印花用不溶性偶氮染料的选择 ……… 90
三、不溶性偶氮染料直接印花工艺 ……… 90

第五节 稳定不溶性偶氮染料直接印花 …… 96
一、稳定不溶性偶氮染料印花的特点 …… 96
二、印花用稳定不溶性偶氮染料的选择 … 96
三、稳定不溶性偶氮染料直接印花工艺 … 98
第六节 酞菁染料直接印花 ……………… 101
一、酞菁染料印花的特点 ………………… 101
二、印花用酞菁染料的选择 ……………… 101
三、酞菁染料直接印花工艺 ……………… 102
第七节 硫化、硫化缩聚染料直接印花 …… 104
一、硫化、硫化缩聚染料印花的特点 …… 104
二、硫化、硫化缩聚染料直接印花
　　工艺 …………………………………… 105
思考与练习 ………………………………… 106

第十章 纤维素纤维（纯棉）织物防拔染印花 ……………………………………………… 107

第一节 棉织物拔染印花 ………………… 107
一、拔染原理及常用地色 ………………… 107
二、常用的拔染用剂 ……………………… 107
三、活性染料地色拔染印花工艺 ………… 109
四、不溶性偶氮染料地色拔染印花
　　工艺 …………………………………… 110
五、靛蓝牛仔布拔染印花工艺 …………… 111

第二节 棉织物防染印花 ………………… 112
一、防染用剂 ……………………………… 113
二、防染印花地色染料的选择 …………… 113
三、活性染料地色防染印花工艺 ………… 113
四、不溶性偶氮染料地色的防染印花
　　方法 …………………………………… 117
思考与练习 ………………………………… 121

第十一章 纤维素纤维（纯棉）织物综合直接印花 ……………………………………… 123

第一节 棉织物各种染料的共同印花 …… 123
一、共同印花时花筒的排列 ……………… 123
二、活性染料与其他染料的共同印花 …… 124
三、不溶性偶氮染料与其他染料共同
　　印花 …………………………………… 125
第二节 棉织物各种染料的同浆印花 …… 126
一、同浆印花的特点 ……………………… 126

二、同浆印花的要求 ……………………… 127
三、不溶性偶氮染料与涂料同浆印花 …… 127
四、不溶性偶氮染料与暂溶性染料同浆
　　印花 …………………………………… 127
五、活性染料与可溶性还原染料同浆
　　印花 …………………………………… 128
思考与练习 ………………………………… 128

第十二章 蛋白质纤维织物印花 ……………………………………………………………… 130

第一节 蚕丝织物直接印花 ……………… 130
一、蚕丝织物印花前处理 ………………… 130
二、蚕丝织物直接印花用染料的选择 …… 130
三、蚕丝织物弱酸性和直接染料直接印花
　　工艺 …………………………………… 131
四、蚕丝织物中性染料直接印花工艺 …… 132
五、蚕丝织物碱性及阳离子染料直接印花
　　工艺 …………………………………… 132

六、蚕丝织物活性染料直接印花工艺 …… 133
七、蚕丝织物还原染料直接印花工艺 …… 134
第二节 蚕丝织物特种直接印花 ………… 134
一、蚕丝织物特种直接印花的特点 ……… 134
二、蚕丝织物渗透印花工艺 ……………… 134
三、蚕丝织物渗化印花工艺 ……………… 135
四、蚕丝织物印经印花工艺 ……………… 135
五、蚕丝织物浮雕印花工艺 ……………… 136

第三节　蚕丝织物防拔染印花 ………… 136
　　一、蚕丝织物防拔染印花的特点 ……… 136
　　二、蚕丝织物拔染印花工艺 …………… 136
　　三、蚕丝织物拔印印花工艺 …………… 137
　　四、蚕丝织物防染印花工艺 …………… 137
第四节　羊毛织物直接印花 …………… 138
　　一、羊毛的氯化处理 …………………… 138
　　二、羊毛织物酸性染料直接印花工艺 … 138
　　三、羊毛织物活性染料直接印花工艺 … 139
　　四、羊毛织物中性染料直接印花工艺 … 139
思考与练习 ……………………………… 140

第十三章　其他纤维及混纺织物印花 …………………………………………… 141

第一节　涤纶织物直接印花 …………… 141
　　一、分散染料的特性 …………………… 141
　　二、纯涤纶印花对分散染料的要求 …… 141
　　三、分散染料印花工艺 ………………… 141
第二节　涤/棉织物单一染料直接印花 … 143
　　一、涤/棉织物印花前处理 …………… 143
　　二、涤/棉织物涂料直接印花工艺 …… 144
　　三、涤/棉织物聚酯士林染料印花工艺 … 145
　　四、涤/棉织物分散染料印花工艺 …… 145
　　五、涤/棉织物可溶性还原染料印花
　　　　工艺 ………………………………… 146
第三节　涤/棉织物同浆印花 ………… 147
　　一、分散/活性染料同浆印花工艺 …… 148
　　二、分散/还原染料同浆印花工艺 …… 150
　　三、分散/可溶性还原染料同浆印花 … 150
第四节　涤纶织物防染印花 …………… 151
　　一、涤纶防染印花的方法 ……………… 151
　　二、防染剂的选择 ……………………… 151
　　三、羟甲基亚磺酸盐防染印花工艺 …… 151
　　四、氯化亚锡防染印花工艺 …………… 152
　　五、金属盐防染印花工艺 ……………… 153
第五节　黏胶纤维织物印花 …………… 153
　　一、黏胶纤维的特点 …………………… 153
　　二、黏胶织物印花方法 ………………… 154
　　三、黏胶纤维活性染料直接印花工艺 … 154
第六节　锦纶织物直接印花 …………… 155
　　一、锦纶纤维的特点 …………………… 155
　　二、锦纶织物印花用染料选择 ………… 156
　　三、锦纶织物印花前处理 ……………… 156
　　四、锦纶织物印花工艺 ………………… 157
　　五、锦纶与其他纤维混纺织物印花
　　　　工艺 ………………………………… 158
第七节　腈纶及混纺织物直接印花 …… 158
　　一、腈纶纤维织物的特点 ……………… 158
　　二、腈纶及混纺织物印花用染料的
　　　　选择 ………………………………… 158
　　三、腈纶及其混纺织物的印花前处理 … 159
　　四、腈纶及混纺织物印花工艺 ………… 159
思考与练习 ……………………………… 160

第十四章　新型印花 …………………………………………………………………… 162

第一节　涂料印花 ……………………… 162
　　一、涂料印花特点 ……………………… 162
　　二、涂料印花各种用剂的作用 ………… 163
　　三、涂料印花工艺 ……………………… 166
第二节　转移印花 ……………………… 168
　　一、转移印花特点 ……………………… 168
　　二、转移印花用染料的选择 …………… 169
　　三、转移印花纸的印刷 ………………… 169
　　四、转移印花工艺 ……………………… 170
第三节　数码喷射印花 ………………… 171
　　一、数码喷射印花的特点 ……………… 172
　　二、数码喷射印花的原理 ……………… 172
　　三、数码喷射印花油墨的选择 ………… 173
　　四、数码喷射印花工艺 ………………… 174
思考与练习 ……………………………… 175

第十五章　特种印花 …………………………………………………………………… 176

第一节　烂花印花 ……………………… 176
　　一、烂花原理 …………………………… 176
　　二、烂花腐蚀剂 ………………………… 177
　　三、涤棉混纺及涤棉包芯纱织物烂花印花

　　　　工艺 …………………………………… 177
　　四、真丝或锦纶与人造纤维的交织物的烂
　　　　花印花工艺 ………………………… 178
　第二节　泡泡纱的印制 …………………… 179
　　一、纯棉泡泡纱印制 …………………… 179
　　二、合成纤维泡泡纱的印制 …………… 180
　第三节　发光印花 ………………………… 180
　　一、夜光印花 …………………………… 181
　　二、钻石印花 …………………………… 182
　　三、珠光印花 …………………………… 183
　　四、金粉和银粉印花 …………………… 184
　第四节　发泡印花 ………………………… 185
　　一、发泡印花的方法 …………………… 186
　　二、热塑性树脂化学发泡印花工艺 …… 186
　第五节　微胶囊印花 ……………………… 188
　　一、微胶囊染料的性能 ………………… 188
　　二、微胶囊相分离制造法 ……………… 188
　　三、微胶囊印花类型 …………………… 189
　　四、涤纶及涤棉织物微胶囊染料印花
　　　　工艺 ………………………………… 192
　思考与练习 ………………………………… 192

第十六章　绒面、针织物和成衣印花 ……………………………………………………………… 193
　第一节　绒布印花 ………………………… 193
　　一、绒布印花工艺 ……………………… 193
　　二、绒布花色起绒印花工艺 …………… 194
　第二节　灯芯绒织物印花 ………………… 195
　　一、灯芯绒织物花型设计与选择 ……… 196
　　二、灯芯绒织物印花方式的选择 ……… 196
　　三、灯芯绒织物印花工艺 ……………… 196
　第三节　针织物印花 ……………………… 197
　　一、针织物前处理要求 ………………… 197
　　二、针织物印花机械的选择 …………… 197
　　三、针织物印花工艺 …………………… 197
　第四节　成衣印花 ………………………… 199
　　一、成衣印花方式 ……………………… 199
　　二、成衣印花设备 ……………………… 200
　　三、成衣印花工艺 ……………………… 200
　思考与练习 ………………………………… 202

第十七章　印花工艺操作 ……………………………………………………………………………… 203
　第一节　印花设备 ………………………… 203
　　一、滚筒印花机 ………………………… 203
　　二、平网印花机 ………………………… 203
　　三、圆网印花机 ………………………… 204
　　四、转移印花机 ………………………… 204
　　五、数码喷射印花机 …………………… 205
　第二节　印花运转操作 …………………… 205
　　一、平网印花运转操作 ………………… 205
　　二、圆网印花运转操作 ………………… 206
　　三、滚筒印花运转操作 ………………… 207
　思考与练习 ………………………………… 208

第四篇　印花后处理

第十八章　蒸化 ……………………………………………………………………………………… 210
　第一节　蒸化原理 ………………………… 210
　　一、蒸化的目的 ………………………… 210
　　二、蒸化固色原理 ……………………… 210
　　三、蒸汽在蒸化过程中的作用 ………… 210
　第二节　蒸化设备 ………………………… 211
　　一、还原蒸化机 ………………………… 211
　　二、圆筒蒸化机 ………………………… 211
　　三、连续式长环蒸化机 ………………… 211
　　四、快速蒸化机 ………………………… 214
　思考与练习 ………………………………… 215

第十九章　水皂洗 …………………………………………………………………………………… 216
　第一节　水皂洗原理 ……………………… 216
　　一、水皂洗的目的 ……………………… 216
　　二、水皂洗的原理 ……………………… 216
　第二节　水皂洗设备 ……………………… 216

一、高效平幅皂洗机 …………… 217
　二、松式绳状水洗联合机 ………… 217
　思考与练习 ……………………… 218

第二十章　印花常见疵病 …………………………………………………………………… 219
第一节　平网印花常见疵病及防止 ………… 219
　一、平网印花疵病产生形式 ……… 219
　二、平网印花常见疵病及防止措施 … 219
第二节　圆网印花常见疵病及防止 ………… 221
　一、圆网印花疵病产生形式 ……… 221
　二、圆网印花常见疵病及防止措施 … 221
第三节　滚筒印花常见疵病及防止 ………… 223
　一、滚筒印花疵病产生形式 ……… 223
　二、滚筒印花常见疵病及防止措施 … 223
　思考与练习 ……………………… 224

参考文献 …………………………………………………………………………………… 225

第一篇

印花基础知识

- 第一章 纺织品印花概述
- 第二章 纺织品印花方法

第一章 纺织品印花概述

第一节 印花的历史与发展

一、印花概述

印花是局部染色,它是将染料或涂料与糊料、助剂和其他必要的化学药剂制成色浆,通过印花设备施敷于纺织品上,印制出有花纹图案的加工过程。

纺织品印花绝大多数是织物印花,其中主要是棉织物、丝织物和化纤及其混纺织物印花,毛织物印花为数不多,此外还有纱线、毛条印花以及成衣印花等,本书将以织物印花为主来系统讨论纺织品印花。

二、印花的历史与发展

纺织品印花技术在我国已有古老而绵长的发展历史。语言文字是生产劳动等社会实践的真实写照,在古代中国文字里就存在不少关于纺织品印染生产工艺形象的记录,如在出土甲骨文字里的"染"字,非常形象地组合了丝帛外形、在染液中牵举操作的手形、盛染液以浸染的釜鼎三者,几乎就是染色生产的直观写照。近代以来考古发现印花纺织品的文物更具体反映出当时纺织品印花的生产工艺。

商周时期,关于纺织品印花和染色方面的记录主要见于《周礼》、《仪礼》、《礼记》、《诗经》等。如《周礼·冬官·考工记》关于"画缋之事"的记载,《小雅·采绿》载:"终朝采绿,不盈一匊,予发曲局,薄言归沐。终朝采蓝,不盈一襜,五日为期,六日不詹"等。其文物主要有两处发现:一是残留在殷墟妇女墓青铜器上的一些朱砂涂染的平纹绢、缣、绮、纱、縠及四经绞罗印痕;二是出土于陕西宝鸡茹家庄西周墓青铜器和泥土上的丝织物和刺绣印痕,刺绣地帛上可清晰地看到朱红、石黄、褐、棕四色。

秦汉时期,一本专门为学童识字而撰写的书《急就篇》中,记录不少与纺织品染色相关的色名,如缥、绿、绀等字。西汉时期的纺织品考古发现主要来自马王堆一号墓、南越王墓等。如马王堆一号墓出土印花实物有两种,一是金银色印花纱,二是印花敷彩纱。南越王墓中发现两件铜质印花版及此印花版所制印花纱。

从东汉开始到魏晋,考古发现的印花纺织品实物渐多,主要来自于西北地区,常见的是蜡缬和绞缬。如1967年阿斯塔那第85号墓出土的大红、绛色两件绞缬绢;1959年,在新疆民丰北大沙漠东汉墓中出土的两块蜡缬棉布等。

六朝时期,与纺织品印花有关的记录,主要见于宗教、志怪题材类文学作品,如北魏杨衒之的《洛阳伽蓝记》载:"既染,则解其结,凡结处皆为元色,余则入染色,谓之彩缬,今民间亦多为之。"由于记载的纺织品花色名目比较具体,且有工艺流程的描述,所以弥足珍贵。这一时期中特别重要的著作是贾思勰的《齐民要术》,书中提到种红花、蓝花、栀子,种蓝及种紫草,是古代文献中首次出现的关于植物染料生产方法的科学性叙述。

隋唐时期，印花纺织品名频繁出现在诗歌、小说、佛经、史书等文献中，常见的是缬类印花纺织品以及金泥、银泥等印花工艺名。如唐诗白居易《玩半开花赠皇甫郎中》中"紫蜡黏为蒂，红苏点作蕤"。日本佛教天台宗山门派创始人圆仁于九世纪中叶越海留唐返回日本后完成的《入唐求法巡礼行记》也记录有隋唐印花纺织品的一些信息。

辽宋金时期，文献记载较为详尽，一些书中不仅记载了印花纺织品名，而且还兼记工艺过程、事件方面的简单内容。如北宋高承《事物纪原》中有关夹缬工艺的介绍，南宋周去非《岭外代答》有关于"猺斑布"制法的介绍等都是些有案可寻的记载，人事、时间、地点也都比较明确。在《宋史·舆服志》、《金史·舆服志》中，比较多地记载了印花纺织品的生产、使用规定。《洛阳搢绅旧闻迟》中还具体提到了印花工的名号"李装花"。

元明清时期，元代的《碎金》、明代的《本草纲目》以及入清后至民国年间《苏州织造局志》、《丝绣笔记》、《木棉谱》等许多文献都记载了纺织品印花的相关内容。

隋宋元明清时期，纺织品印花生产普及，应用普遍，因此考古发现文物也非常丰富，这些几千年来我们祖先留下的灿烂遗产考证了现今常见的各种印花工艺，如直接印花、防染印花及扎染、蜡染等都源于中国。

1780年苏格兰人詹姆士·贝尔（J. Bell）发明了第一台滚筒印花机，使纺织品印花步入了机械化加工时代。1944年瑞士布塞（Buser）公司为适应小批量、多品种的生产，研究制造了全自动平网印花机，它的诞生也为荷兰斯托克（Stork）公司圆网印花机的问世打下了基础，这些印花机的发展与应用奠定了西方工业国家在现代纺织品印花技术领域的领先地位。

新中国成立前，我国生产力水平低下，纺织品印花技术长期处于落后状态，产品花型陈旧、工艺落后、花布褪色发脆、缩水率大。新中国成立后，我国的纺织品生产技术不断提高，印花布和花布服饰发展迅速，出口迅速扩大，全球市场占有率不断提高。现在我国印花布生产用染化料已基本自给，新染料、新助剂、新工艺、新技术不断涌现，生产出的产品花色鲜艳、图案清晰、精细度高，花布面貌焕然一新。特别是近几十年来，由于筛网印花技术的不断完善，合成纤维和新型纤维、新型染料的相继问世以及新型雕刻技术和数字印制技术的飞速发展，使纺织品印花技术更科学化。中国作为世界纺织大国，借助经济高速发展的动力，在纺织品印花技术上的创新正在赶超世界先进水平，未来我们的纺织印花产品必将更加丰富多彩。

第二节 印花与染色的异同

一、印花与染色的相同点

印花和染色过程中，染料上染纤维的机理是相同的，都包括相互既有区别又有联系且彼此制约的吸附、扩散、固着三个阶段。只是在印花中某一颜色的染料按花纹图案要求施敷在纺织品的局部，经过一定的后处理完成染料上染纤维，进而在纺织品上得到具有一种或多种颜色的印花产品。所以，印花也可以说是"局部染色"。

选择染色和印花使用同一类型的染料时，所用化学助剂的物理与化学属性是相似或相同的，因此它们的染料染着及固色原理也就相似或相同。而对于同一品种的纤维制品，若用同一染料染色和印花可具有相同的各项染色牢度，例如还原染料染色时牢度好，在印花产品上其牢度也好。

二、印花与染色的不同点

印花与染色的不同之处在于以下几个方面。

（1）在印花与染色操作中，染色加工用的是染料水溶液，一般不加增稠性糊料或仅加入少量糊料；而印花用的是色浆，色浆是在染料溶液或分散液中加入较多的增稠性糊料调成的具有一定黏度的浆状物，以防止印花时由于花纹渗化而造成花型轮廓不清、花型失真以及印后烘燥时染料的泳移。

（2）染色时染料浓度一般不高，染料溶解问题不太大，通常不加助溶剂。印花时色浆中的染料、化学助剂的浓度比一般染浴中的浓度要高得多，加之含有大量糊料，造成了染料溶解困难，所以印花浆中要加助溶剂如尿素、酒精、溶解盐B等。

（3）染色时（特别是浸染），织物在染浴中有较长的作用时间，使染料能较充分地扩散、渗透到纤维中去完成染着过程。而印花时染料在浆中，不易扩散渗透，所以印花后要经过后处理的汽蒸或焙烘等手段来提高染料的扩散速率，帮助染料染着纤维。

（4）染色时如果需要拼色，一般要求用同类型染料进行拼色，很少用两种不同类型的染料拼色（染混纺织物时例外）。而印花则可以在同一纺织品上采用几种不同类型的染料进行共同印花，如：涂料与不溶性偶氮染料同印、活性染料与不溶性偶氮染料同印、活性染料与快磺素同印、不溶性偶氮染料与缩聚染料同印等，有时也可在同一色浆中采用不同类型的染料进行同浆印花，如：涂料与不溶性偶氮染料同浆、分散染料与活性染料同浆等。再加上有拔染印花、防染印花和防印印花等多种工艺，因此印花工艺设计有别于染色。印花工作者必须深刻认识各种染料和助剂的特性，利用染料和助剂相互间的矛盾和相容性为产品服务，印制出一些具有特殊风格的印花产品。

（5）印花和染色所用染料大致相同，但也有一些是专门用于印花的染料，如印花用活性染料（国产P型活性染料等）、稳定不溶性偶氮染料、可溶性还原染料等。

（6）印花织物有白地印花，或拔白、防白印花的产品，因此要求印花布半制品前处理类似于漂白布半制品的白度要求，印花后一般还要吃漂水，而染色布半制品对白度要求较低，尤其是染深浓色时前处理可以不漂白。

（7）染色时对织物的纬斜控制要求不高。印花时则不能有纬斜，尤其是对格子形、横条形、正方形或人物类等花型，对半制品纬斜要求很严格，对织物的门幅也应有一定要求，以免在印花后拉幅时产生花斜和织物上花纹图案变形。

（8）染色半制品要求有较好的毛细管效应，以利于染色时染料向纤维内部扩散、渗透。印花加工时，印花和烘燥是连续的，染料作用时间短，又要求印花处花纹色泽均匀、轮廓清晰、线条光洁、没有断线。因此，对印花半制品而言，不仅毛效要均匀且具有良好的"瞬时毛效"，而且前处理加工每一步都很重要，只有获得良好的半制品质量，才能保证印花质量，因此印花半制品的前处理要求比染色半制品要高。

（9）印花对坯布疵点的掩盖性比染色好，尤其是一些紊乱花型对有的坯布织疵具有良好的掩盖作用。

（10）对有色纺织品来说，染色制品要求色泽均匀丰满，鲜艳透芯，而印花制品则要求图案明朗大方，花型轮廓清晰，花鲜地白，色泽饱满，具有艺术性。

思考与练习

1. 什么是织物印花？它有什么特点？
2. 印花和染色的主要区别是什么？
3. 印花为何不能用染液，而需要用色浆？
4. 印花时染料的利用率为什么通常比染色低？

第二章　纺织品印花方法

第一节　不同设备印花方法

根据印花机械设备的不同，纺织品的印花方法分为以下几类。

一、型版印花

型版印花是在纸版（浸过油的型纸）、金属版或化学版上雕刻出镂空的花纹，覆于织物上，用刷帚或刮刀蘸取色浆在型版上涂刷，使印花色浆通过镂空部位在织物上形成花型。目前在手工印花厂用这种方法来印制手帕、头巾、毛巾等织物，还用于运动衣上的刷字印花。

利用油纸复制而成的镂空版，容易描绘和镂刻，不易吸水变形，用金属版或化学版的筛网可增加强度，应用灵活，雕刻制版方便，适用于小批量生产，彩色的花型可按色数分别制版，每版用一种色浆，经多次套印制成彩色产品，花纹大小，套色不受限制，印制织物的色泽浓艳，成本低廉。但型版印花不能印制着色面积大的图案，印制的花型轮廓不够清晰，花纹也不够精细，难以印制直线条套版花型和镂空的圆环形花纹，彩色花型套色对花比较困难，产量低，劳动强度大。

二、筛网印花

筛网印花的主要印花装置为筛网，它源于型版印花。筛网又分为平版筛网和圆筒筛网两种。

1. 平版筛网印花

平版筛网（平网）印花时要先制备筛框，即将筛网绷在金属或木质矩形框架上，筛框上有花纹的地方呈镂空的网眼，无花纹处网眼堵塞。印花时色浆被刮过网眼而印到织物上。

2. 圆筒筛网印花

圆筒筛网（圆网）印花是采用镍质圆形金属网，安装在一个平台可以旋转的固定位置上，刮刀（或磁棒）安装在空心镍网中，色浆用给浆泵通过刮刀的轴芯注入网内。印花时，织物随橡胶导带在平台上运行，刮刀使色浆受压透过网孔，在织物上印制出花纹。

平网印花有手工和机械之别，而圆网印花是连续化的机械运行，圆网和平网印花是目前广泛采用的印花方法。这种印花方法印花套数多，单元花样花型排列比较活泼，纺织品所受张力小，不易变形，花色鲜艳度优良，得色丰满，而且网印疵布较少，特别适用于小批量、多品种生产。

三、滚筒印花

滚筒印花的主要印花装置是刻有花纹的铜辊，又称花筒。根据设备型号可以装几只花筒就称几色印花机，如八色印花机。印花机上的每一个花筒均配置有浆盘、给浆辊、刮浆刀和除纱铲色小刀，印花时，浆盘中的色浆由给浆辊传递给花筒，用刮浆刀刮除花筒表面的色浆，花筒凹纹中所贮的色浆经过花筒与承压辊相对挤压，色浆便被转移到织物上，从而完成印花工序。滚筒印花生产成本低，生产效率高，现代滚筒印花机的印花布速可达100m/min。产量高，适宜大批量生产，印制花纹轮廓清晰，雕刻手法较多，一个花筒可以印制出丰富的层次，可印制精细线条花纹。但纺织品所受张力大，印花套色和花纹大小受限，先印的花纹受后印的花筒挤压易造成传色和色泽不够丰满，影响花色鲜艳度。

四、转移印花

转移印花是根据花纹图案把染料或涂料印在纸上，制成转印纸，而后在一定条件下使转印纸上的染料或涂料转移到纺织品上去的印花方法。利用热使染料从转印纸升华转移到纺织品上的方法叫热转移法；利用一定温度、压力和溶剂的作用，使染料从转印纸上剥离而转移到纺织品上的方法叫湿转移法。转移印花特别适于印制小批量的品种，印花后不需要后处理，减少了污染，属清洁加工。印制的图案丰富多彩，层次丰满，花样的表现能力强，印花疵点少，适合印制出花型逼真、艺术性高的摄影图案和几何花型。但转印纸的耗量大，成本高；热转移法所使用的分散染料升华牢度较低；活性染料湿转移法存在生产周期长且污水排放的问题。目前转移印花主要用于涤纶、锦纶纺织品的印花，在天然纤维纺织品上进行转移印花还有待创新发展。

五、喷射印花技术

数码喷射印花技术是随着计算机技术发展而形成的计算机一体化技术，是对传统纺织印染行业的一次重大革命。

数码喷射印花是通过各种输入手段（扫描仪、数码相机等），把所需的图案输入计算机，或直接用数码图案设计系统设计图案，经过一定的处理后，再由计算机控制喷射染液的喷嘴将染料小液滴喷射并停留在织物上进行印花。印花时省去制版和调浆两个工序，简化了印花生产过程，印得的产品图案精致，接近仿真效果，喷印时由于按需喷液，染化料几乎没有浪费和产生废料，生产过程基本无废水排放，能耗低，且有利于环保。适宜于小批量、多品种和快速化生产。但目前喷射印花生产速度慢，和常规筛网印花相比差距很大，所用染料成本高，一般为常规筛网印花10~15倍。

六、其他印花法

除上述常用的印花方法外，还有一些用于生产特殊印花产品及现在正迅猛发展的新型印花方法，主要有静电植绒印花、静电传真印花、感光印花、喷雾印花及金、银箔特种印花等。

第二节　不同工艺印花方法

根据纺织品的印花工艺不同，印花方法可分为以下几种。

一、直接印花

直接印花是将含有染料（或涂料）、糊料、化学药剂的色浆直接印到白布或染有地色的织物上，地色上印花称为罩印，印花之处的染料上染固着，获得各种花纹图案，未印花之处，仍保持白地或原来的地色，印花色浆中的化学药品与地色不发生化学作用，印上去的染料对浅地色有一定的遮色、拼色作用。

直接印花根据花型图案可分为三类印花产品，即白地花布，其花色较少，白地多；满地花布，其花色多，白地少；地色罩印花布，是在染色布上印花，此种花布上没有白花，地色比花色浅，地色与花色属于同类色，是应用广泛的一种印花方式。

二、拔染印花

拔染印花是先染色后印花，用含有拔染剂的浆料印在已经染有地色的织物上，以破坏织物上印花部分的地色，从而获得各种花纹图案的印花方法。拔染剂印在地色织物上，获得白色花纹的拔染，称作拔白印花。若在印花浆中加入能耐拔染剂的染料，则在破坏地色的同时又染上另一种颜色，叫色拔（又称着色拔染）。拔白印花和色拔印花可同时应用于一个花样上。

拔染印花织物的地色色泽丰满艳亮，花纹精细、轮廓清晰，花纹与地色之间没有第三色，效果较好。但该工艺比较复杂，印花时较难发现病疵，印花成本较高，而且适宜于拔染的地色不多，所以应用有一定局限性。

三、防染印花

防染印花是先印花后染色，先用防染剂（或染料和防染剂）在织物上印花，再在染色机上进行染色，因印花处有防染剂存在，地色染料就不能上染，因此印花处仍保持洁白的白地，称为防白印花；如果在印花浆中加入一种能耐防染剂的染料，则在防染的同时又上染另一种颜色，叫色防（又称着色防染），防白印花和着色防染印花可同时应用在一个花样上。

如果选择一种防染剂，它能部分地在印花处防染地色或对地色起缓染作用，最后使印花处既不是防白，也不是全部上染地色，而出现浅于地色的花纹，且花纹处颜色的染色牢度符合标准，简称半防印花。

防染印花工艺较短，适用的地色染料也较多，但是花纹一般不及拔染印花精细，如工艺和操作控制不当，花纹轮廓易于渗化而不光洁，或发生罩色造成白花不白、花色变萎的缺陷。

四、防印印花

防印印花是指在印花机印花时，利用罩印的办法来完成防染或拔染及其"染地"的整个加工过程，也叫防浆印花，它一般是先印防印浆，而后在其上罩印地色浆，罩印处染料由于被防染或拔染而不能发色或固色，最后经洗涤去除。防浆印花可分为湿法防印和干法防印。湿法防印是将防印浆和地色浆在印花机上一次完成的印花工艺，但它不适于印制线条类的精细花纹，罩印中易使线条变粗。干法防印一般分两次完成，第一次在印花机上先印防印浆，烘干后第二次罩印地色浆。

在实际生产中以湿法罩印印花为多。防印印花机理与防染印花相同，但生产流程缩短，质量比防染印花稳定，且较容易控制，一个花型可以设计多种防印工艺：机械性防印或化学性防印，局部防印或全面防印。工艺灵活性较大，但最终效果要在汽蒸、水洗、皂煮处理结束时才能显示出来，因此工艺参数的控制和管理显得尤为重要，同时对于精细线条、小点子、云纹等花型，因防印色浆中所带的防印剂量相对减少，防印效果较难得到保证。

以上四种印花方式的应用要根据图案设计、染料性质、织物类别、印制效果以及成品的染色牢度等要求作出选择。一般是染料决定工艺，工艺决定机械设备。直接印花工艺比拔染、防染和防印印花简单，故应用最多，但是有些花纹图案必须采用拔染或防染或防印印花才能获得预期效果，而这些印花工艺是否可行主要是以染料的性质为依据的。当然，印花是一种综合性的工艺过程，要提高印花产品的质量，降低生产成本，各工序之间要有良好的配合和密切协作。

思考与练习

1. 名词解释：直接印花、防印印花、半防印花、拔染印花、转移印花。
2. 按设备分，印花方法可分为哪几种？
3. 按工艺分，印花方法可分为哪几种？
4. 防染印花和防印印花的主要区别是什么？各有什么特点？
5. 拔白浆和色拔浆在组成上有何不同？

第二篇 印花前准备

- 第三章　印花坯布准备
- 第四章　印花花样设计
- 第五章　印花电脑分色
- 第六章　制网雕刻
- 第七章　印花工艺制定
- 第八章　色浆调制

第三章 印花坯布准备

印花工艺确定前首先要了解花样是印在什么织物上，不同的纤维各有不同的性质，印花坯布对染料的选择及前处理的要求也各不相同。

第一节 织物材料分析

接到客户来样，分析来样的原料成分，了解纤维的特性，有助于合理制定产品的加工工艺流程，准确选择工艺方法。

一、纺织纤维及其分类

用来制造纺织品的纤维称为纺织纤维。纺织纤维的种类很多，习惯上按来源分为天然纤维和化学纤维。

天然纤维包括植物纤维（如棉、麻等）、动物纤维（如羊毛、蚕丝等）和矿物纤维（如石棉）。化学纤维分为再生纤维（包括黏胶纤维、莫代尔、竹纤维、铜铵纤维、大豆纤维、牛奶纤维、花生纤维等）和合成纤维（如涤纶、锦纶、腈纶、维纶、丙纶等）。近年来出现了更多的新型纤维，增加了纺织产品的新颖性、功能性和舒适性，使纺织纤维具有更广阔的应用前景。

二、纺织纤维的鉴别

纺织纤维鉴别，就是利用纤维的各种外观形态或内在性质的差异，采用各种方法将其区分开来。鉴别的步骤，一般是先确定大类，再分出品种，然后作最后的验证。常规的鉴别方法有手感目测法、显微镜观察法、燃烧法、化学溶解法、药品着色法，还有密度法、熔点法、双折射率测定法、含氯和含氮呈色反应试验法等方法。

三、纤维特性

1. 天然纤维

（1）棉纤维 天然纤维中棉纤维的耗用量最大。在棉纤维的各项质量指标中，成熟度影响最为显著，成熟度高的棉纤维强度高，弹性好，有光泽，吸色性好，织物印染色泽均匀，成熟度差的纤维吸色性差，容易在深色印染织物中出现"白星"而影响外观。棉纤维的主要组成物质是纤维素，约占94%，此外，含有糖分、蜡质、蛋白质、脂肪、水溶性物质、灰分等伴生物。它较耐碱而不耐酸，酸会使纤维素水解，使大分子断裂，从而破坏棉纤维。

（2）麻纤维 麻的种类很多，在纺织纤维中应用较多的是苎麻和亚麻。麻纤维的重要质量指标是细度，高档细薄的织物要求纱线条干均匀，织物表面平整，染色均匀。麻纤维的主要成分也是纤维素，含量比棉低，与棉纤维一样耐碱不耐酸，强度比棉高，在天然纤维中居于首位，伸长率低。且湿强大于干强，吸湿能力比棉强，且吸湿放湿快，回潮率在14%左右。弹性回复性能差，织物不耐磨。

（3）毛纤维 毛纤维种类很多，数量最多的是羊毛。羊毛纤维的主要组成是角蛋白质，在酸、碱介质中都能发生水解，但较耐酸而不耐碱，洗涤时应使用酸性或中性洗涤剂，碱会使羊毛变黄及溶解。忌用强酸、强碱处理，处理时间要短温度要低。羊毛的吸湿性是常见纤维中最好的，拉伸强度是常见天然纤维中最低的；拉伸后的伸长能力是常见天然纤维中最大的，弹性恢复力是常见天然纤维中最好的。

（4）蚕丝纤维　蚕丝分桑蚕丝和柞蚕丝，由丝素和丝胶组成，它们都是蛋白质。丝素不溶于水。蚕丝具有良好的吸湿性，吸湿后纤维膨胀，直径可增加65％，且散湿速度快，蚕丝的强度大于羊毛而接近棉，蚕丝的伸长率小于羊毛而大于棉，蚕丝的弹性恢复能力也小于羊毛而优于棉。蚕丝也较耐酸不耐碱，在酸碱作用下都能被水解破坏，尤其对碱的抵抗能力更差，遇碱即膨化水解。强的无机酸和有机酸对蚕丝影响不大。同样条件下，柞蚕丝的耐酸碱性比桑蚕丝强。蚕丝的耐盐性也较差，中性盐一般易被蚕丝吸收，使蚕丝脆化。

2. 化学纤维

（1）黏胶纤维　黏胶纤维是再生纤维素纤维，普通黏胶纤维纵向为平直的柱状体，表面有凹槽，截面为锯齿状，是皮芯结构，组成是纤维素，较耐碱不耐酸，耐酸碱性比棉差，强度低，尤其是湿强更低，几乎是干强的一半，不耐水洗，伸长率大、弹性差，耐磨性较差；小负荷下容易变形，尺寸稳定性差；耐热性较好。吸湿性好，染色性能良好，能染出鲜艳的色泽。

（2）铜铵纤维　铜铵纤维是再生纤维素纤维，干强与黏胶纤维相似，湿强比黏胶纤维高，截面没有明显的皮芯结构，纤维容易膨化，吸色快，上染性能比黏胶纤维高，可使用低温时具有良好扩散性的染料。

（3）醋酯纤维　醋酯纤维主要成分是纤维素醋酸酯，因此不属于纤维素纤维，性质上与纤维素纤维相差较大，与合成纤维有些相似。常见的有二醋酯纤维和三醋酯纤维，根据纤维素中被乙酰化的羟基数量而定，由于羟基被酯化，外表具有珠光色泽并表现为疏水性，在水中不易膨化，不能用水溶性染料染色。

（4）涤纶纤维　涤纶属聚酯纤维，有棉型、毛型、中长型的短纤维和涤纶低弹丝、涤纶仿真丝的长丝两种形式。目前应用广泛，是世界上用量最大的纤维。涤纶本身疏水性很强，化学稳定性高，耐酸、碱与氧化剂等，强伸度较好，弹性优良；耐磨性能好，但其织物易起毛起球；小负荷下不易变形，尺寸稳定性好，易洗快干，洗后保形性好，具有优良的免烫性；耐热性好，耐晒性也好，但遇火容易熔融；染色性能较差。

（5）锦纶纤维　锦纶属聚酰胺纤维，俗称尼龙，主要品种有尼龙6和尼龙66。锦纶较耐碱不耐酸，对氧化剂的稳定性较差，强伸度较好，弹性优良；耐磨性特别优良，是袜子的主要原料；小负荷下容易变形，多制作为高弹锦纶丝；耐热、耐晒性差，晒后发黄发脆，遇火熔融；染色性能好，是合成纤维中较易染色的。

（6）腈纶纤维　腈纶属丙烯腈纤维，具有羊毛的特征，俗称"合成羊毛"，蓬松性和保暖性好，手感柔软，防霉防蛀，具有优良的耐光性和耐辐射性，强伸度、耐磨性能一般；较耐酸而不耐碱，对常用的氧化剂和还原剂都较稳定，经共聚的腈纶较易染色。

（7）维纶纤维　维纶属聚乙烯醇缩甲醛纤维，又称维尼纶，截面有明显的皮、芯层结构，皮层结构紧密，芯层结构疏松。吸湿能力是常见合成纤维中最好的，性质接近于棉，有合成棉花之称。维纶的化学稳定性好，耐腐蚀和耐光性好，耐碱性能强，强伸度好，维纶长期放在海水或土壤中均难以降解，但维纶的耐热水性能较差，弹性较差，染色性能也较差、颜色暗淡，易于起毛、起球。

(8) 氯纶纤维　氯纶属聚氯乙烯纤维，强度与棉相接近，耐磨性、保暖性、耐日光性比棉、毛好。氯纶抗无机化学试剂的稳定性好，耐强酸强碱，耐腐蚀性能强，隔音性也好，但对有机溶剂的稳定性和染色性能比较差。

(9) 丙纶纤维　丙纶学名聚丙烯纤维，密度小，仅为 $0.91g/cm^3$，是目前所有合成纤维中最轻的纤维。吸湿能力极差，几乎不吸湿，但有芯吸作用；强伸度、弹性、耐磨性较好；具有较好的耐化学腐蚀性，但丙纶的耐热性、耐光性、染色性较差。

(10) 氨纶纤维　氨纶学名聚氨基甲酸酯纤维，又称弹性纤维，强度较低，但具有高伸长、高弹性的优点，在断裂伸长以内的伸长回复率都可达90%以上，而且回弹时的回缩力小于拉伸力，因此穿着舒适；有较好的耐酸、耐碱、耐光、耐磨等性质，但不耐高温；很少直接使用氨纶裸体丝，多与其他纤维的纱线做成包芯纱或包覆纱使用。

3. 新型合成纤维

(1) 纺丝改性合成纤维　纺丝改性合成纤维包括异形纤维、复合纤维、超细纤维、混纤丝等。异形纤维截面不是普通圆形，增大了比表面积，上染速率增加，但同样颜色深度染料用量增加。复合纤维以两种以上聚合物分布于同一根纤维之中而成，类型众多，有各自的特点，如高弹、异色效应、高吸水性、阻燃、抗菌等。超细纤维是指0.3分特以下的纤维，色泽柔和、防水透湿性好、吸油性好，有高清洁去污能力和高排汗导湿能力，纤维比表面积大，但同样颜色深度消耗较多染料。混纤丝是指同一束丝中含有不同品质的合纤丝，可形成同染异色效果。

(2) 纤维后加工改性合成纤维　纤维后加工改性合成纤维是将细度、截面形状、收缩率等不同的纤维通过假捻变形、空气变形、特殊的混纤技术及特殊的膨松技术等，使纤维产生各种花色效果。有假捻变形丝（如弹力丝）、空气变形纱（包芯纱、包覆丝、膨体纱）。

(3) 功能改性合成纤维　功能改性合成纤维针对合纤静电大、吸湿差、有些不易染色等缺点进行功能性改性，通常以聚酯纤维改性为主。如易染改性聚酯纤维，有阳离子染料、酸性染料、两性离子染料、分散染料可染聚酯纤维等，可实现100℃无载体染色，颜色可达到高温高压染色的深度。

4. 绿色纤维

(1) 聚乳酸纤维　聚乳酸纤维是以玉米为原料开发的一种聚酯纤维，有优良的耐晒性、抑菌防霉性、吸水性，有丝绸般光泽和良好的肌肤触感，可生物降解，可分散染料低温染色，染色深浓，加工中要注意温度控制。

(2) 竹纤维　竹纤维是由竹子为原料开发的一种黏胶纤维，具有滑爽、丝绒、抗菌、防臭等特殊功能，与普通黏胶纤维相比，强力好、韧性和耐磨性较高，可纺性优良。

(3) 莫代尔纤维　莫代尔纤维是由毛榉木浆粕制成的纤维素纤维，具有高强力纤维均匀的特点，湿强是干强的一半，与普通纤维素纤维相比，色泽更好，更鲜艳明亮。工艺同普通纤维素纤维。

(4) 甲壳素纤维　甲壳素纤维是一种采用虾、蟹壳类制成的，自然界中含量仅次于纤维素的一种天然高聚物。呈碱性和高度的化学活性，具有良好的吸附性、黏结性、杀菌性、透气性和吸汗保湿性等。可自然生物降解。用洗衣粉处理有增白作用。与棉混纺不能按棉纤维的漂白工艺，否则易泛黄，且会溶解或发脆。

第二节　印花前处理

未经染整加工的织物统称为原布或坯布，坯布中常含有相当数量的杂质，其中有棉纤维伴生物及杂质、织造时经纱上的浆料、化纤上的油剂以及在纺织过程中沾附的油污等，会影响织物色泽、手感，而且影响织物吸湿性能，使织物染色不均匀，色泽不鲜艳，还影响染色牢度。不同品种的织物，前处理要求不同，各地工厂的生产条件也不同，因而织物的前处理工序及工艺条件也都不同。

一、棉布及含棉织物前处理

棉织物的前处理主要包括：原布准备、烧毛、退浆、精炼、漂白、开幅、轧水、烘干及丝光。通过这些工序，可去除纤维上的天然杂质、浆料及油污等，使纤维充分发挥其优良品质，并使织物洁白、柔软、良好的渗透及加工性能，提高织物的外观及内在质量，提供后道加工合格的半成品。

原布准备包括原布检验、翻布和缝头。

烧毛是烧去织物表面绒毛，这些绒毛的存在会影响织物的光洁和易沾染灰尘，还会在后续加工中产生各种疵病，常用气体烧毛机用火焰直接烧毛及铜板烧毛机等使织物接触炽热的金属板烧毛。

退浆是去除原布上的浆料，工厂中常用烧碱、硫酸、淀粉酶和亚溴酸钠等氧化剂进行退浆，常用的退浆方法有碱退浆、酸退浆、酶退浆和氧化剂退浆。退浆不净，会影响渗透性，还会造成印染病疵，影响产品质量。

精炼是用化学和物理的方法去除天然杂质，以获得良好的吸湿性和外观。通常棉布用烧碱精炼。精炼的方式通常有煮布锅精炼、常压绳状连续汽蒸精炼、常压平幅连续汽蒸精炼、高温高压平幅连续汽蒸精炼。

漂白是为了去除织物上的色素，使织物外观纯正、洁白，提高成品的白度和后加工染色及印花鲜艳度，还能去除残留的部分杂质。常用的漂白剂有次氯酸钠、双氧水、亚氯酸钠等。

丝光是指棉布在一定张力下，用浓烧碱处理，使织物获得丝一般的光泽，同时使棉织物的尺寸稳定性、强力、断裂延伸度及化学吸附性得到改善。根据丝光条件不同，有干布丝光、湿布丝光、热碱丝光和真空丝光等，根据丝光工序的安排不同，又分为坯布丝光、漂前丝光、漂后丝光、染前丝光和染后丝光。

二、毛织物的前处理

毛织物除纯毛织物外，还包括羊毛与其他纤维混纺和交织的织物，按加工工艺不同分精纺和粗纺两类。毛织物的湿整理包括烧毛、洗呢、煮呢、缩呢、烘呢、炭化等。

洗呢是洗除呢坯中的一些人工杂质，这些杂质的存在影响羊毛纤维的光泽、手感、润湿及染着性能。通常用乳化法洗呢，洗呢剂有肥皂、合成洗涤剂等，在绳状洗呢机、平幅洗呢机和连续洗呢机中进行。

煮呢是将呢坯于高温水中给予一定的张力定型，使呢面平整挺括，获得丰满柔软的手感，方式有先洗呢后煮呢、先煮呢后洗呢、着色后再复煮呢等几种。

缩呢是根据羊毛的定向摩擦效应，增进呢面美观，并获得丰满柔软手感，增加厚度、弹性、保暖性，掩盖缩呢前加工中的疵点，可用湿坯或干坯在缩呢机上缩呢。

炭化是去除植物性杂质如草籽、碎叶等，炭化方式有散毛炭化、毛条炭化和匹炭化三种，处理过程为浸轧硫酸、脱酸、干燥、机械碾碎除杂（散毛炭化）、中和、水洗等。

三、丝织物的前处理

丝织物的前处理主要包括精炼及漂白。丝织物的精炼主要是去除丝胶，附着在丝胶上的杂质随之去除，所以又称脱胶。通常用碱、肥皂、合成洗涤剂、蛋白水解酶及酸等精炼剂进行精炼，设备主要有挂炼槽及松式平幅连续精炼机。

四、合成纤维及其混纺制品的前处理

涤纶织物的前处理主要包括退浆、精炼、松弛、碱减量和热定形，以去除织物上的杂质、增强手感、提高尺寸稳定性。退浆只适合有浆料的涤纶织物，精炼主要是去油处理，松弛是使织物的经纱和纬纱充分收缩，以达到较好的手感和绉效应，涤纶织物的热定形是消除织物上已有的皱痕和防止产生难以去除的皱痕，同时提高织物的尺寸稳定性、改善手感、防止起毛起球、改善染色性能。涤纶织物的碱减量是指涤纶在烧碱溶液中经高温和一定时间处理后，变得柔软、滑爽、富有弹性，并质量减少的整理方法。松弛和碱减量是涤纶特有的前处理加工，碱减量一般安排在印花前进行。

腈纶织物前处理包括精炼和增白，其湿整理包括坯布准备、烧毛和煮呢，干整理包括干热定形、柔软整理、起毛、刷毛、剪毛、蒸呢等。精炼的目的是去除织造中加入的油剂和沾污物，通常用阴离子洗涤剂和非离子洗涤剂在绳状染色机或溢流染色机中进行。一般腈纶无需漂白，对于白度要求高的产品需增白，通常用分散性增白剂或阳离子增白剂以浸染方式增白。腈纶的烧毛是为了表面光洁并改善起毛、起球现象，粗纺腈纶一般不烧毛，需采用专用气体烧毛机进行。腈纶织物的煮呢又称湿热定形，目的是使织物平整并在后续湿处理中不易变形。腈纶的烘干采用热风拉幅烘干机，干热定形采用热风针铗链式热定形机。用阳离子型柔软剂进行浸渍法或浸轧法柔软整理。用钢丝起毛机和刺果起毛机进行起毛，起毛后绒面顺直、手感柔软、光泽自然。腈纶的蒸呢又称汽蒸定形，蒸呢后能使腈纶织物表面平整、形状和尺寸稳定，还能获得柔软而富有弹性的手感，并清除生产中出现的极光，使光泽柔和。

锦纶制品的前处理主要是精炼和漂白。

涤棉混纺织物的前处理主要包括烧毛、退浆、精炼、漂白、增白、丝光和热定形。

五、前处理半成品的要求

理想的练漂半制品应保证除杂匀净，练漂均匀，丝光足，布面光洁，白度佳，损伤小，光泽晶莹，得色深艳，尺寸稳定，门幅合格，布面没有折皱、卷边、纬斜、破损、擦伤、斑渍、油污等外观疵点，布面pH值接近中性，为后序加工提供合适的半成品。

思考与练习

1. 判断题

(1) 黏胶、涤纶、腈纶和锦纶都是合成纤维。（   ）

(2) 吸湿使所有的纺织纤维强度下降，伸长率增加。（   ）

(3) 棉纤维在酸溶液中给予一定的拉伸，以改变纤维的内部结构，提高纤维的强力。这一处理称为丝光。（   ）

(4) 锦纶耐磨性特别好，所以时常用来织制袜子。（ ）

2. 填空题

(1) 涤纶、棉、麻按吸湿能力从大到小排列为_____、_____、_____。

(2) 棉、麻纤维的主要组成物质是_____，所以它们较耐_____（酸、碱）；毛、丝的主要组成物质是_____，所以它们较耐_____（酸、碱）。

(3) 纺织天然纤维主要有_____、_____、_____、_____、_____等纤维。

(4) 在常用的化学纤维中，_____纤维的吸湿性最强，_____纤维的吸湿性最差，_____纤维最耐磨，_____纤维最轻，_____纤维的弹性最好，_____最为常用。

3. 列出纺织纤维的分类表。

4. 绿色纤维和新型纤维有哪些？

5. 叙述纺织纤维常用的鉴别方法。

6. 纺织品前处理的目的是什么？

7. 棉织物的前处理包括哪几步？

8. 丝织物和羊毛的前处理包括哪几步？

9. 理想的印花坯布应具备哪些条件？

第四章 印花花样设计

第一节 印染美术概述

一、印染美术的发展

我国印染美术设计历史悠久,从考古及史书的记载印证了印染图案设计的发展历程,它随着纺织品印花技术的发展而日趋精湛。

从近代看,20世纪20年代初,我国著名的工艺美术大师陈之佛先生留学日本、画家庞薰琹留学法国,首先倡导在南京艺术学院设立印染设计学科,为后来繁荣纺织业培养了大批设计人才。

20世纪初以法国乌拉·杜飞的设计作品最为著名,杜飞不断借鉴现代绘画艺术,其设计理念为综合了"绘画的单纯性、色彩的强烈性、点线面的抽象性",由于杜飞的作品有"极强的新奇感",故而特受时尚一族人们的青睐。第二次世界大战后,最有代表性的纹样是"肌理纹、几何纹、佩里兹纹"等,尤其是佩里兹纹样(俗称火腿纹样),在当时已经被我国的印花设计师们广泛运用。20世纪末,欧洲的印花花样设计呈现"回归自然"的趋势,花样题材也由原来较单一的花卉纹样为主,转化为世界万物、宇宙星空等均可以成为印花花样的素材,可谓是"气象万千"。

20世纪80年代,我国的印染美术设计水平空前发展。1983年我国加入"国际流行色协会",一批批优秀图案设计师脱颖而出。20世纪末,上海、广州设有专门的"花布之春"博览会,大大推动了纺织印染美术设计业的发展,从而也推动了服装设计、室内装饰等行业的发展。进入21世纪,世界的印花花样设计变得更加"精彩纷呈",美国的纽约、法国的巴黎等每年都会发布印花流行色、服装流行款式等,体现了当今印花、服装设计的最高水平,并引领世界潮流。

二、印花图案的形式美原理

印花图案的形式美原理是运用构成学中的基本形式原理,通过图案创意而形成的基本唯美法则,而各种形式美原理又是综合贯穿于整个图案画面之中。

1. 反复与条理

反复是指同一纹样或同一性质形象,不间断使用,这一构成方法有助于图案内在的统一协调感。反复的方式主要有形状、大小、方向、色彩、位置、空间等的反复变化。

条理是指在反复的基础上进行局部变化,反复的局部不规则性便构成条理性。反复与条理原理可使图案画面产生秩序感与和谐之美。

2. 多样与统一

多样是指图案画面中两种或两种以上极端不同的形象,或性质相反的色彩等因素并存。例如方与圆、直线与曲线、黑色与白色、红色与绿色、光滑与粗糙,形成明与暗、动与静、冷与热、轻与重等不同的心理感觉。

统一是指一幅图案中的几个纹样的造型、色彩、技法等相异性小，近似点多，产生协调、平静和气的心理感受，当然过分的统一会使图案单调而无生气。

一幅好的图案作品，应该是多样中求统一，在统一中求变化。

3. 对称与均衡

对称与均衡是自然物象的属性。对称从中心轴线或中心支点出发而形成，主要有二方对称、三方对称、四方对称、多方对称及放射均齐等形式，具有庄严、安静、稳重之感，在中国的传统图案、建筑、雕刻设计中被广泛运用。

均衡是指动态的安定，重心的平稳，在中心轴两旁或中心支点周围的形象虽不相同，但能保持平衡和安定。要处于平衡状态必须恰到好处地掌握好重心，不致失去常态。在图案画面中，上下、左右、对角之间的形象、色块、分量都应按适当的重心安排，才能产生美感。画面的视觉平衡是凭借线、形、大小、方向、肌理和色彩关系等复杂因素巧妙构图而形成的。

4. 渐变与比例

渐变（又称推移）是类似的逐步变化着的各纹样重复排列而成的。例如线条由粗变细、形象由大到小、色彩由浓到淡或由冷到暖等都属于渐变，体现了自然过渡之美。

比例就是长与短、宽与窄、高与低等的尺寸概念。如衣服的长短与人体有一定的比例，花卉与自然界很多事物也同样存在着比例。比例中的数理之美在印花图案中运用较多，如1、3、5、7、9为奇数级差比列；1、2、4、8、16为几何级差比列；另外"黄金分割比例"在印花图案中也被广泛运用。

5. 节奏与韵律

节奏与韵律是音乐、诗词的术语。印花图案中，节奏是指图案视觉在"时间上、空间上"有秩序有规律的运动感。韵律是指图案表现如同音乐、诗词一样的抑扬顿挫。节奏和韵律是条理与反复的组织原则的具体表现，由一个或一组图案作为单位纹样，进行有规律的反复连续、有条理的安排形成综合性图案，具体有等距、渐变、方向、重复、跳跃等，在二方连续图案（尤其是流线型的连续图案）中有广泛运用。

6. 统调与视错

统调是指把画面基调统一起来，即在各种不同形象、色彩和技法中用一个共同的因素来统一全体。作为共同因素的范围很广，内容、题材、形象、色彩、技法等都可以成为目标统调因素。一般一幅完整的印花图案设计作品至少包含了一到两个共同因素。

视错是指组成一幅图案中的两种或两种以上元素并置在一起，产生另一种视差的错觉现象。只有安排两种相同（或相似）元素或两种以上基本元素时，才会产生视错现象。经过用"视错法"来交叉组合图案单元，会达到意想不到的"平中见奇、引人入胜"的视觉效果。

第二节　印花图案的艺术造形基础

一、印染图案的造形素材

无论是实用美术还是纯艺术，艺术家都必须走进生活，从大自然中吸收营养，经过艺术加工创造出精美作品。六朝谢赫的艺术名著《古画品录》中就有"外师造化，中得心源"的著名论断。印花图案的素材十分广泛，主要包括以下几种。

1. 自然素材

自然素材主要包括花卉鸟兽、日月星辰、宇宙天象、风雨雷电，及人物、风景、动物等，还包括微观世界中的粒子细胞（也包括其他一切微生物）等。

2. 人为素材

人为素材主要包括中国传统图腾的龙、凤、麒麟、夔凤、四不像、鳌鱼等，以及著名建筑、实用生活器皿、劳动工具、电脑绘画、中国书画、外国名画、中外文字等。

3. 典型素材

典型素材主要包括中国的传说人物（如八仙、梁祝等）；历史人物（如关羽、四大美女等）；其中被人们视为"吉祥之物"的花卉如牡丹、四君子（梅、兰、竹、菊）、海棠、芙蓉形等图案最受欢迎。如图4-1所示。

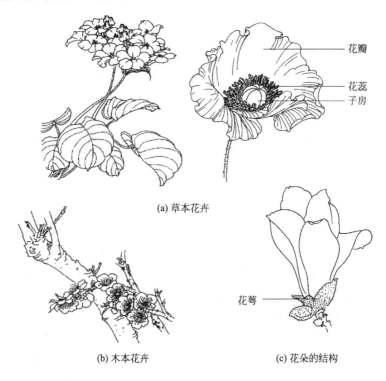

图 4-1　花卉的基本构造

二、图案设计准备

图案设计准备以写生为主，早在六朝的谢赫就提出"以形写神"的理论。对初学者来说，最初还是应该以描绘事物具体形象为准绳。写生的含义是指设计者对自然界中的现象进行具体描绘。

在进行具体写生之前必须了解纯艺术写生与图案写生的异同：纯艺术中的写生是在写生的过程中，直接考虑画面构图、虚实、绘画语言的选择等，如油画写生、国画写生、素描写生等，均应运用艺术惯用规律来全方位构思、考虑，一幅成功的写生作品也就是一幅成功的艺术品，如达·芬奇的《自画像》、徐悲鸿的《人体》等。而作为印花图案设计的准备阶段的写生，却与纯艺术写生有着本质的区别。以花卉写生为例，花卉写生并不是以追求写生稿的完整性为最终目的，是花样设计者对花卉的整体了解的具体实施。如对同一花朵进行写生时，必须了解花朵的平视、仰视、侧视等的变化规律，大小叶子的变化规律，枝干的穿插变化等，并充分了解所绘之花的特性、特征、生长规律等，再运用"取舍、概括、刻画"等艺术手法详细记录下被写生之花的精神实质。如图4-2所示。

图4-2　花卉写生实例

三、花卉的组织结构和生长规律

1. 花朵

花朵主要包括花蒂（即花萼）、花瓣、花蕊、子房等。

（1）花蒂（花萼）　是指花朵底部托起的部分。其形状也是因花的不同而不同。

① 五小瓣形花蒂　例如桃花、梨花、李花、杏花、梅花等。

② 双层肥宽形花蒂　例如牡丹、芙蓉、芍药等。

③ 鱼鳞状复叠形花蒂　例如山茶花等。

（2）花瓣　主要包括分离式、整合式两种。

① 分离式（且单瓣类圆式）　例如桃花、李花、月季、梨花、牡丹、山茶、梅花、杏花等。

② 整合式　整个花朵都连接在一起，周边有分叉而成小瓣。例如杜鹃、牵牛等。

（3）子房　主要包括暴露式和隐蔽式两种。

① 暴露式　例如荷花、罂粟花、瓜类花卉等。

② 隐蔽式　例如月季花、梅花、桃花、梨花等。

（4）花蕊　花蕊有雌雄之分，雄蕊较短有花粉而雌蕊较长却没有花粉。

2. 叶子

叶子写生时，也必须仔细观察，叶子的形状各不相同，主要有长、短、宽、细、扁、团、尖等。

3. 枝干

枝干主要包括木本和草本两种。木本枝干苍老挺拔，如梅花、桃花的枝干等；草本枝干柔嫩多姿，如牡丹、芍药、月季等。在写生时必须用不同的笔触来描绘不同的枝干。

四、花卉写生的方法

1. 运用中国书画的线描来写生

书画同源，国画与书法如出一辙，其常用的线描为"铁线描、兰叶描"，铁线描给人以一种力量美感，而兰叶描是一条不断地变化着粗细的线条。传统人物画中的线描，有"线描十八描法"之称，至唐吴道子时，十八描已日臻完美。

2. 皴影描绘法

此法结合中西绘画，先用中国线描法画出花卉的轮廓，然后用素描法大体处理对象的明暗、虚实、质感等。

3. 归纳描绘法

此法用水粉或水彩色进行描绘，具体方法是在写生时，对包含渐变的色彩进行简化归纳成若干同类色，一般归纳成三到五色，对复杂的形象归纳成较典型的图像。这一方法还可以分为单色归纳描绘法、多色归纳描绘法两种。

4. 色彩写生法

色彩写生法主要包括水粉写生法、水彩写生法两种。

（1）水粉写生法　运用绘画中复色调配法真实地把花卉写生下来，水粉写生法可以用厚画法、薄画法两种，初学者一般是先学厚画法的。

（2）水彩写生法　这一写生方法效果透明鲜亮、晶莹剔透。

五、写生稿的变化

（一）花形变化

变化，又称"便化"（工艺美术大师陈之佛首先提出），即在改变花卉的外形轮廓的基础上，旨在增强图案的装饰性，注入作者的思想情感，再进行适度地"概括、取舍、裁剪"，创造出生动、优美的艺术形象，而不失其精神实质的一种艺术加工手段。如图4-3所示。

图4-3　以月季花为例——从写生到变化

1. 典型写实法

将写生稿逐一整理，选择典型花卉进行有写实倾向的艺术处理（包括整合处理、参差处理、主宾处理等），得到的艺术形象既包含花卉的逼真性，又有装饰意趣。

2. 艺术夸张法

在保留本来面目的基础上，进行适当艺术夸张（删减、添加、规整等），使花卉形象更加鲜明有个性，这一手法在印花图案设计中是极其常见的手法。主要包括以下几种。

（1）去繁就简法　删繁杂、取典型，使花卉艺术形象变得"简练、明了、条理"化。

（2）量变夸张法　指形象特征"量"的明显变化，但不失花卉原有特征的处理方法。

① 大的更大　物体本来就大的特征，把写生所得稿的形象适度夸张；

② 方的更方　把花卉中近似方的特性再强调起来；

③ 圆的更圆　把有些花卉的花瓣接近圆的，加大量变，使花瓣变得更圆；

④ 长的更长　像长颈鹿的颈、海鸥翅膀等，本来就长的，在设计时可以变得更长；

⑤ 灵动的更灵动　像小女孩、狐狸等形象，可以夸大灵动的量，而增强艺术性；

⑥ 平静的更平静　诸如三潭印月、苏州园林等图案，应该表现出更加宁静的意境。

（3）添加校扭法　添加指在一个典型轮廓中，加入几个或多个其他艺术形象，达到理想化的效果，也可以代表一种美好的寓意，如荷花中加入"八仙、四君子"等具有吉祥意味的图腾，从中蕴含了人们的高尚情操和美好的愿望，图案的艺术品位就自然提升。

（4）巧合与分解法　敦煌壁画藻井图案中的"三耳三兔"图案、印度阿丹陀壁画中"四身一羊首"图案、中国道家阴阳标志的图案，就是充分运用了传统"巧合法"的手段来设计的，这一设计手法有"妙趣横生、别具佳境"的神奇效果。分解法运用的是平面构成中的"打散重组"的构成方法，这一方法处理得好，也有"变幻莫测"的佳境。

（二）色彩变化

1. 色彩的三原色

1802年，根据牛顿的理论，英国物理学家汤麦斯·杨经过一系列的研究，得出结论：光的三原色是红、绿、蓝，而颜料的三原色为红、黄、蓝。

2. 印花图案的色彩变化

未经加工的色彩为自然色彩，在进行印花图案色彩变化时，作者可以通过主观想象，重新处理图案的色相、明度、纯度等结构，并使色彩理想化。

（1）具象色彩变化　指变化后的纹样色彩仍然较接近自然色彩的变化方法。

（2）意象色彩变化　指变化后的色彩距离写生色彩有较大差别的变化方法，即主观因素大于客观因素。

（3）抽象色彩变化　若完全摒弃客观物象特征而设计出的色彩，即为抽象色彩变化，运用好这一手法，可以做到"乱而不乱、精彩纷呈"，并能熟练掌握抽象色彩变化手法。

第三节　印花图案设计的构图法则及工艺拼接

一、印花图案设计的构图法则

印花纺织面料在日常生活中十分常见，如服装面料、窗帘、床单、桌布、布艺、壁饰、地毯等。为迎合各个层次人们的欣赏眼光，初学者必须掌握各种构图法则。

1. 适形构图法则

适形构图又称适合纹样构图，指在规定的外轮廓内画进与之相适应、协调的图案。设计时要求做到纹样本身的形象完整、布局均匀、穿插自如，并能很自然地做到与外轮廓"匹配合理"。外轮廓除方、圆、菱形、三角等几何形外，还有桃子形、蛋形、扇形等。适形构图法主要包括对称、均衡、角隅三种基本骨式。如图4-4所示。

(a) 巧合设计法　　　　　　　　　(b) 对称设计法

图4-4　图案设计彩稿

（1）对称骨式　在纹样中假设一条中轴线，在该线两侧相互呈镜面、等量图案。这一手法的特点结构严谨、丰满典雅。对称形式主要包括以下几种。

① 左右对称式　对称图像在左右两侧，相互的形呈镜面像，等量。
② 上下对称式　对称图像在上下分布，上下之图同形（镜面）、等量、同色。
③ 任意线对称式　避开上下式、左右式，而在任意线两侧画出相互等量的图案。

（2）均衡骨式　均衡骨式的组织形式较自由，能给人以生动别致、千姿百态、自然流畅等艺术感受。这一手法能做到中轴线两侧的图案在视觉上呈总量平衡态势。主要包括以下几种。

① 左右均衡式　图案中画上垂直中轴线，左、右两侧图案呈视觉上总量平衡状态。
② 上下均衡式　图案中画上一条水平中轴线，上、下图案呈视觉上总量平衡状态。
③ 对角线均衡式　由两条对角型中轴线，所分割的四个块面呈视觉上总量平衡。
④ S形均衡式　画上一条S形中轴线，被分割的两侧图案做到视觉上总量平衡。
⑤ 回旋均衡式　画上一个或多个回旋线，应充分考虑回旋周边的视觉总量平衡。

（3）角隅骨式　角隅纹样常常在宫殿、庙宇翘角下方的"牛腿"中进行描画装饰纹样。在纺织品图案设计中，主要包括方巾、床单、连衣裙、桌布、头巾等方面的设计。主要包括：

① 对称式角隅纹　角隅纹由对称式构成法来设计制作。
② 均衡式角隅纹　指角隅纹由均衡构成法来设计制作。
③ 自由式角隅纹　综合对称式、均衡式等其他方式来设计制作。

2. 二方连续构图法则

事先设计出一个单元纹样，这个单元纹里面"同形、同量、同色"的图案只能出现一次。运用这一已经设计好的单元纹样，进行向上下或左右做连续排列，形成向两边无限延伸的印花花样图案。连续形式有水平式、单项式、多向式、交叉式、垂直式、间隔式、上下式、倾斜式、波浪式、折线式、双合式等。如图4-5所示。

图 4-5 传统二方连续图案

3. 四方连续构图法则

事先精确设计好单元纹样，做到艺术性、观赏性、实用性都能有所兼顾，而这个单元纹样必须上下、左右都能左右逢源，向四周连续拼接就可以无限延伸，并做到结合处毫无痕迹。四方连续单元纹样的绘制形式主要包括：一点式、二点式、三点式、四点式、五点式、六点式、八点式等。为此，这一手法又可以称作为散点构图法。

四方连续的散点构图法，因为有其清新、洒脱、自然、丰满等优点，故在印染图案设计

图 4-6 黑白印花图案设计实例

中是最基本，也是最常用的设计方法，这样设计所得图案似星罗棋布，又如天女散花，效果为似断还连、可分可拆的理想化艺术佳境。

4. 综合构图法则

综合适形构图、二方连续构图、四方连续构图等法则，组合成一个综合性构图形式，这一构图法适合设计地毯、台布、床单、窗帘、坐垫等的设计制作。如图 4-6 所示。

二、印花图案设计的工艺拼接方法

单元花样设计完后必须进行工艺拼接设计，做到四周连续的图案在上下、左右均能很自然地吻合，印花花样设计中的拼接主要包括平接法、跳接法两种。

1. 平接（平排）法

平接（又称平排）法，指将已经设计完整的单元纹样作垂直（上下）对接、水平（左右）也作整合对接，在手工试图中，平接校图可分开到法、卷接法两种。

2. 跳接（也叫斜排、斜接、错接）法

跳接法主要包括 1/2 跳、1/3 跳和 2/5 跳等。具体说明如下。

（1）1/2 跳　先平放印花图稿，将稿子在中央作水平裁开，分成上下两半，每半面积是一样的，然后左右作等量错位连接。这一方法在跳接法中应用十分普遍，也较方便快捷。

（2）1/3 跳　先平放印花图稿，将稿子分成三等分，再自上而下 1/3 作水平裁开，分成上下两半，上一半占 1/3、下一半占 2/3，然后左右作不等量错位连接。

第四节　印花图案色彩的艺术处理

一、色彩的基本知识

色彩的基础知识主要包括色彩的分类、色彩三要素、色彩调子、色彩的象征等。

1. 色彩的分类

色彩可分为三种类型。

（1）原色　又称三原色，指无法用其他颜色调配出的、最原始的色彩，包括品红、柠檬黄、湖蓝三种，原色又被称为第一次色。

（2）间色　又称三间色或第二次色，三间色包括紫色、绿色、橙色，均是由两个原色相加所得，即品红＋湖蓝＝紫色；湖蓝＋柠檬黄＝绿色；湖蓝＋品红＝橙色。

（3）复色　三次或三次以上调配出的色彩均为复色，所以复色在自然界有几百万种之多。据实验所知，人的肉眼不借助任何仪器就可以分辨出 30 万种颜色之多，故而人眼又被形象地称为"天然照相机"。

2. 色彩三要素

色彩三要素指的是色彩的色相、明度和纯度。

（1）色彩的色相　指色彩的相貌，人眼在可见光谱中能感知的颜色有红、橙、黄、绿、青、蓝、紫等很多种色彩，每个颜色的相貌特征各不相同，故称"色相"。

（2）色彩的明度　指色彩的明亮程度，由于各色彩受光照强度各不相同，所以同样的色彩明度也不可能完全相同。如同样是红色，有粉红色，也有暗红色等。

（3）色彩的纯度（灰度）　指色彩的鲜艳程度，或称灰暗程度，这类色彩的调配方法为：在同种色中，掺入不等量的灰色，即可以得到不同纯度的色彩。绝大多数作品是用各式各样的灰色画成的，在一幅优秀的印花图案作品中，真正用到纯色的地方其实少之又少，所以合理运用灰色就显得格外重要。

3. 色彩的调子

绘画中的色调主要指一幅画中含有哪种色最多，也叫色彩的倾向性。印花图案设计中的色彩调子主要指设计作品的基本调子（从中也包含了风格调子），主要分暖色调、亮色调、暗色调、冷色调、灰色调、鲜色调等。

4. 色彩的象征

色彩的象征指人们通过对客观事物的色彩表明一种抽象的、概况的、哲理的思维联想来进行艺术表达。每个地域的信仰、风土人情都会有所不同，所以所形成的"色彩象征观"也会有所不同，通过了解色彩的象征性，更容易设计出优秀的印花图案作品。

二、色彩的艺术处理

在印花图案色彩的处理上，首先遵循的是色彩的协调，一幅杂乱无章的色彩搭配作品，是很难感受到色彩的艺术美感。具体处理法主要有如下几种。

（1）同类色调处理法　图案用同种色彩来处理，只是各色的明度、纯度均有所区分，这类作品有协调大方等特点。但这一手法若处理不当会有单调乏味之感。

（2）临近色调处理法　在色相环中两个相邻近的色彩搭配，如黄与绿、红与橙等，这类调配手法需要注意有一定的色阶变化，这一手法给人以"明朗、清新、雅致"的艺术效果。

（3）对比色调处理法　在色相环中，经过直径相对应的色彩为对比色，如红色-绿色、橙色-蓝色、黄色-紫色系列对比。还有补色关系（红-绿、橙-蓝、黄-紫等），这一手法运用得好，给人有爽朗、活泼、愉悦之感。

（4）含灰色调处理法　适当含灰，给人有高贵典雅的艺术美感，如20世纪30年代前后在欧洲流行过曾经风靡一时的佩兹利纹样，设计师们往往在纹样中调配以适量灰色，以展示一种经典、朦胧之美。含灰色调也有亮灰、中灰、暗灰之分，各具特色。

第五节　印花图案的艺术设计技法

一、印花花样设计的塑造技法

传统花样设计是以白卡纸、描笔、羊毛笔、浓缩墨汁、水粉色等工具为主要设计工具。当今各式各样的笔、颜料相继出现，如马克笔、记号笔、油性水笔、丙烯颜料等，用这些新型工具表现起来别有韵味，图案层次也比以往更丰富。

1. 地色起稿塑造法

这一手法对初学者来说是比较容易掌握的一种方法。先用羊毫底纹笔来铺地色，待地色干燥后再把事先设计好的花稿拷贝上去，然后用水粉色根据需要一点点画出图案来，这样塑造的图案有协调大方、古朴厚重之感，普遍受客户的欢迎。

2. 勾填塑造法

勾填塑造法与底纹法的次序相反，这一手法是先在白卡上用小楷毛笔或小型记号笔画出黑色或深色线条，线条应勾得自由流畅、生动自然。然后用水彩、水粉填入相应的色彩直至完稿。这一塑造法有平整、透明、轻快、妍媚等特点，也是一种很受欢迎的方法之一。

3. 泥点塑造法

传统的泥点是用描笔（或小毛笔、剪平的油画笔）一点一点快速点成的，点的形状也多种多样，组合形式也可以有聚散变化、疏密变化、群化组合等不同形式。这一塑造法是最常见的塑造法之一，并由来已久。合理、巧妙运用泥点塑造法，可以绘制出细腻多变、雅俗共赏的优秀印花图案。

4. 线面塑造法

印花花样设计中的线不同于数学里的线。图案中的线主要指线的形象，这些线是由线宽基本相等、长短不同的各种各样的线组合成的印花稿子，而一般纯粹用线来处理样稿似乎很难付之行动，所以在线的组合中再配以一定量、不同形状的面，会显得纵横交错、虚实相生，图案的艺术美感、装饰性就自然显现。

5. 撇丝塑造法

撇丝是因极似中国书法中的"撇"画而得名，传统撇丝的画法用一支笔或数支笔并排同时画出，因稿子的要求不同，可采用不同的画法。最典型的有铁线描、兰叶描。具体塑造法包括以下几种。

（1）撇丝与描茎配合形成一套主干骨骼，内部花纹并不全是撇丝。

（2）所有色块均由大小、形状、色彩不同的撇丝组成，又称"纯撇丝法"。

（3）泥点撇丝法，这类撇丝由密集的点组成撇丝形状，此法自然大方且有较强的层次感。

6. 渲染塑造法

渲染（又叫晕染）法源于中国工笔画中的技法。如对一个花瓣用同种色进行由内而外、由深到浅的渲染。用这一手法来设计印花图案，有过渡自然、空间感强、花形真实等特点，在设计制作中较常见。

7. 油性水笔、蜡笔塑造法

先用油性水笔勾出需要的线条、块面等，其次用各色蜡笔（或油画棒）画出相关色彩，再根据需要在已经涂过蜡笔的地方罩上一层淡淡的水彩颜料。因为油、水不相融，所以这样画会产生特殊的肌理效果，给人有粗犷、拙意、率真之感。

8. 肌理塑造法

先选择一些有自然肌理的实物，如贝壳、昆虫翅膀（如蝴蝶、蝉）、手掌、花边、丝瓜筋、树叶等，在它们的表面涂上相关颜料，再按印到卡纸上，用这种纵横交错的各式肌理画就的印花设计稿，有朦胧、自然、大方等特点。

9. 综合塑造法

综合塑造法是指综合以上各种塑造法，或其他塑造法来进行综合设计，可以设计出意想不到效果的图案。

清代书画家赵之谦曾说"画无定法"，花样设计同样如此。以上介绍的均是手工设计花稿的具体技法，是最基础的实用技法。

二、印花图案的风格

印花图案的风格很多，归纳起来，主要包括四大类，即实用性、审美性、工艺性、图腾构成等。每年在法国巴黎、美国纽约，都会有服装新款、流行色发布，而在我国的广州、上海每年春季都会搞"花布之春博览会"，从中包括了新款、流行色、新花样等，作为设计者还应学会预测下一年将会流行哪一类花型，哪一种色彩等。为此，了解掌握花色的世界潮流,是设计者所画图案得以胜出的重要保障。

三、印花图案艺术设计的基本步骤

从对花稿的设想到实物印花,需要实现对流行色、流行花色的研究,也要了解各风格派路,及对何种群体设计何种风格的印花图案等,主要包括如下步骤。

1. 设想并构思

首先思考图案的风格、图案的素材、图案的色彩、图案的应用范围等以确定设计方向,同时考虑采用的印花面料、选用的设计技法等问题。把预想的事情考虑成熟后,具体实施设计。

2. 起稿及花型定稿

起稿时除了要考虑花型的风格外,还应注意花稿尺寸,了解各机型网版的具体尺寸,原始稿必须符合网版的尺寸,如各机型的尺寸都各不相同(如平网经向90cm、圆网周长90cm/64cm两种、辊筒印花经向为36cm/44.5cm两种等),画稿尺寸必须符合要求。然后在白卡纸上进行初稿设计,同时考虑上色的准备。

3. 编配色调

印花花型的设计固然很重要,但花样给人的第一感觉却是色彩,"远看颜色近看花"就是这个道理,远看时人们主要注意事物的色彩视觉冲击力,而色彩编配的好坏,很关键的就是要依仗色调运用的好坏。按不同色调分,主要有以下几类。

(1) 亮色调　这一色调多数用在设计夏天服饰,或春夏之交季节的面料设计里。主要特点为花稿各色总体含白粉较多,且绝大部分是亮色,但在花稿中也应该出现小面积的中性色,或是深色,这一色调有明快、淡雅、清亮、柔和等艺术美感。

(2) 暗色调　以暗色为基调的印花稿子,或以大面积的黑色(深色)为地色,小面积处也是以中性色为主的,暗色调给人有深沉、强悍、稳重、雄壮等艺术感受。

(3) 中色调　指以临近色为主的印花花稿色调,且以中明度、中纯度为主要基调,这一配色方法给人有朴实、随和、旷达、憨厚、舒坦等艺术美感。在配色时,常常以黑、白、灰等中性色来补充,从而取得协调大方的艺术效果。

(4) 鲜色调　花稿中绝大多数色彩度有强烈对比,多数面积为鲜艳色彩的配色方法,这一配色法也应该用金、银、黑、白、灰等中性色来补充,从而达到色彩协调的效果,给人有健康、活泼、生动、富丽等艺术美感,并有较强的时代感。

(5) 灰色调　各色中均以灰色为基调的印花花稿,常用色有:绿灰、蓝灰、浅青灰、白色、黑色等,灰色调花稿给人有雅致、含蓄、古朴、端庄、大方等艺术美感。

(6) 倾向性色调　主要包括冷色调、暖色调。

① 冷色调　色彩搭配总体为偏冷的色彩,很容易使人联想到冰天雪地,常用的色彩有湖蓝、钴蓝、群青、天蓝、湖绿、蟹青等色,给人有寒冷、深邃、理智之感。

② 暖色调　配色以暖色为主,主要包括大红、橙色、橘红、橘黄、鹅蛋黄等,给人有太阳、火焰、灯光等感觉。有温暖、灿烂、明亮、华美、辉煌等艺术美感。

4. 整体效果调整

基本完稿后,必须对图稿进行综合的、整体的调节,如在构图、形式美原理、色彩编配等方面有无到位,是否符合流行色、流行花形的要求,装饰内容、装饰形式是否符合服装款式的整体效果等,必须统筹兼顾、考虑周全。另外,生产成本、材料选择、流行花型(款式）等，都应该集中、统一、通盘考虑。印花图案设计图例见彩插。

思考与练习

1. 为何说印染美术的发展是整个工艺美术发展极其重要的一部分？
2. 印花图案的形式美原理主要有哪些？
3. 为何说花卉写生是花型设计的基础？
4. 如何运用色彩学的基本原理来进行色彩艺术处理？
5. 请你按照书中讲的某种艺术设计技法进行印花图案设计。
6. 印花图案艺术设计的主要步骤有哪些？

第五章　印花电脑分色

第一节　印花电脑分色系统

一、概述

分色是将组成印花图案中的各色花样从图案中分别分离出来的过程，描稿是将分出的各色花样分别制成黑白稿的过程。

传统方式是用手工方法进行分色和描稿，效率低、误差大，目前仍有部分工厂在使用，它可直观地图解出分色和描稿的过程，演示出分色和描稿的基本处理技法。20世纪90年代初，电脑描稿开始替代手工描稿，随着计算机技术的迅速普及，绝大部分企业都使用电脑分色系统进行操作，操作人员不仅要懂得图案设计的基础知识，同时也必须具备印花技术的知识，才能更好地进行分色描稿。至今市场上有众多电脑分色的软件，下面以金昌电脑印花分色设计系统为例作一介绍。

二、电脑分色软件的特点

1. 可靠性强

电脑印花分色设计系统在日益发展的印染行业中，发挥了不可替代的作用，且可靠性强。

2. 格式转换方便快捷

软件除能得心应手地处理花型美观与否外，同时可以处理花样类别、回头方式、浆料配比、网形类别等，且格式转换方便快捷。

3. 能很好地保持手绘特性

诸如"撇丝、泥点、肌理、云纹"等手工图案中常见的花型，在该系统中处理十分方便快捷，文件的存读速度极快，且其绘制效果依然很好保留了手工设计稿特有的艺术性，如图案的装饰性、图案的韵律感、图案色彩的装饰性等。

4. 运用层管理方法来处理

若用"8位索引"等模式来处理，有可能破坏扫描所得原始设计稿，而运用层管理来画，在处理各套花型、色彩外，能完好无损地保留原始图稿。

5. 智能拼接和字体设计

软件能把精度、大小、风格不尽相同的各扫描图合成一图，且能拼得"天衣无缝"，这对手工拼图来说只能是"可望而不可即"的，同时该系统能很好地处理中英文字体，并且可以与其他图案自然衔接，达到美不胜收的佳境。

6. 光笔设计及兼容性强

运用电子光笔在绘图板上来设计图稿，犹如纸上作画，具有美术基础的人员可以直接在电脑中绘制出想要画的图案。兼容性强，能任意转换图像格式，把处理中的图在Photoshop

等其他软件中继续加工也十分方便快捷。

三、系统的基本配置

印花电脑分色系统的硬件基本配置有扫描仪、图形图像处理工作站、彩色打印机、印花打样机、制网机等。

1. 扫描仪

扫描仪是图像输入设备，一般指平板式扫描仪或滚动式扫描仪。

2. 图形图像处理工作站

图形图像处理工作站主要包括：硬盘（5G 以上）、CPU 处理器、内存、64 位开放式 PCI 总线、图形加速卡、高速光驱、光电鼠标或光电画笔、UPS 电源、12 英寸高分辨率液晶显示屏等。

3. 输出设备

输出设备主要包括以下三部分。

（1）打印机　有喷墨打印机、针式打印机、激光打印机。

（2）光成像机　指将电脑分色所得的图像数字信号转换成激光数字信号，使胶片经过"上感光胶—感光—显影—定影—水洗—干燥"等工艺处理，为感光制版做前期准备。

（3）激光制版机　把分色图像信号雕刻成符合要求的圆网或平网，从而直接制成网版。

4. 附件

主要包括网络线、电线、数据线等。

四、系统处理流程

1. 工艺流程

来样预审→图像扫描→接回头→圆整→调工作色→分色处理→激光成像→成品检验

2. 工艺说明

（1）来样预审　审查花回是否完整、套色总数，经纬向，印花设备要求，近似色合并等。

（2）图像扫描　用扫描仪把布样或纸样转移到计算机中。

（3）接回头　来样并非已经接好回头的，所以必须进行接回头处理。

（4）圆整　将花回尺寸适当放大缩小，以达到印花设备的尺寸要求。

（5）调工作色　直接扫描所得的色彩，一般是真彩色模式，这一模式不利于分色处理，所以在分色处理前必须设为金昌系统的专用图像模式，即八位索引模式。另外也可以用"简化调色板、并色"等方法设定工作色。

（6）分色处理　包括"泥点、撇丝、色块"等所有绘图处理方法，在此不一一详述。

（7）激光成像　图像处理好后，把每一套以黑色的形式显示在胶片上，并运用照相感光原理把每套单色制成网版。

（8）成品检验　检验胶片、网版是否符合印花工艺的要求，若有不合格的，应及时调整。

第二节　印花电脑分色系统功能与操作

随着计算机通用软件及图像处理软件的发展，电子分色技术有了长足的进步，国内有多家单位开发分色应用软件，水平基本相同，现介绍的菜单操作及绘图工具操作也基本通用。

一、主要菜单操作

（一）系统界面

印花电脑分色系统的界面主要包括标题栏、菜单栏、图像编辑窗口、状态栏、工具栏、面板。分色系统界面如图 5-1 所示，分色系统工具条如图 5-2 所示，辅助工具条如图 5-3 所示，分色系统工具条部分下拉后出现的工具如图 5-4 所示。

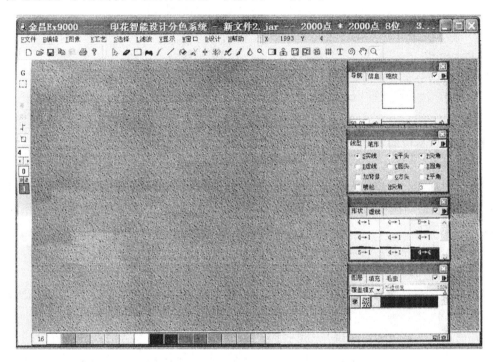

图 5-1　分色系统界面示意图

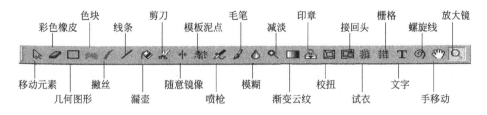

图 5-2　分色系统工具条示意图

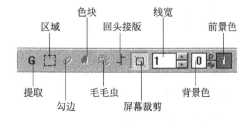

图 5-3　辅助工具条示意图

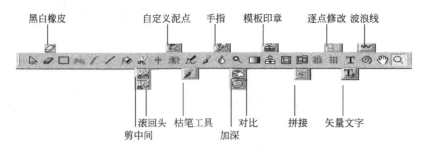

图 5-4 分色系统工具条部分下拉后出现的工具

(二) 基本概念

1. 基本单位

在印花电脑分色处理时，往往习惯以"像素点"为单位，是由不同大小的点密集组合而成的。

$$像素点 = 毫米数/(25.4 \times 精度)$$

精度是通常所说的 dpi 或线数、分辨率等，指 1in 中含有多少像素点。

2. 分辨率

通常是根据实际图像的大小来定的，一般的画稿为 300dpi，花型大的画稿可以用 150~200dpi，花型小的画稿可以用 600~1200dpi。

3. 经纬与花回

布匹的长度为经向，门幅为纬向。图案的最小周期就是"最小花回"。花回接头是使图案在布的经、纬向均能周而复始连续延伸的工艺处理。接头方式有以下两类。

(1) 平接 一个单元纹样向上下、左右均不偏不移正对着连续排列，这也是印花设计中最基本的连接方法。

(2) 跳接（又称斜接、跳接） 指一个单元纹样先二等分或数等分，沿着等分线进行岔开连接，一般可以分为 1/2 跳、1/3 跳、2/5 跳等，每种跳法均有水平和垂直之分。这一连接方法可以使原本较单调的图案变得"层次丰富、协调大方"。

4. 印花机网版的常规尺寸

随机型不同而不同，在具体设计图案时应以客户提供的数据为准。

(三) 部分分色菜单工具操作

印花电脑分色菜单工具的分类主要包括：文件、编辑、图像、工艺、选择、显示、窗口、设计、帮助十个方面。

1. 文件菜单的使用方法

(1) 新文件 创建新文件是一个空白的、无标题的图像文件，操作步骤：文件→新建→对话框，在对话框中填上相应的信息就可以了。一般默认的几个信息为：

① 宽为 2000 个像素点、高为 2000 个像素点；

② 颜色数默认为 16 色；

③ 回头方式默认为平接，即 $X=1$、$Y=1$；

④ 图像格式默认为"八位索引"模式。

(2) 打开文件 指打开已经存在电脑里的图片（一般由扫描所得、或者直接在系统里绘制而成），打开后可以对该图进行分色处理、重命名、删除、复制等操作。打开文件需要注意的几个问题如下。

① 文件格式　电脑印花分色系统是十分完善的图像处理系统,它不但可以进行印花分色处理,也可以进行其他图像处理,可选文件格式有：*.bmp、*.jar、*.tif、*.pcx、*.gpj,其中*.bmp是印花分色系统的专用格式。

② 大图预视、预视　可以按照需要选择大图预视、预视。

（3）打开一个或多个文件　操作步骤如下。

① 打开文件、选中文件后,双击左键确定,按住Ctrl键可以打开多个文件。

② 在选择文件时,必须选中印花分色处理专用格式是"*.bmp",其他形式的文件格式在此不做一一介绍。

③ 该菜单还可以对文件进行删除、重命名、复制、修改属性。

（4）保存（Ctrl+S）、另存为（Shift+Ctrl+S）　保存是将已经处理好的图像保存起来。另存为是把还没有处理好的图像暂时保存或改名保名。

（5）单色另存为（Alt+Ctrl+S）　将图中正在处理的色彩设置为前景色,操作步骤：文件→单色另存为→取名→保存。

（6）保存活动层（Shift+S）　先把需要保存的图层设为工作层,选"文件→保存活动层"；或直接点层管理中的黑色小三角,按"保存活动层"。

（7）恢复（Ctrl+Z）、反恢复（Ctrl+Shift+Z）、减少一半（Alt+Ctrl+Z）　恢复是取消目前最后一次操作；反恢复是取消目前最后一次操作后,重新显示最后一次操作；减少一半多用于画撇丝时,当觉得撇丝密度太大时,可以按"减少一半",即自动会减少一半撇丝,同时也适用于其他绘图工具。

2. 跟颜色相关的操作

（1）弹出调色盘　方法一是在工具箱的颜色框中单击左键,方法二是在菜单中选"窗口→调色盘",方法三是按Ctrl+F9。

（2）图像中选前景色、背景色　先把光标对准所需选色处,使鼠标原位不动,分别按"中键、左键、中键"。

（3）保护色与前背景色切换　在前景色与背景色之间的左侧有个小小的"P",平时显示出灰色,当某色需要保护时,左键点击它便会弹出"保护色对话框",键入相关信息后点"确定",此时"P"变成红色固定了被保护的色彩。在前景色与背景色之间的右侧有双向箭头,左键点击它就会切换前景色与背景色。

（4）设置标准色为工作色　由于印花分色处理专用格式是"*.bmp",即需要用"八位索引"的模式,但若要选出50种左右的标准色,就得连续设置两次。具体操作方法如下。

① 按"图像→格式→八位索引"（或直接按Ctrl+8）,键入颜色数为"200",此时原来扫描生成的色彩被缩减到200色；

② 按"图像→格式→八位索引"（或直接按Ctrl+8）,键入颜色数为"250",此时调色板上的色彩为250色,期中最后的50种色彩为"标准工作色"。

3. 放大缩小及手移动图像

（1）放大图像　左击放大镜工具,把光标移至需放大的图像处,左击一次,放大两倍,直到最大化。

（2）缩小图像　左击放大镜工具,把光标移至需放大的图像处,右击一次,缩小两倍,直到最小化。

（3）手移动图像　左击手移动工具，对准所需移动的图像按住左键拖动，就可以任意移动图像。若用小键盘操作，Home 键把图像拖到最左边；Page Up 把图像拖到最上边；End 键把图像拖到最右边；Page Down 键把图像拖到最下边。

二、分色常规绘图工具的操作

1. 曲线（描茎）工具操作

（1）基本操作法　第一，鼠标对准线条起点单击左键定好起点，对准目标终点单击左键定好终点，再用两次左键调整线条的弧度；第二，鼠标对准线条起点单击左键定好起点，对准目标终点单击左键定好终点，若此时线条已经符合原稿要求，单击中键；第三，鼠标对准线条起点单击左键定好起点，对准目标终点单击左键定好终点，若此时线条已经符合原稿要求，双击左键。

（2）需要配合的辅助工具　左侧辅助工具栏，可以设置线宽，输入相应的参数即可；右侧"线型控制面板"中可以对线端点形状进行设置，如圆头、方头、平头等。

（3）描茎的其他绘制方法　将鼠标对准描茎工具一直按住左键，下拉后会出现"一点随笔、三点随笔、四点随笔、多点随笔、逐点拟合"等图标，只要掌握了最基本的绘制方法，其他几种方法就自然迎刃而解。

2. 填色块工具的操作

（1）勾边填色同时进行绘制法　激活左侧辅助工具栏中的"描边、填色"工具，选好前景色、背景色，即画出来的效果为："前景色天色快、背景色描边"。这一方法不是特别常用，只有在特殊的稿子中会用到此法。

（2）纯填色块绘制法　这一方法在实际应用中很常用的，所有由单色色块组成的图案，均由此法来完成。具体方法如下。

① 鼠标左键定起点，到终点位置后，再次左击鼠标定终点，两次鼠标左键做微调，即自动生成封闭色块。

② 鼠标左键定起点，到终点位置后，再次左击鼠标定终点，若所画色块已经与原稿相符，双击鼠标左键。

③ 鼠标左键定起点，到终点位置后，再次左击鼠标定终点，若所画色块已经与原稿相符，单击鼠标中键。

（3）填色块工具应该注意的几个问题

① 左键按住该工具下拉，有 7 种绘制法（此法与描茎类同）。

② 在控制面板中有"封闭"的选项，若选择会在操作时表现出：一旦停止左键操作，起点与终点就自动封闭。

③ 在控制面板中有"相连"的选项，若选择会在运用逐点拟合等工具时，上一单元就与下一单元相连。

3. 几何图形绘制工具操作

系统中设置了包括圆形、方形、三角形、菱形、多边形、多角形等，操作方法如下。

（1）对准该工具按紧左键下拉后，选中需要的几何图，光标移至绘图板，就会自动生成几何形，要缩放比例，按紧右键拖动即可调整几何形的大小。在绘制几何形前必须先选好前景色。

（2）绘制同心几何图形，在控制面板中在同心前打勾，则所绘制出的图形均在同一个圆心里生成。

（3）多角形的绘制法：这一方法较其他几种几何形要复杂得多，首先要在控制面板中，选好所需要的属性，如"角、外圆、内圆、外边内线、外射线、内射线"等，每一选项的选择与否，都会影响多角形的绘制，根据需要可以在辅助工具栏中选"填色块、勾边"等选项。

4. 橡皮工具的操作

操作前提是这一工具的工作色为背景色。

（1）彩色橡皮（橡皮工具）的操作方法　首先把背景色选取所需要之色，鼠标左击彩色橡皮工具，光标移至图中，一直按住左键上下移动即可以把目标图擦成背景色。

（2）黑白橡皮（色替换工具）的操作方法　这一工具同样是把图像擦成背景色，不同的是，这一用法只把前景色部分擦成背景色，操作方法跟彩色橡皮基本相同，只是在选工具时先下拉左击黑白橡皮工具。

（3）这两个工具要注意的方面　用快捷键"E"也可以选取这一工具，在操作时，按住鼠标右键可放大或缩小替换、擦除范围。

5. 滚动屏幕的操作

（1）手移动工具　左击手移动工具，即选取了该工具，此时光标成一只手的形状，按住左键对准画面上下移动，即可以移动图像。

（2）移动条操作　绘图板的右边、下边的移动条，用鼠标左键按住拖动就可移动图像。

（3）鼠标滚轮操作　光标对准需要移动的图像处，滚动鼠标中轮即可上下滚动。

6. 漏壶工具的操作

漏壶是对已经形成的封闭区间进行填充颜色，犹如将颜料桶颜料倒入封闭区。操作步骤如下。

（1）双击该工具，弹出相关对话框，选中相应的指令

① 颜色打勾说明填充的范围受颜色限制。

② 选表面色打勾为填充目标色范围；去杂点打勾，指以最大范围作为边界线。

③ 四连通打勾说明单独存在的对角点都是连接上的，此时用漏壶工具不会漏到外面。

（2）清除　清除所选之色。

（3）表面色与边界色　选表面色指漏壶这色漏在该色之上；选边界色指在用漏壶工具时，以该色为边界。

（4）扩点数　向四周扩出的点数。

（5）操作层　根据需要进行层设置。

（6）与"激活活动区"工具配合　可以选中除需要排除的范围外的所有范围。

7. 撇丝工具的操作

撇丝的种类有勾画、随意、三点随笔、四点随笔、多点随笔、逐点拟合、圆弧等七种。

（1）端点的选择操作（作用于勾画）

① 选同一端点　撇丝的起点始终在同一个端点，左键定点、右键取消。

② 选任意端点　不确定某个端点，按照原样的需要任意确定端点，这是最常用的方式，左键定点、右键取消。

③ 选沿曲线　端点沿第一次确定的曲线移动，这种方法适合画有规律性的撇丝群。

（2）调整形状　首先左击撇丝工具，再在控制面板中打开撇丝对话框，然后根据原稿的要求，对撇丝进行最宽、最细的设置，符合要求后，左击"确认"。形状主要包括如下几种。

① 铁线型　即左端粗，一般设置5～8个像素点不等；右端为尖点，一般设置1～2个像素点，最多不能超过3个像素点。

② 兰叶形　即两端尖、中间粗，最粗设在正中，一般设置5～8个像素点不等；最细点在两端，一般设置1～2个像素点，最多不能超过3个像素点。

③ 泥点撇丝　在泥点撇丝前的小框上打上勾，并且根据原稿要求设置好泥点的密度；在泥点撇丝中还有点的大小、层次的设置。

8. 泥点工具的操作

泥点工具的具体操作方法是在原稿中用"激活工作区"工具选中需要画泥点的范围，若范围不相互连贯，就用"＋、＋激活法"选中更多的范围；再选中泥点工具，随机有19种泥点模板，可选择符合原稿要求的泥点进行绘制，在控制面板中可以根据原稿要求调节泥点密度。画完一部分泥点后，双击"激活工作区"工具取消工作范围。

（1）制作自定义泥点模板　先左击"提取"工具，右击弹出对话框，在生成新窗口前打勾，剪下一个小单元，文件大小宽高均设为1000点；左击"加载模板"弹出对话框，导入已经做好的泥点模板，即可用自己做的泥点模板。

（2）拉泥点（或叫拉云纹）工具　首先必须将图稿的模式设为8位索引，左击拉泥点工具，准备拉。这一方法适合深浅过渡较单一的云纹图稿，待看准原稿中需要拉的范围后，左击设定起点，拉到合适范围后，再左击完成。在拉泥点前必须设定适合原稿的密度，即点的大小、多少。

（3）泥点重描　针对部分单色图稿，且含有泥点的，可以直接读取图稿中的泥点，去除太细的泥点，或作其他处理，便直接可以完成。

9. 提取工具的操作

在处理图稿拼接、花样处理中，经常会用到提取工具，具体操作如下。

（1）填写对话框　右击提取工具，会弹出对话框，里面有四个选项，根据图稿的需要进行选取。主要包括如下方面。

① 提取色　提取需要提出来的颜色。

② 透明色　不需要提取出来的色彩。

③ 清除　取消对话框中已经选中的色彩。

④ 生成新窗口　选取目标图形，生成一个新窗口。

（2）生成提取浮图的两种方法

① 左击提取工具，配合勾色块工具，把目标图直接勾出，封闭后浮图马上生成，若需要进行放大、缩小、旋转等操作，就先按"Ctrl＋T"，便会在目标图上生成坐标，然后按照需要进行放大、缩小、旋转处理，待符合要求时，再按"Ctrl＋T"，即可复制目标图。

② 若只需提出某几种色彩，即在对话框中选取需提取的色彩，其他操作方法与上一条相同。

（3）"生成新窗口"操作　在对话框中在"生成新窗口"前打勾，这样在选取目标图后，就会自动生成新窗口，以便连续使用。

10. 抖动工具的操作

在处理花稿局部图案时，强调前景色，使前景色变黑，减淡背景色可以使用抖动工具来处理，具体操作为：先左击"显示"，在下拉条中找到抖动工具（或用快捷键F11），光标移至需要抖动的图案，左击实行抖动，便出现抖动效果图像，再次单击则恢复原样。

11. 拷贝移动工具的操作

（1）拷贝工具　左击拷贝工具，选取需要拷贝的图像，为选中前箭头旁有"?"，一旦选中目标图后，"?"也随之消失，此时该图像就被吸附在箭头中，可以任意移动箭头，待移到需要复制的位置后，就左击确定，拷贝工具可以复制出许多图像。

（2）移动工具　左击移动工具，此时箭头内为空白，未选中目标图前箭头旁含有"?"，选中目标图后，"?"就会自动消失，若需要同时选中多个图像，在操作时按住"Shift"即可，选好图后该图像就被吸附箭头中，移到需要的位置后，左击确定，移动操作即完成。

（3）点对点拷贝　左击点对点拷贝工具，在目标图像中设定一个点，在需要拷贝处设置一个终点，待位置完全符合要求后，按中键确定。

12. 激活操作区域工具的操作

（1）与勾画工具配合，主要包括以下几种方法。

① 工具中间是空的，左击后使工具呈下陷状，配合勾画工具，可以任意勾出并激活你所需要的操作范围。

② 中间呈（——）状时，前后两次选取操作范围，保留重叠部分。

③ 中间呈（＋—）状时，去除重叠及后生成的操作区，保留前面生成的操作区。

④ 中间呈（—＋）状时，去除重叠及前生成的操作区，保留后面生成的操作区。

⑤ 中间呈（＋＋）状时，连续点击操作，可以不断扩大"激活工作区范围"。

（2）与"几何形、漏壶"配合激活操作区范围

① 激活操作区工具与几何形配合使用，选中的范围即是几何形。

② 激活操作区工具与漏壶配合使用，选中的范围为除已画图案外的所有空间。

③ 与撇丝工具配合使用。

13. 特殊绘图工具的操作

特殊工具在印花图稿中应用得较少，但进行设计原始样稿时，有时也会用到，现选取典型的三种为例，即螺旋线、波浪线、虚线等。

（1）螺旋线　先左击螺旋线工具，再在绘图板左侧的辅助工具栏中调节线宽，若要改变形状则右击往外拖，按"R"键可以改变旋转角度，操作起来灵活多变。

（2）波浪线　左击波浪线工具，再在绘图板左侧的辅助工具栏中调节线宽，若要改变形状则右击往外拖，按"R"键可以改变旋转角度，直至符合画稿要求为止。

（3）虚线　首先在右侧的控制面板中打开线型对话框（Alt＋L），在虚线前打勾。对以下指令进行选择。

① 段数　指小单元的个数（此时不计空白处数值）。

② 空白　指各小单元之间的间距（小单元的长度不计）。

③ 调整　在调整前打勾，自动调整上个小单元与下一个小单元的间距，没有选此项，则会出现单元与单元之间的重叠。

④ 线数　在画平行线时，平行线的总数。

⑤ 平行　近间距指最近一个间距的距离，远间距指决定最远一个间距的距离，当远间

距为"0"时，则表示间距相等。

三、分色专用绘图工具操作

1. 格子工具的操作

格子花的纹样有其特殊性，在处理前必须找出最小花回，即最小单元，就是在这个单元中不允许有重复的部分，上下左右拼起来后，则可以变得层次丰富，衔接自然。具体操作如下。

（1）打开一幅格子布扫描原稿（若纯粹自己设计，可直接新建图稿），用剪刀工具取出最小单元，左击格子工具，在栅格调整前打勾，此时单击鼠标左键，可以画出垂直线，单击鼠标右键，可以画出水平线，在属性对话框中可显示所画水平线、垂直线的宽度。

（2）按住 Shift 或 Ctrl 的同时，用鼠标左键可以调节线的宽度，合适后再按左键确定。

（3）取消在"调整栅格"前所打的勾，此时具备填充功能，单击左键可前景色填充色彩，单击右键可背景色填充色彩。

2. 文字工具的操作

文字工具的设置，可大大方便在图稿中键入文字，且高效美观。具体操作步骤如下。

（1）左击文字工具后，控制面板中便会出现文字栏，把需要的文字键入其中。

（2）选中所需要的字体、样式、大小等。

（3）若需要竖排的则在竖排前打勾，不打勾则默认为横排。

（4）文字图像在画面上生成后，便会兼有放大、缩小、移动等工具的功能，此时可以对文字的大小、形状进行调节，直至符合要求。

3. 毛毛虫工具的操作

毛毛虫工具因其大致形状如"毛毛虫"而被命名，它是以有规律的图形所组成的图案。

（1）截取毛毛虫中的一小段，生成新窗口，以备用。

（2）右键单击小图，小图即被定义为毛毛虫小图。

（3）激活原图稿，则可以用曲线、几何图、勾色块、撇丝、波浪线等工具来画毛毛虫，这样便可以按照毛毛虫的规律把特殊纹样画到原图中。

4. 斜线工具的操作

斜线工具通常与格子工具一起配合使用，也是较常见的实用工具之一。具体操作如下。

（1）左击工艺菜单，选择"斜线"，便出现一个对话框，分别填好以下参数。

① 间距　指两根线之间的距离，包含了几个像素点。

② 角度　指相对水平线而成的夹角的角度，用得最多的为 45℃、135℃，因为这两个角度最方便图案联排。

③ 文件高度、宽度　指原文件的高度、宽度值。

④ 是否调整参数值　在每对参数中间有个小白框，该框打上勾表示参数不调整，反之此项参数允许调整。

⑤ 线宽和空白　线的粗细值、线的空白的比例。

（2）调整按钮　点击调整按钮，上下左右的线的连接会自动调节好，不按则不调整。

（3）复位按钮　点击该按钮，恢复已经调整过的所有参数。

（4）按要求设置好各参数后，按提示操作即可画好斜线。

5. 叠色（配合文件合并）画法

(1) 首先打开文件 A，改变 8 位索引颜色数，设为 16 色。
(2) 左击文件合并，对话框中找到"打开文件"，点击准备打开文件 B。
(3) 去掉拷贝前的勾，选择任意色，最后点确定，则叠色绘制完成。

6. 印章工具的操作

(1) 使用该工具时，先把光标移至目标图案，按住 Alt 的同时单击鼠标左键定点，然后放开 Alt 键，光标移至需要复制的地方按左键即可，若需要改变范围，可以按住右键拖动。
(2) 相对拷贝。定点后若选择相对拷贝，角度与间距都不会改变，若重新定点后，则可以改变间距和角度。
(3) 绝对拷贝。若选择绝对拷贝，拷贝的间距是固定的，待重新定点后也可以改变间距。

7. 框图拷贝粘贴

框图拷贝粘贴指的是两幅图之间的拷贝粘贴。具体操作如下。
(1) 先激活目标拷贝图，用提取工具提出需要拷贝的部分，并使之生成浮图。
(2) 左击编辑菜单"拷贝"（Ctrl＋C），再按"Ctrl＋Tab"切换到另一张图稿，最后按"Ctrl＋V"粘贴图案即完成。
(3) 当提取好后，应在图像菜单上点击"调色板"，在调色板上选"最佳合并"，拷贝过去的图案的色彩不会变化，否则会成杂乱的色彩。

8. 合并调色板

两幅图稿中，先打开一幅图稿并激活图像，左击编辑菜单"拷贝"（Ctrl＋C）（拷贝图像的调色板到剪截板中），再按"Ctrl＋Tab"切换到另一张图稿，点击"图像"菜单、调色板、最佳合并（一一对应、复制合并）。以"A 图有 2 种红色、B 图有 4 种红色"为例。

(1) 最佳合并　B 图上的 4 种红色与 A 图的 2 种红色，此时 B 图上的 4 种红色，也成了 A 图上的 2 种红色。
(2) 一一对应合并　B 图上的 2 种红色与 A 图的 2 种红色，剩下的 2 种红色与其他色彩合并。
(3) 复制合并（用于彩色稿的处理）　若 A 图的 15 种色彩为标准色，B 图中的色彩在 A 图中均能找到，合并后均为 A 图的颜色，若 B 图中的色彩 A 图中没有，合并后则增加颜色。

9. 云纹稿画法

云纹指在特定区域内柔和过渡的泥点所组成的图形，在印花图稿中十分普遍。
(1) 泥点模糊法　这一方法的前提是已经画好了泥点单色稿。首先打开泥点单色稿，再选八位索引，然后点击"转灰度"，再点击"模糊"，最后选"加网套模子"，即完成云纹的绘制。
(2) 毛笔（喷枪）工具法　此法必须在云纹图层中进行，在云纹图层中操作，该图层会自动转成灰度模式，没有改变过的色彩为黑白灰的自然过渡，也可以根据原稿的要求任意改变颜色，但所得的色彩是同一种色的不同明度的过渡。具体操作方法是先设置一张云纹图层，再调整云纹色彩，然后点击毛笔（喷枪）工具，在需要画云纹处激活工作区，按住鼠标右键调节喷射范围，则可以操作喷云纹。逐套画完，便可完成整幅云纹图稿。
(3) 拉云纹工具　当图像模式为真彩色、灰度时，渐变工具可以创建多种颜色间的逐渐混合。拉云纹工具有"深-浅、浅-深、浅-深-浅、深-浅-深"四类模式，操作起来非常便捷，确认操作区域后,点击拉云纹工具,决定起点、终点就可以拉出不同的云纹。

10. 排列处理

该工具是在操作移动元素时常常用到的,用于需要处理各色块的上下关系时十分方便。操作方法为:左击编辑,选排列,此时有四种选择:上移一层、下移一层、最上面、最下面。

11. 屏幕裁剪

画板在放大的前提下操作,若选了"屏幕裁剪"(该工具下凹则已被选中),就说明只对看见的部分工作了,不选"屏幕裁剪"则对屏幕外的部分依然能工作。

四、分色图稿的后期处理

1. 缩扩点

缩扩点的目的是适当扩大或缩小已经画完的单色稿的周边点数,使稿子的精密度提高,降低次品率。操作时先使缩扩点的效果在图像上显现出来,把需要扩点的色彩选为前景色,对所要的颜色扩点,就把那些颜色选为非保护色,再左击工艺菜单,选"缩扩点",对话框中输入需要扩点的颜色,并结合"向前景色复色(应将最深之色选为前景色)、浅色向深色复色(按色号排定而定)"功能进行操作,注意在扩点前要输入扩点数,一般为3~6点不等。

2. 负片、圆整

这两个功能,在图像后期处理中十分常用,具体操作如下。

(1) 负片 一般用于灰度稿、单色稿、真彩色稿,左击图像菜单,再点击"负片"即可。

(2) 圆整 在最后完稿前,若稿子跟机型要求的实际尺寸还有一定误差,可用这一工具来纠正。具体操作为:选择图像菜单,左击"圆整"即可。

3. 贴边、连晒

可在不改变花回尺寸的前提下,增加花形的数量,这一工具一般用在最后定稿前,需要对内部花形进行调整时,常常要用到此法。具体操作:打开序号为1的图像,左击"图像"菜单,选择"贴边、连晒",输入参数后点"确定"即可。

4. 旋转、镜像

(1) 旋转 先用提取工具生成浮图,具体操作详见"提取工具"的操作。

(2) 镜像 此法在设计处理原始稿件时用得较多,具体操作如下。

① 设定一个活动区域,用提取工具将需要镜像处理的图像(或是单色)提取出来。

② 处理后的图若需要是光滑的,可在光滑前打勾,一般所处理的颜色数不宜超过63种。

5. 细茎重描

这一工具只适合在单色稿中操作,它的作用是把原来已经太粗了的描茎重新变细,如变原来描茎5个像素点为3个像素点。具体操作是先打开需要重描的细茎单色稿,选"滤波"进入细茎重描对话框,在对话框中选择"连接距离、毛刺长度、细茎粗细"各项相应的指令或参数。

6. 模糊、去噪

在处理含点的稿子或单色稿时经常用此法,目的是整体调整图像效果。具体操作如下。

(1) 双击模糊工具，弹出对话框。

(2) 处理模糊效果，把图像转为灰度模式或真彩色模式，有"普通、加深、减淡"三种。

(3) 若要进行去噪（杂点）操作时，图像模式必须选择八位索引模式，或者是单色稿。操作前必须选好相关指令。

① 点面积　需要除去的点的面积，单位为像素点。

② 当前色　前面打勾，即除去当前显示之色。

③ 线长度　指除去的线的长度，单位也是像素点。

④ 像素点连接方式　主要有4、6、8联通。

⑤ 全图去噪　指对全图进行去噪。

7. 生成单色稿

有两种操作方法，具体操作如下。

(1) 从彩稿中分离出来　先把需要分出的色彩选为前景色，左击图像菜单，再到格式，点击"分色"即可。

(2) 单色另存为（Alt＋Ctrl＋S）　这一方法在八位索引下操作，多用于储存已经画完的单色。左击"文件"菜单，到"单色另存为"，弹出对话框后，输入文件名，点击保存即可。

8. 文件合并

(1) 单色稿合并　打开最浅的一套，左击图像，到"格式"，再到"八位索引"，最后增加调色板颜色数。

(2) 合并两个八位模式文件　先打开需要合并的文件，再打开被合并的文件，左击"文件"菜单，再点击"文件合并"弹出对话框，单击打开文件选颜色栏中增加颜色（中键选中、右键取消，最多可以选10种），选好后点击"确定"。

(3) 批量合并　该合并与上一合并基本相同，就是在取文件名时，应该统一，如01、02、03或A、B、C等，若文件名太乱，则无法合并。

9. 校扭、接回头

(1) 校扭　把图像中不在同一水平线或垂直线上的点校正到同一水平线或垂直线上。对话框中主要包括"旋转、剪切、随意网格、规则网格"，根据不同需要进行实际操作。

(2) 接回头　分平接接回头、跳接接回头两种。

① 平接接回头　先水平、垂直裁好最小花回，在打开几个需要接回头的单元；选择图像贴边、连晒对话框（F8），输入X：1、Y：1，移动屏幕按"Insert"出现"＋"字回头线，图像会首尾相接、左右相连地出现在屏幕上；找出共同点，便出现矩形框，待图像合适后按鼠标中键，便会除去花回以外的部分，这样可以接好一个完整的平接花回。

② 跳接接回头　跳接主要包括1/2、1/3、2/5三种跳法，具体操作如下。

a. 打开一个需要接回头的图像，若大于最小花回，先用剪刀裁好，或用提取工具生成一个大于一个回头的新窗口。

b. 选择图像处理菜单下的贴边、连晒菜单（F8），或在滚回头工具中打开对话框，若是1/2跳，则X：1、Y：2。

c. 激活滚回头工具，此时各图像首尾、上下相连，按"Insert"键，则图像衔接处会出现"T"字回头线，检查是否准确。

  d. 选择拼接工具，先在共同点左击鼠标，出现一条线，移动游标至第二个共同点再左击鼠标，此时出现一个四边形，按"Ctrl 键"回到回头线处。单击中键开始接回头，平接接好后再接垂直方向。

思考与练习

1. 印花 CAD（印花电脑分色）的主要优点有哪些？
2. 什么是精度和像素点？如何换算像素点？
3. 什么是印花稿子的平接、跳接？如何按照这些接法绘制图稿？
4. 说说前景色、背景色、保护色的操作方法。
5. 举例说明描茎、撇丝工具操作的异同。
6. 如何结合拷贝、搬移工具进行提取工具的操作？
7. 用"八位索引模式"处理、"图层处理法"处理的优缺点是什么？
8. 在处理图形时，圆整、缩扩点的操作法的必要性有哪些？
9. 文字、斜线工具如何使用？
10. 根据已学知识选一彩色图稿进行扫描、分色处理、输出等工艺处理。

第六章 制网雕刻

纺织品上的印花图案是通过印花花版形成的，俗语有"三分印制七分制版"的说法。不同的印花设备使用不同的印花花版。通常有铜辊凹纹花版和筛网花版（包括平网花版和金属圆网花版两种）。其工序分别称为花筒雕刻和筛网制版，是将印花图案（简称花样）转移到筛网、花筒上，使之成镂空花网、凹陷并具有斜纹线或网点交叉斜纹线（用以贮藏色浆）花筒的加工过程。

制版雕刻之前，在图案设计的基础上需将花样分色描黑白稿，进而为制版雕刻提供花样胶片，这个过程称为分色描稿。传统的分色描稿有手工描样法和照相分色法。随着计算机科学的迅猛发展，产生了可以一次完成花样上各种颜色花纹的电子印花分色描样法，而制网技术也从型版制网技术发展到了无版制网技术。

第一节 平网制版

平网印花是筛网印花的一种，它的历史悠久，前身是型版印花。平网制版是将丝网紧绷于木制或金属网框上，丝网上花纹处的网孔是镂空的，非花纹处的网孔被遮挡或牢固地封堵。印花时色浆在印花刮刀的作用下透过网版上花纹镂空处的网孔，漏印在织物上形成花纹。平网制版工作是平版筛网印花中最初和最重要的工序之一，直接关系到成品的印制效果。

平网制版的尺寸小到十几厘米（如用于成衣或衣片局部印花），也可大到若干米（如用于室内装饰、床上用纺织品的印花），分别适应于不同规格的平网印花机。手工台版印花的制版套数不受限制，而自动平网印花设备的制版套数由印花设备的长度限定。制版工作内容包括了解花样的结构形式，各色位间平衡及雕刻套数，平网规格的选择等。

一、筛网制作

1. 丝网的选择

网布是制成花网的重要物料之一，种类很多，以材料不同分为蚕丝、锦纶、涤纶等丝网；以编织形式分为平纹、斜纹、半绞织、全绞织结构的丝网；以丝网目数分为高目数、中目数和低目数的丝网等。由于最早使用的丝网是蚕丝丝网，所以至今将丝网通称为绢网。

丝网的目数是指每平方单位（cm，in）丝网所具有的网孔数目或每个线性单位长度（cm，in）中所拥有的网丝数量。丝网的目数表示丝网中丝与丝之间的疏密程度，目数越高，丝网越密，网孔越小。反之，目数越低，丝网越稀，网孔越大。

网布的稀密以号来表示。一般号数越小，表示每英寸中的孔数越少，即孔越大；而化纤网常用 SP 号数表示，如表 6-1 所示。网的一般选用原则为大块面积花纹及厚织物，需浆量大，则孔要大些，可以选用小号网，如 9~10 号网；小面积花纹的花纹精细，化纤织物的吸湿性差，则孔要小些，用大号网，如选用 15 号网。

表 6-1 化纤网号数

筛网号数	6	7	8	9	10	11	12	13	14	15
孔/平方英寸	74	82	86	102	109	116	124	130	134	148
SP 号	28	30	32	38	40	42	45	48	50	56

2. 网框的选择

丝网通过黏网胶紧绷在网框上，网框的材料要满足绷网张力，保证丝网平整和稳定。网框有木制和金属两类。选择网框要在满足网框强度的条件下尽量选择质量轻的，一般选择铝合金作为筛框材料，筛框尺寸由印花织物幅宽、单元花纹面积、刮刀及设备条件而定。在绷网前，为防止网框的弯曲变形使丝网花版不稳定以及印花时对花不准，要对网框进行预应力处理。同时为使网框能与丝网黏合牢固，要对网框的黏网位置进行糙化和去污处理。

3. 绷网

平版筛网印花的绷网是在压缩空气绷网机和手摇螺杆绷网机上进行的，将绢网施以力平整地固定在木制或金属网框上构制成印花筛网。筛网绷制时，一般都用黏着法，即首先在筛网框上涂一层聚乙烯醇缩醛胶，然后让其自然干燥；把裁好的网在绷网机上绷紧，然后把框放在网的下面，用刷子把有机溶剂如酒精、醋酸乙酯等刷在框的四周上，使筛框上的聚乙烯醇缩醛胶溶胀、软化，最后用吹风机吹干，使溶剂挥发，筛网便牢固地黏着在筛网上。绷好的丝网框用皂粉或纯碱液刷洗，冷水冲洗，烘干，以保证网的洁净，提高感光质量。

二、平网的制版

平网制版方法很多，如手描法、刮漆法、防漆法、照相法、喷蜡法以及感光法等。感光法又分为直接感光法与间接感光法两种。间接感光法是先在涂有感光层的胶片上进行感光后再拓展到丝网上，直接感光法是直接向绷在网框上的丝网上涂感光液，再经晒版、显影制成丝网版。纺织品平网印花通常使用直接感光制版法。

感光法制版是利用照相原理。光线射在已涂感光剂的网面上，使花纹部位光线被阻，经水洗镂空网眼；而非花型部位感光胶被感光，发生光化作用，致使感光剂生成不溶于水的胶膜堵塞网眼，经加固制版完成。

工艺过程如图 6-1 所示。

```
花样→制分色感光底稿       ┐
                          ├→覆片曝光→冲洗显影→烘干→检查修版→成品
筛网前处理→涂感光胶→干燥  ┘
```

图 6-1 平网制版工艺流程

1. 制分色感光底稿

制备分色感光底稿通常有描黑白稿、照相法和电子分色法三种方法。描黑白稿法是将透明纸片覆在花样上，用墨汁或遮光剂把花样上每种色样分别描绘出来，每套色描一张。照相法是利用照相分色代替人工分色，先制成分色负片，而后翻拍成正片用作感光的底片，以获得逼真的花纹，此法比黑白稿法更符合原样精神。电子分色法是利用分光棱镜或平板分光膜将花样上的各色分开，而后像传真照片一样使照相感光胶感光而制得感光底片。

操作过程通常有花样修接、打规格线、描样对花、修稿、涂边等六个步骤。

2. 筛网前处理

新筛网网纱光滑并附着有一定的油脂，这些因素将会影响感光胶的附着，因此须采用专用的磨网膏清洁网纱并对网纱粗化处理,使用感光胶膜能与网布贴合更为牢固。使用前将磨网膏摇晃使其均匀,然后挤出适量于网版上,用刷子在丝网两面打圈刷涂,然后用水清洗,要求完全去除磨网膏。注意磨网膏的用量要适当,否则将损坏网布。

3. 涂感光胶

感光胶是一种水溶性高分子物,感光后应能很好地转变为非水溶性的结膜物质,即生成硬化物质,常用的感光剂有重铬酸铵与明胶或聚乙烯醇组成的感光胶、重氮盐树脂与聚乙烯醇组成的感光胶两大类。使用的配方随原料而异。

由于重铬酸盐型的感光胶中六价铬离子对环境有污染,目前纺织企业中最常用是重氮感光胶。重氮感光胶的成分为聚乙烯醇、聚乙酸乙烯酯及芳香族重氮盐,可分为耐溶剂型和耐水型两大类。商品化的重氮感光胶由胶体和重氮光敏剂两部分配套而成。使用前将两者以一定的比例混合调制。感光前,感光胶是可溶的;感光后,光敏剂与胶体聚合交联,形成不溶于水的大分子而固化;曝光后而未感光部分的感光胶仍是可溶的,经水洗即可去除,这样就可在花版上形成镂空的花纹图案。

(1) 感光胶的调制 在避光的环境中,根据需要配制的感光胶总量,按一定的比例称取胶体和重氮光敏剂,分别放入不同的容器中,两者的比例因型号不同而不同;用少量蒸馏水充分溶解重氮光敏剂,然后将溶解的光敏剂全部转移到胶体中,按同一方向搅拌均匀,静置2~3h 后方可使用。需要注意的是,重氮型感光胶不论是否开封都有一定的有效期,未开封感光胶有效期一般以年为单位,使用前应查看其生产日期;而开封并已配制的感光胶有效期一般在1~2个月。

(2) 涂感光胶操作 涂感光胶是在暗室中或微弱的红光灯下进行的。将消泡后的感光胶直接倒入上浆器中,摆动上浆器,使得感光胶均匀分布。将上浆器与丝网面成70°角左右压在丝网上,由一侧匀速移至另一侧,均匀刮涂,框外侧涂两次,框内侧涂一次,直至感光胶把丝网上所有的网孔都遮盖,而后放在30~50℃的干燥房干燥10~20min。如果所涂的感光胶膜厚度不够,可再重复上述操作。

4. 覆片曝光

上胶的网版须在充分干燥后才能曝光,否则曝光时胶膜不会充分考虑固化。曝光是在晒版设备上进行的,晒版设备有简易晒版箱(如图6-2所示)、感光连拍机和真空晒版机等。

感光机置于暗室中,先将黑白稿与感光台上的十字线对准,四周用橡皮膏将其贴在感光玻璃板上,再把暂时不用感光的部分用黑纸遮没,然后将上好感光胶的筛框轻轻放在感光台上,在筛框网板上再压上充气的海绵胶压板,使网版的绢网与黑白稿密切接触

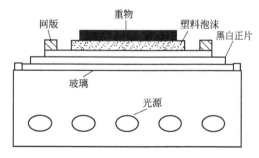

图6-2 晒版箱

而不留气泡,开启光源,光透过黑白稿使感光胶感光。花纹处不透光,感光胶可溶。无花纹处透光使感光胶固化。感光的时间应根据花型精细以及黑白稿透明度来定。

5. 冲洗显影

把感光后的筛框在暗室浸入30~40℃的温水中2~3min,并轻轻上下摆动,等网版上未

感光部分的胶膜吸收水分膨润后取出，先用较强水压冲洗印花面，再以较弱水压清洗整个网版，使未感光的胶膜完全冲洗掉。冲洗时间在网孔显透的前提下越短越好，过长则膜层湿膨胀而影响图案清晰度，不充分则易堵塞网孔而造成废版，因此显影时要用安全光线检查。显影后的丝网版放在无尘的干燥处进行 $40℃±5℃$ 的温风干燥。

6. 检查修版

检查修版即是把网版的花纹与样稿花纹对比，检查花纹是否完整，花纹处是否完全镂空，而非花纹处是否全部封闭，如有问题，须进行修理。

最后涂一层保护膜以保护感光膜，使其坚固耐用，延长筛网的使用寿命。

第二节 圆网制作

圆网花筒属于筛网花版，与丝网花版一样，印花色浆在印花刮刀的作用下，透过花筒花样处的网孔漏印在织物上。圆网也叫金属镍网，其制造方法采用电铸成型法，在芯模上电铸成型后，再从芯模上脱下来，形成圆筒形无接缝镍网。

一、圆网准备

（一）制网过程

无缝钢管加工磨光→清洗→镀镍→镀铜→车外径→轧点磨光→清洗→镀铬→清洗磨光→嵌绝缘体→焙烘硬化→磨光→电镀→脱模→成型

1. 选择无缝钢管并清洗

周长为 640mm 的圆网电铸材料，经过车削加工到直径为 190～191mm，并使表面光洁平整。然后进行表面清洗，去除锈斑和油污，使表面光洁。

2. 镀镍

钢材不能直接用酸性硫酸铜溶液来镀铜，必须用碱性镀铜溶液或在无缝钢管表面先镀镍再镀铜，以提高镀层与基体之间的结合力。

3. 镀铜

在无缝钢管上镀铜的目的是使质地变软，以便轧压网点和磨光。在电镀铜的过程中，必须保证镀铜层结晶体致密坚实，从而使铜层表面光滑，并与基材牢固地结合。镀铜后的基材要进行车圆，目的是将基材直径切削到规定尺寸，并使两端略呈锥形，误差不超过 0.04～0.05mm。基材表面要平整光洁，以便于电铸镍网时，镍网网口光洁和脱镍网顺利。

4. 轧点磨光

经车削磨光且直径符合要求的镀铜基材，在专用轧钢芯机床上用钢芯阳模进行轧压网点。轧压时压力的大小应根据镀铜层铜质的密度及阳模的网目数作相应调节。轧压网点时一般采用 1/2 排列的等边六角形钢芯网点的阳模。为保证圆网有较大的开孔率，阳模中点子与茎面的比例数须严格控制。茎面越细，成型网孔的开孔率越大，但茎面过细，会引起圆网的强度下降，圆网的使用寿命降低，并在上感光胶时容易渗胶，流入圆网内壁。

网孔的大小用目数来表示，如表 6-2 所示。网眼目数和网的厚度选择是根据花纹的形状、织物的厚度和其经纬密度、色浆的性质、印花的车速和批量以及纤维材料等因素决定的。

$$开孔率=\frac{孔数×网孔面积}{100}×100\%$$

表 6-2　网目数与开孔率的关系

目数	25	40	60	80	100	120
孔数/(个/cm²)	120	290	670	1150	1630	2365
网孔面积/mm²	0.119	0.07	0.02	0.01	0.0059	0.0038
开孔率/%	23.9	20.3	13.4	11.5	9.6	9.0

5. 镀铬

钢管镀铬有两个目的：一是为了提高钢管表面的硬度和耐磨性能，从而提高钢管的利用率；二是因镍与铬之间的结合力较弱，在铬层表面电镀镍层后，镍层容易与钢管分离，使脱网顺利。但镀铬时会产生有毒气体和含铬废水，不利于环保。

6. 嵌绝缘体

嵌绝缘体时常用橡胶刮刀将绝缘体刮在钢管的网点内，在 50℃下烘 30min 左右，最后在热固着箱中进行高温（170~180℃）焙烘 2h，使绝缘体固化，经自然冷却后磨光。

7. 电镀圆网

电镀圆网实际是镀镍，是在硫酸镍与氯化镍电镀液中进行的。镍网厚度一般为 0.10~0.12mm。

8. 脱模成型

电铸成型后的圆网需从钢管上脱下，脱模操作是在车床上进行的，用机械挤压法使镍网与钢管表面分层脱开，再轻轻拉出以完成整个圆网的制备工作。

圆网制作通常在专门的圆网制造厂进行，压成椭圆形运输，使用时将椭圆形的镍网恢复到圆形称为复网，复网的条件是 150℃，1~2h，过高的温度会使圆网发生脆损。

(二) 圆网选择

通常根据织物幅宽、花型特征来选择圆网规格，包括圆网的目数、圆网的周长和幅宽。圆网周长有 480mm、640mm、913mm、1826mm 等。常见圆网工作幅宽有 1280mm、1620mm、1850mm、2430mm、2800mm、3200mm 等，圆网的长度可用以下公式计算：

圆网长度＝工作幅宽＋2×59mm（59mm 为留边）

目数的选择依据花型结构、织物性质、色浆性质、印花机车速等，通常精密线条的花纹选择高目数，大面积花型选择低目数；厚织物需色浆量多的选择低目数；印花色浆流动性好的选择高目数；印花机车速高的选择低目数。

实际生产中，粗犷花样、满地大花型及厚重织物选择 80 目的圆网，较细致花样、中薄织物选择 100 目的圆网，精细花样、轻薄满地花型选择 125 目的圆网。

二、圆网的制版

目前圆网制版基本上采用涂胶感光制版工艺，下面介绍有软片的感光直接制版法。

工艺过程如图 6-3 所示。

黑白稿正片准备和检查
清洁圆网→涂感光胶→烘干 }→曝光→显影→修理→焙烘→胶接闷头→检查修版

图 6-3　圆网制版工艺流程

1. 清洁圆网

圆网在上感光胶前，必须进行彻底的清洁及去油，以使感光胶与镍网结合牢固、印花圆网花版的质量和耐用性更佳。使用60%的铬酸溶液揩洗数次，然后用清水冲洗，并用10%的碳酸钠溶液中和，最后用冷水充分冲洗至pH值为中性。由于铬酸溶液的环境污染问题，因此也可用10%的稀硫酸或配制合适的洗涤剂处理。清洁后的圆网置于无尘烘箱内低温循环风吹干。

2. 涂感光胶

圆网感光胶的基本组成和感光机理与平网感光胶基本相同，圆网感光胶有重铬酸型和重氮型两种，由于环境污染问题，重氮型感光胶使用正在逐渐增加。

上胶方法有手工上胶和机械自动上胶两种方法。手工上胶时镍网的两端有两个套筒，圆形刮环预先安在下端的套筒上，当放上镍网后，将感光胶倒入刮的橡皮圈上，用双手握住环的外圆，连续匀速地自下而上刮一次，双手用力和提升速度要一致。机械上胶是将已配制成的感光胶液加入刮环槽中，自上而下进行自动刮胶，上胶速度一般为8~12cm/min。自动刮胶上胶均匀，有一定的厚度，可使镍网强度增强，不易产生印花疵病，目前基本上使用机械自动上胶。

上胶后的镍网放入40~45℃恒温干燥箱内保温烘干，使胶液中的溶剂挥发而固着。

3. 曝光

上胶烘干的圆网要尽快在圆网曝光机上曝光，将圆网套在充气的橡皮筒外，将照相正片紧贴在圆网上开始曝光。影响曝光强度的因素有光源强度、曝光距离和曝光时间，多数情况下是通过改变曝光时间来调整曝光强度。曝光时间取决于胶片性能、灯光亮度、感光胶液性能、胶层厚度及圆网目数等多种因素。

4. 显影

将曝光后的圆网在30~35℃水中浸泡5~10min，使未曝光部分的胶层溶胀松动，再放于冲洗机上冲洗或边冲边用海绵轻擦至花型轮廓清晰。为便于检查，常用甲基紫溶液使感光部分的胶层着色。

5. 修理检查

已感光的胶层在焙烘前易去除，因此对漏花、多花等图案疵点，在焙烘前检查修补，再用50℃热风循环加速风干。

6. 焙烘固化

将圆网放在恒温干燥箱内升温至180℃焙烘2~2.5h，使胶层充分聚合固化。温度过高则圆网发脆影响圆网强度，过低则聚合固化不充分而在刮印时产生砂眼。

7. 闷头

将圆网套在套架上，按切割标记将两端整齐切下，用细砂纸轻轻打磨两端内壁，并用丙酮擦拭干净，刮上环氧树脂闷头胶。在胶闷头机上，将圆网按对花记号与闷号对好，由上向下压，并开启两端电热盘，保持温度在60~70℃，经0.5h，使环氧树脂均匀熔化开始固着。操作过程要轻拿轻放，以防闷头移动和碰歪。

8. 检查修版

打样前，圆网套在架上，用下灯光检查砂眼、多花和其他疵病，并用快干喷漆修补。

第三节 花筒雕刻

滚筒印花机已逐渐被平网、圆网印花机代替，在此对滚筒印花机制版工艺作简单介绍。

滚筒印花机印花时,印花图案刻在铜质花筒上,花纹在花筒上是凹陷的带有斜纹线或网纹的,用以贮藏色浆。在花筒上刻出凹陷花纹的工艺过程就是花筒雕刻。

一、滚筒雕刻的工艺方法

花筒雕刻的工艺有缩小雕刻、照相雕刻、钢芯雕刻、手工雕刻和电子雕刻等。目前主要有照相雕刻和电子雕刻,在此主要介绍照相雕刻。

照相雕刻的工艺过程如图 6-4 所示。

花样 → 分色描样 → 拍摄单元网纹负片 → 连晒成正片
花筒准备 → 花筒表面喷涂感光胶 } → 覆片曝光 → 着色显影 → 焙烘 → 腐蚀 → 镀铬 → 抛光

图 6-4 照相雕刻工艺流程

二、照相雕刻的工艺操作

1. **分色描样**

分色描样的任务是对花样进行分色,制作分色片。分色描样时应注意以下几个方面。

(1) 花筒腐蚀时花纹扩大,所以各色之间须留有间隙。

(2) 进行适当修改,保证花样循环相互吻合精确。

(3) 准确画出规矩线。

分色描样可采用电子分色也可手工分色。

2. **拍摄单元网纹负片**

分色描样得到的分色片通常是单元正片,无斜纹或网纹,所以需将其制成单元网纹负片。制负片的方法有复印法、照相法和电脑制片三种。

(1) 复印法 复印法适用于单元尺寸不变的情况,复印制负片在复印机上进行,其过程如下:

分色描样片和底片在复印机上第一次曝光 → 斜纹线片和上述底片在复印机上第二次曝光 → 显影 → 水洗 → 定影 → 水洗 → 干燥

复印法中所用的底片是类似照相底片的覆盖有感光材料的软片,而斜纹片有斜线片和网格片两种,可以自制。

(2) 照相法 照相法制网纹负片可对原样进行放大和缩小,其过程如下:

照样机拍摄分色描样片 → 拍摄斜纹线和照样底片 → 显影 → 水洗 → 定影 → 水洗 → 干燥

无论是复印法还是照相法,凡是经拍照、复印曝光或连拍的软片冲洗过程如下:

显影 → 水洗 → 定影 → 水洗 → 干燥

显影的操作是将曝光后的软片浸泡在显影液中,并经常搅动,直至底片中有清晰的影像。

定影的目的是去除剩余的感光材料,这部分材料遇光仍要感光,因此要去除。具体做法是把软片泡入停显液中 10~20s,然后取出泡入定影液中定影 5min。

水洗后挂于通风隔尘处晾干。

(3) 电脑制片 采用电脑制片,则只需把图案在电脑中直接制成负片,加网线然后转换成正片,拼接成大片,不再需要经过下步的连晒,通过打印机后直接制得用于晒版的胶片。

3. **连晒**

经复印法和照相法加工制成有斜纹线或网纹的单元负片,将单元花样负片按其接头方法拼接成一张大的正片的过程叫做连晒。该大片的长度应等于花筒雕刻长度，它的宽度为花筒圆周的 1/2、1/3 或等于花筒圆周。连晒在连晒机上进行，连晒后的软片需进行显影定影。方法同前。

4. 花筒喷涂感光胶

花筒经清洁干燥后，在晒像之前，在花筒上先涂上一层感光胶。感光胶是一种能在光的作用下硬化的物质，感光胶的喷涂工作要在暗室或黄色灯光下进行。感光胶喷涂时，喷枪在螺杆上作往复移动，花筒旋转，转速为 110～130r/min。感光胶喷好后，进行干燥，暑天不用加热，花筒转 1～2min 即可，冬天加热 4～5min，温度不能超过 45℃。

5. 花筒晒像

花筒晒像就是将连晒片与涂好感光胶的花筒在花筒曝光机上进行曝光。花筒上预先做好对准分度标记，连晒片也做好分度标记并预先涂没不用部分，将连晒片覆在涂好感光胶的花筒上，对准分度标记。曝光光源采用荧光灯或炭弧灯，曝光时间一般为 8～15min，具体时间与光源、连拍片的对比及天气有关。

6. 着色显影

把花筒浸入 30～40℃ 的水中，旋转 1～2min，未感光处的感光胶开始溶解脱落，可用棉花轻拭，花纹处露出铜面，用水冲洗后浸入染浴中着色。染浴为 5% 直接天蓝或碱性紫溶液，着色后无胶处无色，便于检查。然后水洗自然晾干即可。

7. 焙烘

焙烘的目的是提高花筒表面感光胶膜的抗腐蚀能力。焙烘时把干燥的花筒在 140～280℃ 下焙烘 1h，当花筒上染料的色泽由蓝色变成棕褐色即可。

8. 腐蚀

腐蚀即是通过化学或电解作用，使花纹外的金属铜成为铜离子离去而形成凹陷花纹，腐蚀有化学腐蚀和电解腐蚀两种方法。电解腐蚀是指将花筒浸入电解池中，电解液为氯化钾，花筒接上阳极，阴极为合金，接通电源后，铜即氧化成铜离子而离去。化学腐蚀的过程为浓硝酸开面，氯化铁加深，稀硝酸飞面。照相雕刻采用电解腐蚀或不经浓硝酸开面直接用氯化铁加深和稀硝酸飞面即可。

9. 镀铬

花筒上的花纹是在铜层上腐蚀制成的，铜的硬度一般在 90～180HV。印刷时刮墨刀很容易将印版刮伤。由于金属铬的硬度很高，在 800～1000HV，耐磨性很好，所以当滚筒上图案制作完成后，再在铜表面镀一层铬以提高花筒的耐印力。最后对花筒进行抛光。

第四节 无版制网

无版制网是指计算机将分色后的数据以数字方式发送到网版，有喷射制网和激光制网两种类型。喷射制网按喷出的介质不同分为喷蜡制网和喷墨制网两种形式，激光制网分激光雕刻网和激光电铸网两种形式。

一、喷蜡制网

1. 喷蜡机工作原理

平网、圆网喷蜡机是对描稿、分色好的图像,通过计算机处理后,把图案信息以蜡为介质,直接将通过加热而形成的液体蜡滴喷在已上好感光胶并烘干的网上,然后再对网面进行曝光处理,由于图案部分的感光胶被蜡层所覆盖遮挡,而无法曝光,所以在清水中显影后,很容易就被清洗枪冲掉,花型也随之完整显现。平网、圆网喷蜡制网机如图6-5所示。

(a) 平网喷蜡制网机　　　　　　　　　　(b) 圆网喷蜡制网机

图 6-5　喷蜡制网机

2. 喷蜡操作流程

(1) 选框,清洗　挑选好适合的网框,平网网框要求绷好后放置7天以上(以减少网框变形而带来的套花不准),然后用清水冲洗干净,放入低温烘房烘干,圆网在这一环节是将要用的网坯先套上标准定圆圈,放入180℃高温烘房,定圆0.5h左右。

(2) 上胶　将烘干的网框进行涂胶,涂胶过程中要求胶层厚薄适中涂层要均匀,不能有砂眼。圆网用涂胶机上胶,平网一般是平上,对于目数较低的网(比如16目)要直上。上好胶的网版放入低温烘房烘干。烘干时间不能过长,以感光胶干透即可从低温烘房中拉出,如果放置时间过长则会使显影相对困难。

(3) 组版、喷蜡　将分色好的图案进行组版,然后按套次逐一打印在相对应的网框上。

(4) 曝光　把喷好蜡的网版放置在4000W的曝光灯下,根据不同网目数选好曝光时间进行曝光,一般目数越低要求曝光时间越长。曝光时网版离曝光灯的距离和位置要放好,保证整版网面都要被曝光灯均匀曝到。

(5) 显影　将曝好光的网版放入注满清水的显影槽中,浸泡显影。

(6) 冲洗　用清洗枪对网版进行冲洗,冲洗过程中要注意,在花型部分不能有干的残留感光胶,冲洗力度要适中,不能冲破花型。对于一些规则花型和满底云纹类花型,冲洗枪离网面距离要始终保持一致,保持冲洗力度相同,以避免冲洗过程中产生深浅不一的毛病。冲好后用海绵擦洗网版反面,以避免浮胶残留。最后将网版用清水冲淋干净放入低温烘房烘干。

(7) 修版　将烘干后的网版拉出,用过氯乙烯对网版进行封边,同时检查网面上有无砂眼、多花、漏花等毛病。如发现及时用过氯乙烯修复。圆网修网要用专用补网液。

(8) 上固化剂　将修好的网版正反面均匀地涂上固化剂。涂好固化剂后要用竹棒轻敲网面一遍。然后用干净的布把固化剂擦干以防止固化剂堵网,上好固化剂后将网拉入低温烘房中,烘干0.5h以上。让固化剂和胶层充分反应。提高制版牢度。圆网制网无需上固化剂而是把刮好的网在闷头机上装好闷头放入180℃的高温烘房中高温固化

2h左右。

3. 喷蜡制网的优缺点

喷蜡机的使用，突破了传统感光方式难以克服的困难。以黑白稿贴片感光的传统方式由于照排机在发片过程中存在一定误差，在贴片感光过程中又会产生一定误差，两种误差叠加、放大。喷蜡机无需发片贴片，第一减少了两道误差，大大提高了制版对花精度；第二大大减少了网版砂眼、漏浆等硬毛病的出现；第三减轻了修版人员的劳动量，提高了制网质量和效率；第四，图案的保存形式发生了改变，图案文件直接保存在电脑中不但节省了存放空间，而且省去了查找黑白稿的麻烦，只要在电脑中输入所需文件名，电脑自动会将所需文件找到。总之，喷蜡制网在一定程度上降低了制网成本。

在使用过程中，也发现了喷蜡机存在的缺陷。首先由于喷蜡机有复杂的喷头系统和供蜡系统。喷头和供蜡系统都是在100℃以上的高温下工作，所以平时故障会较多。喷头容易产生堵头现象。各种控制版容易损坏，另外喷蜡机还有较复杂的气路系统，会产生较多的故障。

二、喷墨制网

喷墨制网机的工作原理和喷蜡制网机相似，但是在设计上更加简单。结构如图6-6所示。

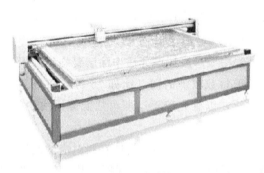 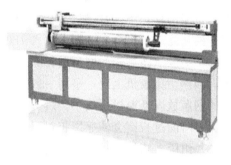

(a) 圆网喷墨制网机　　　　　　　　(b) 平网喷墨制网机

图6-6　喷墨制网机

由于把打印介质换成了墨，就省去了复杂的加热系统和气路系统，它通过计算机直接将墨喷在制版上形成图案，由于墨的成本比蜡要轻很多，所以采用喷墨制网又大大降低了制网成本。据测试喷墨成本只有喷蜡的1/6左右。但是在处理云纹类稿子时，由于墨喷到制版上会有一定的涨开性。会影响云纹的表达效果，所以就云纹类花型的效果上喷墨机与喷蜡机有一定的差距。喷墨机制网操作流程和喷蜡机相同。

由于喷墨机和喷蜡机都是采用精细的喷头工作，而喷头容易出现堵头，所以往往会影响打印质量。在制版上形成露光和拖尾现象，此时就要及时对喷头清洗、校正，而且喷头使用寿命有限，这样相对增加了喷蜡和喷墨机的维护成本。喷墨机工作时对环境要求较高，温度要求保持在18~25℃，最佳温度为21℃，湿度要求保持在60%~85%之间，最佳湿度为75%。

三、激光制网

激光制网技术由于设备投入成本较大，国内印染企业使用不多。结构如图6-7所示。

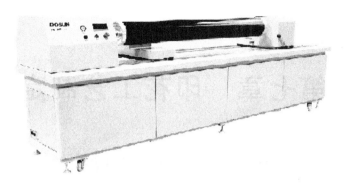

图 6-7 激光制网机

1. 激光雕刻网

激光雕刻原理是采用二氧化碳大功率激光器汇聚到一点，直接烧蚀一定厚度的感光胶，高能激光束按照计算机分色图案的形状以脉冲方式发送，雕刻出所需印制的花纹。如圆网激光雕刻，操作时先将坯网喷涂胶层聚合，圆网作旋转运动，激光头作直线运动，激光束按分色信息瞬时汽化圆网上的胶质，雕刻出分色图案花纹。

制网的工艺流程为：上胶→低温烘箱→激光直接成像→冲洗→检验→高温烘箱→上闷头→成品。

目前平网激光雕刻未得到应用。

2. 激光电铸网

激光电铸是集镍网制网与花版雕刻于一体的技术，先制造一个全封闭的无网孔镍网，分色图案信息由计算机传送到激光头直接雕刻即可，在一张网上可同时打出不同形状、不同大小、不同密度的网点。如云纹图案根据图案渐变效果同步改变网孔大小，使其层次丰富、逼真。此技术能生产出一流高水平的铸网，完成高精度的印花，但投入成本大，一般印花厂难以承受。

激光制网是由激光直接传输到网坯，实现点阵还原制得所需图案，雕刻后不需显影，不需清水冲洗，工序简便。由于省去曝光程序，节约了制网时间，加快了制网进度。激光机在制网时无需任何耗材，大幅降低了制网成本。同时由于激光制网无需喷墨、喷蜡，所以就不会产生露光和拖尾等现象，提高了制网质量，而且机器稳定性较高，机器维护成本也比较低。但现阶段在实践中由于激光专用感光胶在开发上还不够完善，使制网时的冲洗牢度和制好网后的上机牢度没有喷蜡和喷墨的好。

思考与练习

1. 写出平网感光法制版的工艺流程及各工序的作用。
2. 简述圆网感光法制版的工艺流程及各工序的作用。
3. 简述照相雕刻的工艺流程及各工序的作用。
4. 目前花筒雕刻有哪几种方法？
5. 目前无版制网的方式有哪些？
6. 比较喷蜡制网与喷墨制网的异同。
7. 简述激光制网的原理。

第七章　印花工艺制定

第一节　印花工艺设计

印花是一门集化学、物理、机械于一体的综合性技术。为完成纺织品印花所采用的加工手段，称为印花工艺。印花生产工序多，设备种类、印花方式、印花方法多，工艺内容多，因而制订印花工艺比其他印染生产工艺复杂。制订印花工艺要分析花样，结合织物纤维和组织，结合各种印花方式、方法的特点，确定制版工艺，选择染化料，确定色浆配方，选择印制、蒸化、水洗设备，确定工艺条件。各个环节密切联系、相互配合至关重要，否则，会影响印花产品质量。

一、印花生产工艺流程

纺织品印花的生产工艺设计流程如图7-1所示。

图 7-1　纺织品印花工艺流程

二、工艺流程说明

（一）花样设计

织物印花生产的第一步是花样设计，设计人员根据各种花型及色彩要求，通过艺术创作绘成花样，提供生产。

图案的色彩受实用要求和生产工艺制约，远比绘画要少。其特点是单纯、概括并富于装饰性，对印花织物的外观效果影响很大。常有同一套版，因花色搭配不同，其销售情况也不同的情形。所以花布色彩是与图案设计密切相关并同等重要的。

图案色彩与染料的色彩很难保证一致。为要达到原图案的色彩，因此要求图案设计人员还要了解染料色彩和工艺的特点。

（二）花样审理

花样审理是制订印花工艺的第一步，分析的结果是制订印花工艺的依据，是印花生产的重要环节。花样审理就是要判断该花样是否具备可以生产的各项条件，以及能否满足客户对该花样提出的技术要求，如果不具备，提出处理意见，主要内容有以下几点。

1. 接"回头"

客户提供的花样（大样）是否有一个完整的基本图案单元，俗称"回头"。不完整的花回单元无法提供全部信息，无法进行正确的分析，需客户重新提供花样或按原样精神重新接齐。

如果修接内容出入较大时需经客户确认。每一基本图案单元四周的边线，称为"接头线"，找出接头线后再确定"接头"方式。大花回和几何图案一般采用平接头，散花则采用1/2接头或1/3接头，因为这种接头方式花型是交叉排列的，不易产生横档或直条。

2. 花样（接头）尺寸

花样（接头）尺寸大小是指花样一个完整单元上下左右接头线之间的距离，常用单位为毫米或英寸。花样的上下接头尺寸取决于采用的印花设备，应该是滚筒或圆网圆周或网框间距的整数倍。各种印花方法允许的花样接头尺寸如下：

滚筒印花　　356~470mm
平版网印　　305~1200mm
热台板网印　457~914mm
圆网印花　　640~642mm

花样的左右尺寸限制性较小，根据所印制的坯布幅宽，可以是整幅图案，也可以是分段连续排列。花样接头尺寸越大，花样变化也就越大，排列组合数就越多。相反，接头越小，花样排列变化越少，在同一长度间距内相同花型的重复也就越多。

生产过程中，有时会发生单元花样的尺寸并非是花筒或圆网的整数倍，这时就要挑选花筒，大的可以磨去。特殊情况时可以对花样进行校正，如将花样全面放大或缩小，比例控制在10%以下，对于过于精细密满的不适宜直接缩小，比较粗犷的花型不适宜直接全面放大，应采取花型不变，地纹全面缩小或放大的方法来加以解决，否则会改变原样情况；或针对不同的花型进行重新接头，对回头尺寸不够大的非几何对称花型可采取经向或纬向平均拉开的方法，俗称"开百叶窗"，对于一些花卉花型可合理添加或删掉一些小花、散花并避免产生档子，当尺寸差距较大而花型不是很大时，可再接一组原花型或花型重新排列组合，尽量接近原样精神。所作的修改需经客户重新确认后才能投入生产。

3. 组成花样的套色

织物印花的每只花筒（或圆网）只能印制一个颜色，单色必须有独立性，即可任意调换色泽。印花的套色数取决于印花设备。一个花样的套色数，一般以常规生产所需最低限度的筛网网框、圆网只数和花筒的数量为准。最多套色数是指设备上所安装的花筒或筛网数，一般印花套数小于最多套数，如套色多应运用三原色原理，造成各种叠色、多色效果，这种方法只局限于滚筒印花中六套色时采用，或者在同一花筒上能获得深浅层次多色效果的范围内考虑。

4. 花型特征

各种花型特征不同，为了使织物上呈现出同样效果的花样图案，就必须合理地选择制版或雕刻的方法及印花方式。小花型、几何花型、直线条比较适宜于滚筒印花，平版筛网印花适合于大块面花型，因为它的回头尺寸限制较小，且色泽浓艳，圆网印花的色泽鲜艳度一般优于滚筒印花，但在印制轮廓和效果方法还有很多局限性。

（三）印花工艺设计

印花工艺设计的任务是根据花样的花型和色泽要求，合理选择染化料和加工工艺，以达到原样所需的印制效果，确保印花织物的内在质量。

1. 印花工艺的选择

确定印花工艺的因素是多方面的，诸如花样的色泽、花型特征、织物品种规格、染化料供应情况和产品成本等。首先要了解花样是印在什么织物上，明确加工对象，不同的纤维各有其不同的性质，对选用的染料及工艺也有不同的要求，从而为印花工艺确定大体的范围。其次以色泽和花型特征为主要考虑因素加以分析，例如，白地花样，白地面积较大，花型较小并多呈分散状；浅地色花样，地色面积较大，花型较小，较分散；满地花样，花纹与地色间有一定留白；满地花样，花纹与地色接触处无留白及第三色或仅局部有小面积留白；深色花型块面上有清晰的细小浅色线、点。

根据以上这五种类型的花样，工厂中实际对印花工艺选择如下。

(1) 选择直接印花　直接印花最适宜于白地或白花面积较大的花型以及花色深浅层次多、色相变化复杂、色泽要求鲜艳的花型。直接印花工艺流程短，工艺简单，染料限制少，花型适应性强，印花成本低，是应用最多的印花方法。

常用的直接印花工艺有活性染料直接印花、涂料直接印花、不溶性偶氮染料直接印花、还原染料直接印花。

直接印花工艺虽简单，但有其局限性，对一些对花要求高，不允许有第三色产生的精细花型达不到原样印制效果。遇到深浅倒置的花样，必须制作两套筛网（或花筒），否则应考虑采用其他印花工艺。

(2) 选择染地罩印　染地罩印有先印花后染色和先染色后印花工艺，比直接印花工艺流程长，工艺并不复杂，染料选择范围广，成本较高，对于特殊花型能保证印花效果。特别适合印制有大面积浅地色或有大面积浅花色的花型，花地属同类色调，花色深且小，无白花纹，不能露白地。更适宜用涂料印制浅地色的花型。

(3) 选择防染印花和拔染印花　适宜防染印花和拔染印花工艺的染料不多，工艺比较复杂，印花疵病又不易及时检出，成本也较高，但它地色丰满、花纹细致精密、轮廓清晰，能印制直接印花和防印印花不能达到的效果，因此常用于高档织物的印花。适宜于在大面积深色地色的印花、精细的花型或娇嫩浅色花型。

拔染印花工艺雕刻制版要适当放大花纹，因拔染后花纹缩小，防染则相反，雕刻制版式要收缩花纹，这样才能保证符合原样。如在同一只花样的几套色样中，既有防染工艺又有拔染工艺时，要刻两套花筒，否则会产生花纹大小不一的现象。

(4) 选择防印印花　防印印花主要适用于以下几种情况。

① 花型相碰的各色是相反色，又不允许有第三色存在。

② 印制比地色浅的细勾线、包边图案。

③ 由多种色泽组成，具有固定轮廓的花型，如果只以对花操作，轮廓很难保持连续、光洁的情况。

④ 印制深浅倒置的花样，而又不愿配制两套筛网（或花筒）时。

2. 制板（雕刻）工艺设计

在制定印花工艺的基础上，可以进行分色制版和筛网（或花筒）的选择。

(1) 分色描稿　分析完整的花回单元来确定花样套色，一般是一色一套，有的颜色因形状变化大所以需要两套制版印制，有的颜色可以由叠色效果产生而不用单独制版。染地色不需要描稿制版。

近几年来，随着计算机技术的发展，计算机分色制版方法日益完善，其功能基本上能替代原来人工分色描稿，因此除平版筛网印制的大花回花卉花型外，极大部分的花样都采用计算机分色制版工艺。

(2) 花稿和花版制备工艺制订　圆网、平网制版时，电子分色照相稿精确度高，适宜于精细花型。选择花网时，精细花型应选高目数花网，大块面花型应选低目数花网。

滚筒印花花筒雕刻时，缩小雕刻适宜散花、满地花和几何花型；照相雕刻适宜多种花型，特别是层次变化多的图案；钢芯雕刻适宜精细图案。在花筒雕刻时，对于深浓色和厚重织物要深雕，对于浅淡色花和轻薄织物要浅雕。

3. 染化料、糊料的选择

选择染料首先应考虑色泽及各项染色、服用牢度等是否符合客户要求，其次要考虑拼色合理性以及使用操作方便和色浆贮藏时的稳定性。

糊料除了在印制过程中起着传递、分散、匀染和防止渗化的作用外，还决定着印花运转性能以及染料的表面给色量、花型轮廓的清晰度等。因此应根据印花方法、印花工艺、花型结构、织物品种和染料性能来选择合适的糊料。

4. 筛网（花筒）的排列顺序

花版（花筒）的排列顺序直接影响印制效果，必须根据花型、色泽、染化料的性质排列花筒的前后顺序。排列时首先必须考虑传色的影响，其次是便于印制过程中对花。一般的排列原则是：浅色在前深色在后，色泽鲜艳在前色泽暗淡在后，细小花型在前粗大花型在后。若有叠色时则反之。色浆成分不同时，不稳定的色浆先印。

5. 制订工艺书

花样经上述工艺分析后，就可拟订具体的工艺配方、仿色试样，并下达工艺书。工艺书的内容包括：货单号、花号、产品规格、产量、交货日期、生产日期，对半制品的要求，印花调浆的要求及注意事项，花筒排列次序，印制工艺要求，烘干、蒸化工艺要求，水洗、整理工艺要求等，并在工艺书旁贴生产实样，以供校对，同时提出前处理、后整理的各项要求，提出印制过程中印花疵点的防止措施。工艺制订是一件很复杂的工作，要求技术人员具备一定的专业知识、丰富的生产经验和管理常识。

第二节　仿色打样

根据工艺选定的染料和糊料，对来样进行仿配色，从而确定具体印花色浆配方。

一、拼色原则

在实际印染加工中，常需要将不同颜色的染料拼混起来得到特定要求的颜色或改变某一颜色的色光，称为拼色或配色。染料的配色过程一般按减色原理进行，拼混染料个数越多，颜色越暗、越灰。

一般选择红、黄、蓝作为三原色（一次色），两种原色经一次拼混后可得到橙、绿、紫等（二次色），二次色的拼混染料并不是以等量方式而得到的，两种二次色相拼或任意一种原色与灰色相拼可得到三次色，三次色的拼混比二次色更复杂。在操作过程中可遵循以下一些原则。

1. 选用染色性能相近的染料拼色

染料的染色性能包括配伍性（亲和力、上染速率等）、上染温度、匀染性、染色牢度等，应尽量选择同一应用大类及小类的染料拼色，以保证染色工艺的顺利制定，避免拼色时色光不一及使用时褪色程度不同等现象。

2. 拼色数量最少

一般不超过3只，染料个数越少，生产过程越容易控制，色光波动越小。

3. 色相相近拼色

无论是两拼色，还是三拼色，都必须遵循色相相近拼色的原则。一般应避免用红、黄、蓝三原色相互直接拼色，以减少色光波动，提高色光的稳定性。

4. 非余色拼色

余色是指两种颜色有相互消减的特性，红与绿、黄与紫、蓝与橙互为余色关系，一般不能用互为余色的两种染料为主色来拼色，否则配色结果虽能满足色调的要求，却会造成亮度和纯度的降低，使颜色灰暗。

5. 色光微调拼色

选择染料色光要正确掌握余色原理，如红与绿互为余色，标样为带红光蓝色，经拼色后获得的蓝色偏绿光，可加入少量红紫色染料，紫色中的红可消去绿光并补充红光，而蓝色不受影响，若加入过量红紫色，虽消除了绿光，但会产生蓝色与紫色的混合色，使主色调产生变化，因此利用余色关系调整色光只能是微量的，用量稍多，就会使色泽变深、变暗，影响色泽鲜艳度，严重时还会影响色相。

二、拼色注意点

1. 色牢度达到最佳

色牢度是衡量印花质量的一项重要指标，色牢度的好坏，也直接影响到产品的声誉，色牢度达不到客户的要求，也是较为常见的质量问题之一。因此，不仅要选用色牢度相对较好的，而且还必须选择色牢度相近的染料进行拼色。

2. 正确核对色光

使用标准光源，严格按客户要求的光源正确核对色光，并注意不同光源下的色变，即同色异谱问题。核对色光时，必须统一目光标准。

三、打小样

按预先设计的染料、工艺方法及客户要求打小样。标样与试样的色差原则上根据客户要求，在条件许可的情况下尽量满足。来样的形式不同，色差控制要求也不同。一般纸样色差最高达3~3.5级。标样与试样基质材料相同的色差要求高于4级；标样与试样基质材料不同的色差控制在3~4级；混纺或交织物的匀染度色差大于3级。

工厂中常用手工平网打小样，一般以一个花样的完整回头为准，制成小网框，进行手工刮印，得到最终印制效果。但受人工刮印力度大小的影响，精细度及效果与大样有一定的差异。

近年来数码喷射印花设备彻底改变了传统的印花方法，使织物印花变得非常简单，无需制版，印花套色和花回不受限制，是一种先进的打样手段。

四、放大样

根据小样试验结果，结合工厂生产设备条件、大小样在工艺及结果上的差异，并根据技术人员的经验，对小样配方做出适度调整，初步确定大样工艺配方及条件，并上机试生产。若不符合要求，则反复调整，直至客户认可。上机台打大样与实际生产能做到同一条件、效果最接近，其最大缺点是浪费严重（既浪费染化料，又影响设备的利用率）。目前很多印花机制造商专门生产印花打样机供印染企业选用。

思考与练习

1. 写出纺织品印花生产工艺流程。
2. 花样审理的主要内容有哪些？
3. 在印花工艺选择时通常把花样分为哪五种类型？
4. 单元花样的接头方式有几种？
5. 简述拼色的原则。
6. 工厂中大小样配方是否相同？为什么？

第八章 色浆调制

印花色浆是由原糊、染料及助剂组成的。印花原糊是指在色浆中能起增稠作用的高分子化合物，能分散在水中，制成具有一定浓度的、稠厚的胶体溶液。原糊是染料、助剂溶解或分散的介质。染料和助剂是依靠原糊的载递作用和黏着性能在织物上形成花型的浆膜，经后处理，使染料在织物上显示出彩色图案。

第一节 原糊的作用及对原糊的要求

原糊的性能直接影响印花成品的固色率、花纹图案轮廓的整齐度和光洁度。印花色浆的调制就是将染料及助剂加入增稠性原糊中，以防止花纹渗化而造成花型轮廓不清或失真以及印花后烘燥时染料的泳移。

一、原糊的作用

印色浆中加入原糊，在印花过程中所起的作用有以下几个方面。

（1）起印花增稠剂的作用。使印花色浆具有一定的黏度，以部分抵消织物的毛细管效应，从而保证花纹轮廓的光洁度。

（2）起色浆组分的分散介质、稀释剂的作用。将印花色浆中的各染化料组分均匀地分散开来，并对其产生稀释作用，以配制出具有一定浓度的色浆。

（3）起染料和助剂的传递剂的作用。作为载体将色浆中的染料和助剂传递到织物上，经烘干形成有色的浆膜，蒸化时染料和助剂由浆膜向纤维内扩散，从而产生固色。

（4）起黏着剂的作用。滚筒印花时原糊黏着在花筒花形凹槽中，印花后使色浆转移并黏着于织物上，同时使色浆不会在水洗之前从织物上脱落。

（5）可作为印花色浆的稳定剂和延缓印花色浆中各组分彼此相互作用的保护胶体。

（6）可作为印花时轧染地色的抗泳移剂。

（7）可作为印花后处理汽蒸固色时的吸湿剂。

二、对原糊的要求

（1）应是染料和助剂的良好溶剂或分散剂，同时与染料和化学药剂有较好的相容性。

（2）应具有良好的流变性。能印制出花样均匀、线条精细、轮廓光洁，且符合原样精神的花型。

（3）应具有良好的水溶性。便于印花后洗除。

（4）应具有较高的成糊率。使用少量固体糊料可制成符合印花黏度要求的原糊。

（5）应具有良好的吸湿性。吸湿性越高，纤维膨化程度越大，印花着色效果越好。

（6）应具有良好的黏着力和润湿性。使色浆均匀地黏附于织物表面。

（7）应具有良好的稳定性。储存期间不结皮、发霉和变臭。

（8）应具有较高的给色量。即原糊对印花织物具有较低的亲和力和渗透性，原糊本身具有较低的含固量。

第二节　常用糊料性能

糊料的种类很多，常用的糊料主要有淀粉及其衍生物、海藻酸类化合物、纤维素衍生物、龙胶和合成龙胶、乳化糊和合成糊料等几大类。

一、淀粉糊

淀粉微溶于水，在水中受热或加碱作用可以产生剧烈膨化；不耐酸，在酸作用下水解变稀；与重金属盐作用会生成不溶性化合物而沉淀；在贮存过程中易腐败变质；在干燥时会发生凝胶收缩；淀粉的成糊率高，给色量高，印出的花纹清晰，蒸化时不易搭色、不易渗化，但印透性和印花均匀性差，黏着力强，不易洗除，印花手感差。因为淀粉分子中羟基会和活性染料反应而使染料失去和纤维反应形成共价键的能力，所以不适用于活性染料印花，但是它无还原性，耐弱酸和弱碱，不带有离子基团，所以适用于其他类染料的印花。

淀粉糊的调制方法有煮糊法、碱化法和酸变性法等。

1. 糊料制备配方

（1）煮糊法

| 小麦淀粉/g | 120~160 | 40%甲醛/mL | 150~200 |
| 植物油/g | 5~10 | 加水合成总量/g | 1000 |

（2）碱化法

| 玉米淀粉/g | 120 | 62.5%硫酸/g | 18 |
| 30%烧碱/g | 32 | 加水合成总量/g | 1000 |

（3）酸变性法

| 小麦淀粉/g | 110~140 | 醋酸钠/g | 2~3 |
| 30%盐酸/g | 1~2 | 加水合成总量/g | 1000 |

2. 糊料调制操作

（1）煮糊法时将煮糊锅洗净，先放入50%冷水，开动搅拌器，慢慢加入规定量淀粉，植物油沿锅壁加入，充分搅拌均匀，加水至总量，加温至沸2~3h，至糊成透明状，继续搅拌至冷却。加入甲醛可防腐。

（2）碱化法时先用冷水将淀粉快速搅拌成悬浮状过滤。再将烧碱用1∶1冷水冲淡，在不断搅拌下缓缓加入淀粉液中，继续搅拌至淀粉充分膨化，加入1∶1冷水冲淡的硫酸。搅匀后调制中性即可使用。

（3）酸变性法是将小麦淀粉加水调成浆状，搅匀后过滤入调浆锅中，加水至总量，加入盐酸，升温到90℃以上，加入已溶解好的醋酸钠进行中和，搅拌均匀，关闭汽蒸，通入冷水冷却至40℃以下，加入防腐剂，搅匀后出锅备用。

二、淀粉衍生物

为了改善淀粉糊的渗透性和印花均匀性以及难洗、手感差等不足，可将淀粉进行改性处理，得到淀粉衍生物类新的糊料，最常用的是印染胶、黄糊精和羧甲基淀粉。

黄糊精主要用马铃薯淀粉制成，印染胶则主要用玉蜀黍淀粉制得，都是淀粉的水解产物，转化较好、色泽深黄的就是黄糊精，而转化较差、颜色较深的为印染胶。印染胶耐碱性好、渗透性好、印花均匀、水溶性好，印花后易洗除、印花手感好，但给色量低、吸湿性强、在蒸化时易搭色，为了提高给色量和减少搭色，一般多掺用小麦淀粉，以取长补短。

羧甲基淀粉就是由山芋粉在碱性介质中与一氯醋酸及其钠盐发生醚化而制得的。它给色量高、胀性好、易洗除、手感好，制好的浆具有阴离子性，所以该糊料不适用于阳离子性质的染料。

1. 糊料制备配方

(1) 印染胶糊或黄糊精糊

印染胶/g	60～80	加水合成总量/g	1000
火油/g	10～20		

(2) 印染胶-淀粉糊

	配方1	配方2
印染胶/g	400～500	200～300
火油/g	10～20	10～20
淀粉/g	50～60	100～120
加水合成总量/g	1000	1000

(3) 羧甲基淀粉糊（CMS）

羧甲基淀粉/g	80～100	加水合成总量/g	1000

2. 糊料调制操作

(1) 印染胶糊调制时在锅内放入一定量的水及火油，边搅拌边慢慢加入印染胶粉，充分调匀，以间接蒸汽加热至沸，烧煮2～3h得深棕色半透明状原糊，最后在不断搅拌下以夹层冷流水冷却至室温备用。储存时表面浇一层火油以防蒸发干燥。

(2) 印染胶和淀粉混合糊操作基本同印染胶，不同的是在印染胶加完并调和均匀后，再分次加入淀粉悬浮液煮沸。配方1用于还原染料预还原法色浆，配方2用于还原染料不预还原法色浆。

(3) 羧甲基淀粉糊调制时先在锅内放入水，将羧甲基淀粉一边撒一边搅，至均匀，必要时可加热至50℃左右。

三、海藻酸钠糊

海藻酸钠糊又称海藻胶，是由褐藻类植物马尾藻和海带中提取制得的，它包括海藻酸及其钠盐、钾盐、钙盐、镁盐和铵盐。其中最常见的是海藻酸钠，目前主要有两种制取方法。第一种为酸析法，是将经纯碱处理得到的海藻酸盐溶液加稀盐酸，使海藻酸析出，然后再经漂白、纯碱处理制成海藻酸钠；第二种为钙析法，是将经纯碱处理得到的海藻酸盐溶液加氯化钙变成不溶性的钙盐，然后加盐酸变成海藻酸，再加纯碱制成海藻酸钠。

海藻酸钠糊易溶于水，糊化性能良好，加入温水即可膨化，从而获得均匀的海藻酸钠糊，但温度不宜超过60℃，否则黏度下降；海藻酸钠在pH值为5.8～11之间比较稳定，高于或低于该pH值都会产生凝结，在夏天容易变质，常需加入少量防腐剂如甲醛或苯酚等，但加入甲醛的海藻酸钠糊不宜应用于快磺素印花；海藻酸钠糊不耐重金属离子，海藻酸钠水溶液遇钙、锌、铁、铅、铜等二价以上的金属离子会立即凝固，生成这些金属的盐类，不溶于水而析出；同时海藻酸钠糊具有较强的阴离子性，与阳离子性物质相遇容易凝结，遇酒精也会发生凝冻现象。

1. 原糊制备配方

六偏磷酸钠/g	5~10	温水(50~70℃)/g	600~700
海藻酸钠/g	60~80	加水合成总量/g	1000

2. 原糊调制操作

将六偏磷酸钠溶解在温水中，然后将海藻酸钠干粉边撒入边搅拌，充分搅拌1~2h至均匀无粒状，加水至总量，调节pH值至中性，冷却后备用。

3. 注意事项

在色浆中加入络合剂六偏磷酸钠，可将硬水中的钙、镁离子络合去除；加入三乙醇胺或磷酸氢二铵等解凝剂以预防色浆发生凝结；加入纯碱（或淡烧碱）或极淡的醋酸液调节pH值至7~8。

四、甲基纤维素

甲基纤维素（MC）是纤维素的衍生物，是由纤维素短纤维与碱作用生成的碱纤维素与一氯甲烷进行醚化反应而制成的。

1. 原糊制备配方

甲基纤维素/g	5	加水合成总量/g	1000

2. 原糊调制操作

将冷水或40℃以下的温水放入煮糊锅或桶中，在不断搅拌下，将甲基纤维素撒入，继续搅拌至均匀无粒子的糊状为止，冷却后隔日使用。

3. 注意事项

色浆调制时可先调制成较浓的母液，在使用时再用水稀释到所需的浓度，糊料放置阴凉处，如储藏较好，可放置较长时间，但要防止受潮、受热以免引起分解。甲基纤维素也可用温水或热水熔化，溶液在60~95℃之间析出片状物，冷却后搅拌即可回复至原来均匀的状态，但如将溶液加热过久，特别在有酸存在时，会使该糊黏度降低。

五、羧甲基纤维素

羧甲基纤维素（CMC）是一种纤维素衍生物，是由纤维素短纤维与烧碱作用生成碱纤维素，再与一氯醋酸发生醚化反应而制成。常态为白色粉状，无味，无毒，易溶于水，呈透明黏稠状溶液，溶液呈中性或微碱性，遇有机酸或无机酸常会出现胶凝或沉淀，其临界pH值为2.5，如遇盐酸、硫酸、酒石酸会沉淀，而遇醋酸、单宁酸则不会沉淀，所以它不适用于pH值为2.5以下的印浆调制；对二价金属离子稳定，遇三价金属离子，如铅、铁、铬离子等或阳离子染料均会形成不溶性沉淀。

1. 原糊制备配方

羧甲基纤维素/g	60~80	加水合成总量/g	1000

2. 原糊调制操作

将桶内放入冷水或温水，在快速搅拌下将羧甲基纤维素干粉慢慢撒入，边撒入边搅拌，继续搅拌1~2h，成为透明无块纯净的原糊，冷却待用。

3. 注意事项

羧甲基纤维素粉末要放置在通风阴凉的地方以防受潮凝结，受热熔化，遇酸变质。在色浆调制过程中不能加热，也不宜放久以使羧甲基纤维素原糊变稀。

六、龙胶

天然龙胶取自紫云英类灌木皮被切断后分泌经凝固的胶状物。该胶状物经干燥后所成的胶质呈带状、片状或粉末状白色至黄色的半透明体。龙胶本身为酸性，pH=4 左右，使用前应先用碱来中和，它耐酸但不耐强碱，一般多用来调制酸性染料、色基浆等酸性色浆，而不用于还原染料等碱性浆的调制，它胀性好、渗透性好、染料传递性好、给色量高、容易洗尽。

1. 原糊制备配方

| 龙胶/g | 60 | 加水合成总量/g | 1000 |

2. 原糊调制操作

先将龙胶置于冷水中浸泡 24h 并作适当翻动，再放在锅中煮 5h 以上，直到没有颗粒呈均匀透明状即可，冷却后过滤使用。

3. 注意事项

龙胶溶解度较小，浸渍过程中慢慢膨化，生成均匀的、黄褐色的、具有黏性的黏稠液体，黏度在 pH=8 时最大，遇酸、碱、盐或久置时黏度降低，耐酸性比耐碱性好，液体呈酸性，还原性小。由于龙胶是天然产物，来源有限，价格又贵，所以现多用合成龙胶代替。

七、合成龙胶糊

合成龙胶是采用皂荚豆粉或槐树豆粉醚化制成的印花糊料，目前，用得最多的是羟乙基皂荚胶粉，制备时多采用氯乙醇作为醚化剂，使皂荚豆粉上的单糖被醚化，进而生成羟乙基皂荚胶粉。

合成龙胶的成糊率高、印花均匀性好、手感好、易洗除、耐酸性好、耐碱性较差，适用于调制印地素色浆和酸性染料色浆，色基色浆在印制精细花纹时也常采用合成龙胶，但不适用于调制活性色浆。

1. 原糊制备配方

| 合成龙胶/g | 40 | 加水合成总量/g | 1000 |
| 98%醋酸/g | 0～4 | | |

2. 原糊调制操作

将合成龙胶在快速搅拌下慢慢撒入 80℃左右的热水中，继续搅拌 2～3h 至透明无颗粒物存在即可。成糊冷却后测原糊的 pH 值，加少量醋酸调至中性，再加 40%甲醛 200mL 防腐。

3. 注意事项

贮运时应放置在阴凉通风干燥处以防受潮结块；在强碱中易凝冻，所以防止遇碱，且不能作为强碱性印花原糊。

八、乳化糊

乳化糊是由白火油（沸点在 200℃以上）和水两种互不相溶的液体，加入乳化剂，在高速搅拌下所制成的分散体系。体系含有两个液相，其中一相（分散相或内相）是以极细的液珠形式分散于另一相（连续相或外相）之中。

常用的乳化糊有两种类型：一是油/水型，水成为连续的外相，而油成为不连续的内相，这种乳化体系称为水包油型乳化糊，简写为油/水型或 O/W 型，它的外观呈乳白色。二是水/油型，油为连续的外相，而水成为不连续的内相，这种乳化体系称为油包水型乳化糊，简写为水/油型或 W/O 型，它的外观呈淡蓝色闪光。

乳化糊是主要用于涂料印花的一种增稠剂。在涂料印花中应用时应根据黏合剂的类型来选用乳化糊，若使用水/油型黏合剂，则应采用水/油型乳化糊，国内水/油型黏合剂几乎没有应用；而使用油/水型、水分散型等黏合剂，则应采用油/水型乳化糊，它是常用的涂料印花乳化糊。

1. 原糊制备配方

(1) 乳化糊 A 制备配方 1

	厚浆	薄浆
乳化剂/kg	4	2.5
白火油/kg	72~77	70
尿素/kg	6	—
加水合成总量/kg	100	100

(2) 乳化糊 A 制备配方 2

白火油/kg	70	乳化剂/kg	2.5
5%合成龙胶/kg	1	加水合成总量/kg	100

(3) 乳化糊 N 制备配方

白火油/kg	50	乳化剂/kg	0.4
4%合成龙胶/kg	15	加水合成总量/kg	100
扩散剂 N/kg	4		

2. 原糊调制操作

(1) 采用乳化糊 A 制备配方 1 调制时，先将尿素和水放入水中搅拌溶解，加入乳化剂，在高速搅拌下，慢慢滴加白火油，加完后再搅拌 0.5h 以上，使其充分乳化，即得乳白色的乳化糊。乳化剂和白火油用量多，可得到厚糊，用于印花调色。若调好的色浆太厚，不能用水冲稀，而要用薄的乳化糊来冲淡。

(2) 乳化糊 A 制备配方 2 调制操作与上述基本相同，不同的是在白火油加入前，先将合成龙胶加入到乳化剂液体中搅匀，再在快速搅拌下加入白火油，进行乳化。薄浆中加入少量合成龙胶或羧甲基纤维素或海藻酸钠等保护胶体，可使色浆稳定，但用量不宜多，否则影响印花色牢度。

(3) 乳化糊 N 制备调制时，首先将预先煮好的合成龙胶糊放在桶内，再将扩散剂 N 和乳化剂放在小锅内加热熔解，加冰冷却后加入糊内，在高速搅拌下，将白火油慢慢加入，加完后继续搅拌 20min 备用。

3. 注意事项

(1) 乳化糊中水量很少，故溶解染料困难，用于染料印花给色量低、色浅，加之糊中有大量乳化剂的存在，对很多水溶性染料有缓染作用，使给色量进一步降低，且汽蒸时易渗化，所以乳化糊一般不用于染料印花，主要用于涂料印花。在涂料印花时因火油在烘干及焙烘时易挥发去除，印花后的纺织品上残留的固体很少，不会影响印花的色泽和手感，所以得色鲜艳，渗透性较好，印花均匀性好，花纹比较精细光洁，手感也好。

（2）乳化糊要耗用大量石油溶剂，挥发出的白火油会造成空气污染且易燃、易爆，运输和使用不安全，若加工不当还会使产品带有白火油气味。

（3）乳化糊 A 存放过久或温度超过 40℃，白火油易析出，具有易燃性，因此要避免阳光直接照射，要在阴凉地方储存，容器密封存期不能超过半年。

（4）涂料印花中加入少量的乳化糊 N 可防止分相，同时使刀口与印花滚筒之间保存"平滑膜"，使印制顺利；色基、色盐印花色浆中加入乳化糊 N 可减少拖刀、拖浆；活性染料印花浆中加入乳化糊可改善照相云纹效果。

九、合成增稠剂

随着涂料印花的飞速发展，尤其是为了节约能源、减少或避免使用白火油的安全和污染等问题，世界各国都在进行积极的研究和探索，先后研制出合成增稠剂以取代涂料印花中的乳化糊，而且现在用得越来越多。

1. 合成增稠剂的组成

各种合成增稠剂虽然组成各不相同，但其分子结构主链上具有大量羧基，主链间具有较大的交联度，其主体一般由三种或更多的单体聚合而成。

第一单体是主单体，是含有羧基的烯酸，如丙烯酸、甲基丙烯酸等，它们的作用是使合成增稠剂具有良好的水溶性和分散性。

第二单体为丙烯酸酯或苯乙烯。它的存在可使合成增稠剂的相对分子质量增大，压透性降低，从而增加染料或涂料的表观给色量。

第三单体是具有两个烯基的化合物，如双丙烯酸丁二酯或邻苯二甲酸二丙烯酯，也可以用双胺化合物、醇胺类或醇类，例如乙二胺、乙醇胺或丁二醇等。由于具有两个双键，则它既与第一单体、第二单体共聚形成合成糊料大分子，同时又可以产生交联作用，从而使合成增稠剂的分子链伸展，并形成网状结构而起增稠作用。

不同的单体通过溶剂聚合法共聚而合成糊料。

2. 合成增稠剂的类型

目前使用的增稠剂大致可分非离子型和阴离子型两大类。

非离子型合成增稠剂为脂肪酸酯类高分子化合物。其优点是使用方便，适应性好，应用面也较广，对电解质稳定，化学相容性较好，并具有相当好的手感，缺点是耐洗牢度较差，增稠效果较差。

阴离子型合成增稠剂是目前使用较为广泛的一种增稠剂，它是一种高分子电解质化合物，分子链上含有羧酸基，经氨水中和成盐后，具有很高的黏稠度，含固量很低，使用时给色量高，手感柔软，牢度也较好。

3. 原糊的制备配方

| 合成糊料/kg | 1~2.5 | 加水合成总量/kg | 100 |
| 25%氨水/kg | 0.5~1.5 | | |

4. 原糊调制操作

先用冷水将氨水稀释，在快速搅拌下将合成糊料加入氨水溶液中，使合成糊料体积剧烈膨化,得到乳白色半透明的原糊即可。

5. 注意事项

(1) 合成糊料成糊率高,一般投入2%左右即可,增稠能力强,含固量很低,印花后不经洗涤也不影响手感,因此特别适用于涂料印花。合成糊料也可应用于分散染料印花,由于其含固量低,有利于染料的固色,可以提高给色量,但遇电解质后黏度大大降低,因此,应使用非离子型的分散剂。合成糊料的触变性极优,它是平网和圆网印花的理想糊料,印花轮廓极为清晰,线条精细,给色量高。

(2) 合成糊料制糊和调制色浆极为方便,加厚或冲稀色浆调节也很容易,不必事先煮糊,易洗涤性好,花色鲜艳,白地洁白。

(3) 合成糊料的成膜和黏着力差,在汽蒸时易引起渗化,最好采用焙烘固色工艺,但在焙烘时不宜急烘和过度干燥,以防止产生皮膜脱落。

第三节 调浆设备

煮糊设备有煮糊锅、快速煮糊器、薄板式煮糊机以及自动色浆调配系统。

一、煮糊锅

煮糊锅是一夹层锅,外壳用铸铁制成以承受锅身强度,内层用紫铜制成以利于导热,外层位于机架中心,夹层可通入蒸汽或冷流水,可用来制备黏度较大的原糊。煮糊锅结构如图8-1所示。

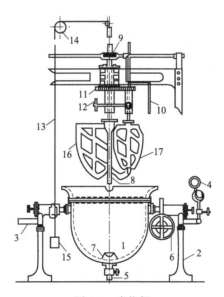

图8-1 煮糊锅

1—紫铜夹层锅;2—机架;3—蒸汽管;4—压力表;5—放汽阀;6—浆锅回转控制盘;
7—法兰婆司;8—搅拌器;9—传动齿轮;10—密合攀手;11—搅拌叶传动齿轮;
12—齿轮转动手盘;13—钢丝绳;14—滑盘;15—重锤;16—搅拌主动叶;
17—搅拌被动叶

二、快速煮糊器

快速煮糊器可提高煮糊效率,依据流体力学原理,两个管道口互相垂直而不接触,一个横向喷射蒸汽,使另一淀粉悬浮液管口周围气压降低而产生虹吸作用,淀粉悬浮液被吸至两管处由蒸汽加热后流入煮糊锅继续加热,很快煮熟。快速煮糊器结构如图8-2所示。

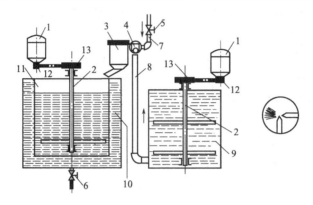

图8-2　快速煮糊器

1—电动机；2—搅拌器；3—煮浆桶；4—虹吸淀粉水悬浮液器；5—蒸汽阀；
6—冷却水阀；7—蒸汽管；8—淀粉水悬浮液管；9—淀粉水悬浮液桶；
10—冷却夹层；11—熟糊桶；12—电动机主动轮；13—电动机被动轮

三、薄板式煮糊机

薄板式煮糊机中的圆薄板边上和中心孔眼是原糊流通道,糊料悬浮液从边孔进入,经由四周向中心孔流入下一层薄板,再扩散到边孔流入下一层,如此循环往复。两片薄板形成的夹层通入蒸汽可在10～20min内煮成原糊。根据薄板叠合形式不同有串联、并联和串并联合三种类型,串联时原糊行程和加热时间长,流量少而搅拌作用激烈,并联时相反,因此需多次循环才能使用,实际生产中多用串并联合方式。

四、全自动色浆调配系统

全自动色浆调配系统是目前发展较快的调浆设备,它是根据印染厂的实际工艺流程,将计算机技术应用于印花调浆,准确控制调浆关键参数,实现高速智能调浆及残浆回用,显著提高印花调浆的精度、生产效率和产品质量,节能降耗,减轻环保压力。系统如图8-3所示。

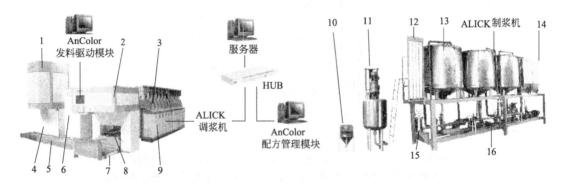

图8-3　ALICK自动调浆制糊系统

1—搅拌机；2—分配头；3—管路系统；4—搅拌电器柜；5—送桶系统；
6—调浆电器柜；7—生产电子秤；8—小样电子秤；9—储罐；
10—供粉系统；11—搅拌机；12—液位指示器；13—储罐；
14—糊料分配头；15—过滤器；16—管路系统

全自动电脑调浆系统由半自动称粉化料系统、糊料准备系统、自动调浆系统和数据库管理软件构成。

1. 半自动称粉化料系统

半自动称粉化料系统用于固态染化料的称料、溶解与稀释，并通过上料装置输送至自动调浆系统。

半自动称粉化料系统由称粉计量装置、供水计量装置、称粉开料软件、母液化料器、母液输送管路等组成。

其功能特点如下。

(1) 高精度称粉计量　称料配方通过称粉开料软件直接录入；系统通过高精度电子秤控制，满足称量精度要求；称料结果自动记录、统计；称料过程电脑自动控制，并语音提示；系统可与相关软件互联，实现生产信息化管理。

(2) 母液化料器配置灵活，自动完成加水、搅拌、送料和清洗　200L、500L多规格配置，满足多种生产需求；搅拌化料可采用自动或手工操作，方便灵活；高精度流量计自动控制加水量，配备CIP清洗头，清洗效果好。

(3) 高效输送管路　通过输送管路将母液输送到调浆系统母液储罐，方便现场管理，减轻环境污染。

2. 糊料准备系统

糊料准备系统负责糊料的开料、储备并接受自动调浆系统请求，进行准确的糊料发料。

糊料准备系统根据印花糊料的工艺要求，通过工控机和PLC控制，进行自动加水、自动搅拌、管路输送及配料自动称量和黏度控制，以保证色浆调制的准确性和高效率。

其功能特点如下。

① 糊料即调即用，保证糊料新鲜度。

② 糊料经过第二次在线过滤，确保糊料细腻，不含杂质。

③ 打浆速度快，质量高。

④ 打浆装置有高速和低速两套搅拌头，打浆时水粉混合迅速且均匀。

⑤ 与自动调浆系统无缝衔接，方便生产管理。

相关技术参数如下。

① 储罐　糊料罐（2t）2个，水罐（1t）1个。

② 过滤器　200目不锈钢网。

③ 浆泵　浓浆泵50～60L/min。

④ 糊料自动分配装置　糊料电子秤，量程300kg，分度值100g，2路糊料分配阀。

⑤ 糊料半自动分配装置　糊料地磅，量程1000kg，分度值200g，2路糊料分配阀。

⑥ 糊料黏度　最大50000MPa·s（超过此值需特殊订货）。

⑦ 水泵　$4m^3/h$。

⑧ 高速电机　2900r/min，11kW。

⑨ 低速电机　130r/min，5.5kW。

3. 自动调浆系统

自动调浆系统是全自动调浆系统的主体部分，根据生产部下达的订单、工艺配方、配浆量等指令，完成印花色浆的称量、搅拌和数据统计等功能。

自动调浆系统由调浆分配头、称量电子秤、配料工作站、二工位分配头、二工位电子秤、色浆搅拌机、母液罐、母液输送管路、自动输送轨道等构成。

其功能特点如下。

(1) 准确色光重现　系统配备高精度电子秤，中试和生产染化料取自同一储罐，实现自动称料，以保证每桶浆料配方的准确性和色光的重现性。

(2) 自动改色功能　自动改色计算功能用于当发现实际产品与样品发生色差时的颜色修正。

(3) 高精度、高效分配作业　系统采用不同流量控制的分配阀，同时配备高精度电子秤，在色浆调制时保证母液最小称量精度±1g的高精度分配，并可实现多工位同时发料作业，以保证发料速度。

(4) 残浆合并、回用功能　残浆合并、回用功能可有效提高残浆利用率，减少染化料的浪费，量大限度节约成本。

(5) 智能化母液自动循环　智能化母液自动循环保证染料母液的稳定性、均匀性、一致性。

(6) 浆桶标签管理功能　浆桶标签管理功能可使每桶色浆都带有识别标签，以方便进行残浆管理，提高染化料使用率。

(7) 色浆黏度自动控制功能　色浆黏度自动控制功能，是指根据印花工艺的色浆黏度要求，通过系统软件自动计算出所需色浆的母液、糊料和水的配比，既满足色浆的工艺配方要求，也符合色浆的黏度要求。该功能可避免人工重复计算的烦琐，减少了计算错误的概率，提高生产效率。

(8) 成本统计管理功能　数据库管理软件订单、物料、班组、机台、用户统计成本、实现生产成本准确控制。

相关技术参数如下。

① 平均分配速度　4min分配100kg。

② 生产用电子秤　量程150kg，分度值1g。

③ 小样电子秤　量程32kg，分度值0.1g。

④ 分配阀形式　气缸摆动式，中间发料。

⑤ 母液储罐数量　18只塑料桶。

⑥ 过滤器　200目不锈钢过滤网。

⑦ 配料泵　隔膜泵。

4. 数据库管理软件

数据库管理软件是对生产过程中的订单、工艺配方等系统信息进行管理的软件。软件的配方数据库是经小样、上车中样打样后整理积累获得，数据库数据可由生产部、工艺室、调浆间共同调用。

思考与练习

1. 什么是印花原糊？有什么作用？
2. 印花糊料在物理性能和化学性能上有什么特别的要求？

3. 按来源对糊料如何进行分类？

4. 简述淀粉糊、海藻酸钠糊、龙胶糊和乳化糊的主要性能，并加以比较。

5. 简述淀粉糊的几种制备方法。

6. 淀粉的衍生物、印染胶、糊精在性能上与淀粉有何不同？

7. 全自动色浆调浆制糊系统的组成及工作原理是什么？

8. 实训题：印花原糊的制备。

（1）目的　掌握淀粉类糊或合成增稠糊、乳化糊的制备方法，掌握黏度和印花黏度指数的测试方法。

（2）实训材料、仪器和化学品　第一组：玉米淀粉、羧甲基淀粉（醚化度大于0.6）、30g/L氢氧化钠、62%硫酸。第二组：合成增稠剂PTF、无味煤油（沸点200℃）、平平加O。任选一组。仪器为：电动搅拌器、数字式旋转黏度计、烧杯、量筒、称量瓶、电子天平、中速滤纸、食品保鲜膜。

（3）实训内容　淀粉糊的制备；羧甲基淀粉糊的制备；合成增稠剂PTF糊的制备；乳化糊的制备；用仪器对配制的糊料进行黏度和印花黏度指数的测试。

第三篇

印花工艺实施

- 第九章 纤维素纤维（纯棉）织物直接印花
- 第十章 纤维素纤维（纯棉）织物防拔染印花
- 第十一章 纤维素纤维（纯棉）织物综合直接印花
- 第十二章 蛋白质纤维织物印花
- 第十三章 其他纤维及混纺织物印花
- 第十四章 新型印花
- 第十五章 特种印花
- 第十六章 绒面、针织物和成衣印花
- 第十七章 印花工艺操作

第九章 纤维素纤维(纯棉)织物直接印花

纤维素纤维织物包括天然纤维素纤维(如棉织物、麻织物)、再生纤维素纤维(如黏胶纤维织物、铜铵纤维织物、醋酯纤维织物及天丝织物等)。它们的基本组成物质都是纤维素。纤维素的大分子主要是由很多葡萄糖剩基连接起来的,分子式可写成$(C_6H_{10}O_5)_n$,式中n为聚合度,不同的纤维素聚合度不同。每个葡萄糖剩基(不包括两端)上有3个自由存在的羟基,使得纤维素具有一般醇的特性及一定的还原性。它们印花所用的染料有活性染料、涂料、还原染料、可溶性还原染料、不溶性偶氮染料、稳定不溶性偶氮染料、酞菁素染料等。印花方法按染料性质及应用方法分为直接印花、防染印花、拔染印花、防印印花等。

第一节 活性染料直接印花

活性染料是指分子中含有一个或一个以上的活性基团,在一定条件下能与纤维素纤维上的羟基、蛋白质纤维上的氨基发生化学反应,并以共价键与纤维结合的染料,又称为反应性染料。常用活性染料一般选择对棉纤维不能上染的酸性染料以及偶氮、蒽醌、酞菁染料作为母体,通过架桥基与活性基团连接而成。

活性染料是20世纪50年代发展起来的一类新型染料,也是近年来发展速度最快、应用最广泛的一类染料。我国先后生产了比较成熟的几大类活性染料品种,根据活性基团来划分,可分为普通型(X型,以二氯均三嗪为活性基团)、热固型(K型,以一氯均三嗪为活性基团)、乙烯砜型(KN型,以乙烯砜硫酸酯为活性基团)以及双活性型(M型、BPS型,一氯均三嗪与乙烯砜硫酸酯双活性基团;KP型,双一氯均三嗪为活性基团)等高固色率的、色谱齐全的上百只活性染料,国外染料公司生产的活性染料品种也很多,活性染料在印花方面的应用占据着很重要的地位。

一、活性染料印花的特点

活性染料品种多,色谱齐全,色泽鲜艳,具有较良好的湿处理牢度,适宜于印制各种不同深度的花样;配制印花色浆方便,印花时疵病少并易于发现,印花效果好;印花工艺较为简单,拼色方便,并能和多种染料共同印花或防染印花;印花成本较低,是印花中最普遍应用的染料之一,除适合棉纺织品印花外,在蛋白质纤维以及化纤纺织品也具有一定的应用价值。

但使用活性染料来印花时还存在一些不足之处。有些品种的耐氯漂牢度还不够理想;除个别优良品种外,以单偶氮染料为母体的活性染料,其日晒、气候牢度不高,在印制浅色如嫩黄、橙、艳红、青莲等花布时尤为突出;大部分活性染料遇亚硝酸容易变色;尤其具有溴氨酸结构的活性染料的烟褪牢度较差;染料固色率不够理想,一般只在70%左右,部分染料的利用率也不理想,大量染料未固着而被浪费,而且增加后处理洗除困难;染料与纤维素纤维结合的化学键的稳定性，常因染料活性基团结构的不同和印花色浆调制时操作的不慎，而导致在贮存期间和皂洗过程中染料不断裂键而掉色；活性染料印花后的织物暴露在空气中，有时会引起色变，俗称"风印"。这一切有待染料制造和应用工艺方面逐步改进。

二、印花用活性染料的选择

印花不同于染色，某些适用于染色的活性染料，并不能完全适用于印花。印花用的活性染料也不一定适用于染色。同时不同的印花方法，对活性染料的性能要求也不同。在滚筒印花时，色浆是通过花筒表面的压力传递给织物的；在平版筛网印花时，色浆是通过刮刀或磁棒在筛网上反复往来，透过筛网而传递给织物的；而圆网印花既无滚筒印花这样高的压力，又无平版筛网印花的刮刀或磁棒反复动作，色浆是通过圆网的转动、刮刀或磁棒的单一挤压动作而传递给织物的，因而色浆大部分堆置于织物表面，不容易渗入到织物内部，色浆中的活性染料只能与纤维表面起化学反应。因此如何筛选出能适用于各种印花方法的活性染料，是能否将所设计的花样图案如实地印制到织物上的重要因素之一。

适用于印花的活性染料应符合以下几个方面的要求。

1. 染料必须具有高的印花固色率和染料利用率

我国常用印花活性染料的品种主要是以生产方便和价格相对便宜的一氯均三嗪为活性基的 K 型活性染料为主。这一系列的活性染料在棉织物上的印花固色率大部分只能达到 60%～70%，个别差的只有 50% 左右，这对提高染料的利用率，降低染料的耗用，以及改善印染厂对环境污染是十分不利的。

由此，染料制造商对原有含氮杂环的活性染料进行了一系列的结构改进：利用三嗪环染料的"染料-纤维"键对碱的稳定性，引入两个相同或不相同的活性基，以增加活性基与纤维反应的概率，使固色率有所提高，又能保持化学键的稳定性。如 KP 型活性染料直接性高，适宜印染深色。M 型活性染料是双活性染料，与纤维素纤维的反应速率较快。

从实际测试可知，双活性基的活性染料不仅固色率比常用的 K 型活性染料要高，且染料利用率也较 K 型活性染料为好。

2. 反应速率快，对固色条件不敏感

活性染料在竭染时有充分的吸色、固色时间，而印花时染料的汽蒸固着时间只有数分钟，其中包括印花色浆吸收蒸化机内蒸汽中的水分而膨润，染料由色浆膜层内渗移到层外，然后与纤维接触而发生化学反应，染料与纤维的反应时间相对较短。因此应选择活性基反应活泼，同时具有较好"染料-纤维"键稳定性的活性染料为好。

从实际测试可知，M 型、X 型（它水解稳定性差）活性染料的反应活泼性，明显地较 K 型活性染料为高；双活性基的活性染料，无论是反应速率还是固色率均比 K 型活性染料为高。因此，应尽可能选择 M 型或 BPS 型活性染料用于印花工艺。

3. 具有良好的扩散速率与拼色相容性

扩散速率的大小，取决于染料分子结构、形态以及纤维微隙的大小。染料分子大而纤维微隙小，则染料分子就不能或难以进入或通过，若染料分子小，而纤维微隙大，则有利于染料分子的扩散。

染料染着的扩散速率高，表示染料向纤维内部扩散较快，使纤维染透所需的时间短，有利于在汽蒸时染料从浆膜层向纤维上转移及向织物内部的渗透，减少因纤维结构不均匀或因固着条件的原因造成渗移不一而形成的块面不匀，使产品表面给色均匀。

在采用不同类型品种染料来进行拼色时,必须考虑两种或两种以上染料相互间的扩散性能。染料拼色相容性随着不同的印花方式而不同,滚筒印花及平版筛网印花时,色浆受到较大的力印在织物上,有利于向纤维间渗透。圆网印花色浆所受到的压力较轻,色浆不易渗透到纤维内部,染料与纤维反应的机会大大降低。此时,其他各种印花条件因素都将影响拼色时的色泽重现性,造成实际生产中的色光差异。因此必须选择对纤维亲和力较低、匀染性较好、固着条件对其影响较小、印花固色率近似的品种来拼色。

4. 调制成色浆后贮存稳定性好,不易水解

要求活性染料低温时反应性低,便于调浆和印花,染料水解少,印花后经高温在碱剂作用下使染料活性加强,能与纤维反应形成共价键结合,因此,低温 X 型活性染料因活性较大易水解,色浆稳定性差,一般不适用于印花。而中温 KN 型、高温 K 型活性染料反应性较低,比较适用于印花。

5. 具有良好的易洗涤性

不同活性染料的直接性及亲和力各不相同,导致有些品种的皂洗沾色性能差,特别在直接印花时很易沾染白地。直接性大的活性染料,虽然对染料上染有利,增加了活性基团与纤维反应的机会,但却导致其水解染料不易从纺织品上洗净,使白地不白、沾污花布,且色牢度差;而亲和力越大的活性染料,其印花后的沾污性能越强,也就是说易洗除性和沾色牢度越差。因此,应选择亲和力小、扩散速率快的活性染料来印花。

三、活性染料直接印花工艺

活性染料直接印花方法有一相法和两相法。

一相法印花,是将染料和碱剂都放在色浆中进行印花的方法,适用于反应性能低的活性染料,工艺简单,但其色浆的贮存稳定性低。

两相法印花,印花色浆中不含碱剂,印花前或印花后需用碱处理,此法适用于反应性高的活性染料,工序较长,色浆贮存稳定性好。

(一) 一相法工艺

常用的一相法印花工艺有碳酸氢钠法和三氯醋酸钠法。

1. 色浆配方

	处方 1	处方 2
染料/g	x	x
尿素/g	30~150	30~150
防染盐 S/g	10	10
热水/g	250	250
海藻酸钠/g	300~500	300~500
$NaHCO_3$(Na_2CO_3)/g	10~25	—
三氯醋酸钠(1:1)(pH=6~6.5)	—	50~120
加水或糊料合成总量/g	1000	1000

2. 色浆调制

先以少量冷水将染料调成浆状,然后用热水溶解尿素,把尿素溶液倒入染料与少量水的浆中,加水溶解染料;再将防染盐 S 溶解后加到染液中,加入热水使染料充分溶解。由于染料耐热水解程度各不相同,所以应严格控制溶解温度,通常 K 型、KP 型为 90℃左右,M

型、BPS 型不超过 70℃，KN 型不超过 65℃。将已溶解好的染料溶液用锦纶绢丝布过滤，在不断搅拌下加入海藻酸钠原糊中并搅拌均匀，在临用前加入碳酸氢钠或三氯醋酸钠溶液，调匀。

用三氯醋酸钠作碱剂时，其溶解的水温不得超过 60℃，因为温度高会导致三氯醋酸钠分解成碳酸钠。

当调制高浓度色浆时，染料溶解困难，为保证染料充分溶解，可采用"倒法"，即先把水加热到规定温度 80~90℃，然后把染料撒入，快速搅拌，使染料始终在一个大液量下溶解，可提高溶解度，例如溶解活性翠蓝 K-GL 即采用此法。

3. 印花色浆中助剂的作用

（1）尿素　学名为碳酰二胺，为白色结晶体，能溶于水和酒精中，偏弱碱性，有良好的溶解性及吸湿性。其作用有三个：其一是助溶剂，印花色浆的单位浓度较高，溶解染料时的浴比较小，尤其深色时，更需要尿素来助溶（可多加）；其二是吸湿剂，在汽蒸时吸收水分促使纤维膨化，有利于染料扩散渗透；其三是具有酸碱值缓冲作用。

（2）碱剂　活性染料的常用碱剂为碳酸氢钠、纯碱、烧碱、磷酸三钠、三氯醋酸钠等，为保证色浆的储存稳定性和染料发色均匀，并呈现良好的匀染性，碱剂以碳酸氢钠或三氯醋酸钠为宜。

碳酸氢钠俗称小苏打，是酸式碳酸盐，外观呈白色粉末。本身碱性低，要求在低温溶解，以保持 pH 值在 8.5 左右，在印花色浆中不致严重影响活性染料的稳定性。其作用有两个，其一是稀碱剂，使活性染料与纤维素纤维在热和碱的条件下进行键合反应；其二是中和剂，中和活性染料与纤维发生键合反应时所生成的酸类，使化学反应朝有利方向进行，又可以防止织物产生脆损。汽蒸或焙烘时，小苏打会分解成纯碱，有利于色素固着，但浅色活性染料色浆中的小苏打不宜过多，因分解生成的纯碱会使棉纤维泛黄而影响浅色花纹的鲜艳度。

三氯醋酸钠，又称固色盐 FD，是一个高温释碱剂，在低温时 pH 值为 6 左右，有利于色浆贮存。在烘干及汽蒸时，三氯醋酸钠分解成碳酸氢钠进而为碳酸钠，有利于染料与纤维的键合反应。KN 型活性染料最适合用此法，可在汽蒸初期使部分色浆保持一定的酸性以防止风印的产生。但三氯醋酸钠具有腐蚀性，调浆时容器不能用铁、锌制品，也不要与皮肤接触，慎防溅入眼内。

（3）防染盐 S　学名为间硝基苯磺酸钠，外观呈黄色粉末状，溶解度大，对染料溶解也有促进作用，是一种弱氧化剂，可以抵消汽蒸时还原性气体对染料的影响而造成的色泽变暗淡，它在高温汽蒸时能与还原性物质作用，分子中硝基被还原。但以溴氨酸为母体的染料，如活性艳蓝 K-GRS 等对氧化剂较敏感，防染盐 S 要少加或不加。

4. 工艺流程

白布印花→烘干→汽蒸→冷流水冲洗→热水洗→皂洗→热水洗→冷水洗→烘干。

（1）汽蒸固着　活性染料印花后的织物应充分烘干，以防止搭色。印制花型面积大，染料用量高时应及时进行复烘。印花后的织物不宜久放，须及时汽蒸固着，以免暴露在空气中因酸气和还原性气体的影响造成"风印"疵病。汽蒸条件一般为 102~104℃、5~7min。汽蒸的时间取决于染料的反应性，对反应速率慢的染料，汽蒸时间可延长到 8~10min。

KN 型染料在汽蒸时，纤维与染料结合的共价键易水解，固色率比较低，可以用焙烘代替汽蒸进行活性染料印花固色,但是在焙烘中,一般不加尿素,因在140℃以上焙烘时,染料会与其产生加成反应,降低固色率。

(2) 平洗后处理 活性染料汽蒸后,先用冷流水冲洗,洗掉水解染料和未与纤维反应的染料,防止沾污白地,而后才能用热水洗和皂洗。水洗时应注意冷、温水的流量,并采用逐格升温的方法。皂洗时皂液除含有3g/L阴离子型的合成洗涤剂外,还可加入1g/L的NaOH和少量的非离子型表面活性剂,以提高洗涤效率。

(二) 两相法工艺

活性染料两相法印花就是在色浆中不加碱剂,而采用印花前或印花后将织物轧碱固色。印花后的织物在搁置过程中,不会产生"风印",汽蒸时间短,一般仅为20~30s,成品艳亮度较一相法好,给色量也有所提高(约10%~20%),特别适用于KN型活性染料,因其遇强碱容易发生水解。

1. 印花配方

(1) 色浆配方

乙烯砜型活性染料/g	x	低聚合度海藻酸钠糊/甲	300~500
尿素/g	50~100	基纤维素糊(1:)/g	
防染盐S/g	10	热水	y
		加水合成总量/g	1000

(2) 轧碱固色液配方

	配方1	配方2
氢氧化钠[30%(36°Bé)]/mL	30	—
碳酸钾/g	50	50
碳酸钠/g	100	150
硅酸钠(46%)/g	—	100
食盐/g	30	100
硼砂/g	20	20
淀粉糊	150~200	150~200
加水合成总量/g	1000	1000

2. 调制操作

(1) 色浆调制 事先用沸水溶解尿素和防染盐S并降温到65℃,用少量冷水将染料调成浆状,三者混合,再加入热水使染料充分溶解成澄清溶液。将溶液过滤并在不断搅拌下加入到海藻酸钠糊中,搅拌均匀。注意配方中甲基纤维素的取代度要求在1.6~2.0之间,根据其遇碱能凝聚的特性,保证在轧碱时花纹不易产生渗化。

(2) 轧碱固色液调制 淀粉糊以1:2水调成薄浆状,加入氢氧化钠使淀粉膨化为碱性淀粉糊,然后加入已溶解好的碳酸钾、碳酸钠、硅酸钠及硼砂,最后加入食盐溶液。碱剂和食盐溶液应在不断搅拌的情况下渐渐加入,防止糊料脱水。

3. 工艺流程

(1) 印花后轧碱法

白布印花→烘干→面轧碱液→短蒸→冷水冲洗→热水洗→皂洗→热水洗→烘干

(2) 轧碱后印花法

轧碱(碳酸钠10g/L,室温,一浸一轧)→烘干→印花→烘干→汽蒸(102℃,5~7min)→

冷流水冲洗→皂洗→烘干

工艺说明 轧碱采用面轧（正面向下），轧余率（40%～80%）可通过轧车压力来控制。然后立即进入快速汽蒸箱进行短蒸（120℃、30s或128℃、8～10s）。汽蒸时，织物正面不接触导辊而用反面接触以防止花型搭色。短蒸后立即进入水洗装置进行水洗和皂洗。

第二节 还原染料直接印花

还原染料不溶于水，本身对纤维素纤维没有亲和力，其分子结构中含有两个或两个以上可被还原的羰基，能在碱性介质中经强还原剂还原成可溶性的隐色体钠盐，隐色体对纤维素纤维有良好的亲和力，上染到纤维后经水洗、氧化，隐色体恢复成为不溶性的还原染料而固着在纤维上。这类染料在上染过程中要经过还原处理，所以称为还原染料。商品名称为士林染料。还原染料按化学结构来分，主要有靛系和蒽醌系两大类，按色牢度（主要是耐光牢度）来分，有阴单士林和亚士林等。靛系染料的隐色体对纤维素纤维的直接性常较蒽醌系低，氢氧化钠的浓度也较低，还原体的颜色往往比未还原前的本身粉状颜色浅，还原溶解速度较蒽醌系要慢，上染后的氧化速度也较慢，而蒽醌系染料却与其相反。

一、还原染料印花的特点

还原染料色泽鲜艳，色谱较全，各项牢度优良，尤其是耐洗牢度和耐晒牢度，调制的色浆稳定，过去常用于直接印花和作为着色染料用于防拔染印花。自从活性染料问世，由于活性染料印花工艺操作简便、成本较低，故大部分直接印花选用活性染料。但活性染料印花色牢度不够理想，所以在高档织物、浅色织物以及经常要求洗涤的织物中，仍采用还原染料印花。

二、印花用还原染料的选择

并非所有还原染料都适合在印花上应用，印花用的还原染料必须考虑以下几个因素：

1. 隐色体电位较小

印花用的还原染料要选择其隐色体电位负值较小的比较适用，对负值较大的则应先经预还原作还原染料隐色体直接印花。

2. 还原速率较大

还原速率的大小与染料的物理状态、分子结构、结晶性质、颗粒大小、扩散情况、碱液浓度、还原剂浓度和还原温度等因素有关，主要因素是染料颗粒大小。印花用的还原染料颗粒细度最好能均匀地分布在 $0.1\sim1.0\mu m$ 的范围内，球磨或砂磨后达到细粉或超细粉才能应用。

3. 还原时不发生旁支反应

印花后织物在汽蒸时，还原染料进行还原反应，若发生旁支反应，染料的色光不稳定，得到的颜色萎暗不鲜艳。

4. 色浆的物理性能稳定

有些还原染料在加入碱剂和还原剂后会使色浆发胀变厚、发黏，很难适用于还原染料雕白粉法印花工艺，但可用于两相法印花。

5. 染料的光脆性小

部分还原染料具有光脆性，日久之后织物会变得千疮百孔，造成花纹处织物强力的严重下降。

三、还原染料直接印花工艺

还原染料直接印花的方法主要有还原染料隐色体印花法和还原染料悬浮体印花法。

隐色体印花法是将染料、碱剂、还原剂调制成色浆进行印花,然后经还原汽蒸,在高温下染料还原溶解、被纤维吸收,并向纤维内部渗透扩散,最后经水洗氧化等过程,也称全料印花法。

悬浮体印花法是把染料磨细后调制成色浆,印花烘干后浸轧碱性还原液,快速汽蒸,最后经水洗氧化等过程。又叫做两相印花法。

(一) 还原染料隐色体印花法

1. 色浆配方

还原染料隐色体印花根据染料颗粒大小,碱剂浓度及其他工艺条件的不同要求,在调制印花色浆时,又分预还原法和不预还原法两种。

有些还原染料颗粒大,隐色体的电位负值大,还原速率慢,较难还原,印花易造成色点,常采用强碱、保险粉预先还原。另一类还原染料的隐色体在强碱保险粉还原浴中,溶解度较低,汽蒸时所形成的隐色体在弱碱性介质中溶解度也较小,这类染料应采用不预还原法进行调制,这种染料色浆仅加入还原剂雕白粉即可。

为便于使用,一般均事先调成基本色浆,临用前冲淡到所需色泽浓度。基本色浆为高浓度的色浆,可加碱、还原剂、水等冲淡,也可用碱、还原剂、原糊等做成冲淡糊,用冲淡糊来冲淡。

(1) 预还原法

① 基本色浆配方见表 9-1 所示。

表 9-1 还原染料预还原法基本色浆配方

还原染料	印染胶淀粉糊/kg	印染胶糊/kg	染料/kg	甘油/kg	酒精/kg	烧碱30%(36°Bé)/kg	碳酸钾/kg	保险粉/kg	雕白粉/kg	还原温度/℃	初配总量/kg	总重量/kg
黄 7GK		20	6	5	1	8		2	8～10	55～60	70	100
艳紫 RR	30～35		5	5	1	8		2	8～10	55～60	70	100
艳橙 RK	30～35		5	5	1	10	4	2	12	55～60	70	100
艳绿 FFB	30～35		5	5	1	12		2	12～14	55～60	70	100
蓝 GCDN		30	5	5	1	15		2	6	55～60	70	100
灰 BG	30～35		5	5	1	10		2	8～10	55～60	70	100

② 印花色浆配方示例

冲淡糊配方示例:

印染胶淀粉糊/kg	50	雕白粉/kg	4～6
甘油/kg	5	加水合成总量/kg	100
烧碱[30%(36°Bé)]/kg	5～6		

印花色浆配方示例:

| 还原染料基本色浆/g | x | 合成总量/g | 1000 |
| 冲淡糊/g | y | | |

(2) 不预还原法

① 基本色浆配方见表9-2所示。

表9-2 还原染料不预还原法基本色浆配方

还原染料	印染胶淀粉糊/kg	印染胶糊/kg	染料/kg	甘油/kg	酒精/kg	烧碱30%(36°Bé)/kg	碳酸钾/kg	碳酸钠/kg	雕白粉/kg	初配总量/kg	总重量/kg
黄G	30～35		5	5	1		10～12	或8	8～10	70	100
金黄RK	30～35		5	5	1		8	4	8～10	70	100
橙RF	30～35		5	5	1		10～12	或8	8～10	70	100
艳橙RR	30～35		5	5	1		10～12	或8	8～10	70	100
橙GR		30～35	5	5	1	10			8～10	70	100
大红GGN	30～35		5	5	1		10～12	或8	8～10	70	100
大红FR	30～35		5	5	1		10～12		8～10	70	100
溴靛蓝4B		30～35	5	5	1	10			8～10	70	100
蓝3G	30～35		5	5	1		10～12		8～10	70	100
印花黑BL(浆状)	30～35		30	5	1		10～12		8～10	70	100

② 印花色浆配方示例

冲淡糊配方示例

	处方1	处方2	处方3	处方4
印染胶淀粉糊或印染胶糊/kg	40～50	40～50	40～50	40～50
氢氧化钠[30%(36°Bé)]/kg	10	—	—	8
碳酸钾/kg	—	12	—	4
碳酸钠/kg	—	—	8	—
雕白粉/kg	10～15	10～15	10～15	10～15
合成/kg	100	100	100	100

印花色浆配方示例：

液状、超细粉状或快固浆状还原染料/g	x	碱剂/g	补足至需要量
甘油/kg	30	雕白粉/g	补足至80～100
冲淡糊/g	y	合成总量/g	1000

2. 色浆调制

(1) 预还原法色浆调制 制浆前在染料中加入甘油、酒精润湿，在研磨机内研磨片刻，再用水调节其稠度，继续研磨至少在8h以上，使染料颗粒直径小于5μm，加少量水调匀后加到印染胶淀粉糊中，然后边搅拌边缓慢加入预先用水1:1稀释的30%(36°Bé)氢氧化钠溶液，升温至50～60℃，再在搅拌下慢慢撒入保险粉，搅拌均匀，使染料保温还原30min，冷却至室温后方可加入已溶解好的雕白粉，最后调至总量约70kg。如用于直接印花，只需另加糊料或水，调成要求量100kg备用。色浆调制完成后，表面应加一层火油，防止结皮。

(2) 不预还原法色浆调制　　不预还原法在印花制浆时无需加入保险粉，而只要加入碱剂和雕白粉，所以制浆手续较为简便。一般操作基本与预还原法相同，只要省去加热和加保险粉的一些步骤即可。基本色浆贮存时温度不宜太高，应保持在 30～40℃左右，印花色浆要现配现用，雕白粉应在临用前加入，以防止色浆胀厚而造成印花疵病（如滚筒印花的刀丝、刮色不清和嵌花筒等印疵）。

若采用超细粉状或快固浆状的还原染料，其常用配方为：染料（5～25kg）、甘油（8kg）、碳酸钾（12kg）、雕白粉（8kg）、印染胶淀粉糊（40kg），并加水若干，合成为总量 100kg。

快固浆状还原染料色浆配法是将甘油、碳酸钾加入原糊中，然后加热约 15～30min，使其充分溶解以提高糊料的流动性，冷却到 40～50℃时加入雕白粉，不断搅拌使其充分溶解，然后边搅拌边加入染料。

超细粉还原染料色浆配法是将染料细粉渐渐撒入 30℃以下的冷水中，不断搅拌使它不聚结，浸渍 60min 后，即能调成均匀的糊状。

3. 色浆中的主要用剂及作用

(1) 还原剂　　常用于还原染料中的还原剂有保险粉和雕白粉两种，保险粉碱性溶液的还原负电位大于雕白粉，但在印花色浆中的稳定性差，所以只用于预还原法和悬浮体印花法的两相固着工艺。

保险粉是一种强还原剂，能还原所有的还原染料，其学名为低亚硫酸钠或连二亚硫酸钠，简写为 H/S，是白色细粒结晶，流动性好，具有大葱的臭味，含量约 85%～90%，易溶于水，在 45℃以下较稳定，60℃以上分解很快，80℃时 3s 后就损失约 50%，潮湿环境中分解极快，因此它只能作为预还原的还原剂用于基本色浆的调制。

雕白粉由保险粉和甲醛组成，也是一种强还原剂，学名为甲醛次硫酸氢钠或羟甲基亚磺酸钠，简写为 R/C，外形呈白色块状，有臭鸡蛋味，含量约 90%～95%。它在常温下稳定，60℃开始分解，在潮湿空气中也要分解，长时间与空气接触易被氧化而失效，失效后为无臭味的白色粉末，所以应存放在干燥处并加盖，调好的色浆应少与空气接触。它在 100℃的高温汽蒸时产生强烈的还原作用，同保险粉一样生成 $SO_2\cdot$ 自由基使还原染料还原，所以高温下的还原加工经常用雕白粉。但由于雕白粉在汽蒸时要释放出甲醛，而甲醛可与还原染料中的—NH_2、—NH—等基团发生缩合反应，而导致色光的不正常，因此用雕白粉作还原剂的色光往往不及以保险粉为还原剂的鲜艳。

二氧化硫脲也可用作还原染料直接印花的还原剂，简称为 TD，商品名为还原剂 FM，在常温下比较稳定，它本身并没有还原能力，其水溶液呈酸性（pH＝3～5），在碱性溶液中发生反应，温度超过 60℃时反应加速，生成的甲脒亚磺酸钠不稳定，进一步分解为具有强还原性的亚磺酸，其还原能力比 H/S 强 75%～100%。

(2) 碱剂　　常用于还原染料印花色浆中的碱剂有氢氧化钠、碳酸钠、碳酸钾等，作用是使还原染料隐色体变成钠盐溶解。氢氧化钠主要用于颗粒大的、还原速率慢的还原染料，对雕白粉的稳定性有影响，尤其是对个别易水解的染料，当采用氢氧化钠进行预还原时，待预还原完毕后，应补加碳酸氢钠，以降低其 pH 值，防止发生过分水解。碳酸钠和碳酸钾可以混用，而碳酸钾溶解度大，汽蒸时吸收性好，从而有利于染料渗透，印花后的给色量比碳酸钠要高，色泽鲜艳丰满，所以工厂中实际应用比较普遍。

(3) 助溶剂 印花色浆中的甘油和酒精对染料的溶解有一定作用,酒精还具有消泡和润湿作用。甘油起到润湿、吸湿作用,在汽蒸过程中,能吸收水分,有利于染料的还原溶解和纤维的膨化,有利于染料向纤维内部渗透扩散,但甘油不能太多,否则蒸化时易搭色。类似的助溶剂还有溶解盐B、尿素和硫代双乙醇等。

(4) 糊料 最常用的原糊是印染胶,它具有很好的耐碱性和一定的还原性,固体含量较高,同时还具有良好的吸湿性能和匀染性的特点。由于它渗透性好,表面给色量相对低些,为防止和减少渗化,减少含固量,降低成本,提高给色量,往往在印染胶中加入一定数量的淀粉,习称为印染胶淀粉糊。

海藻酸盐因不耐强碱,不适宜用于隐色体印花法,但它适用于悬浮体印花工艺。

4. 工艺流程

白布印花→烘干→透风冷却→还原汽蒸→水洗→氧化→水洗→皂洗→水洗→烘干

(1) 烘干 织物经印花后必须充分烘干。织物含潮不宜过高,落布时加强透风冷却。否则雕白粉易在潮湿高温下分解,过早地丧失还原力,温度越高分解速率越快。因此,烘干后要马上透风冷却,且应及时进行蒸化,即要烘得干、透风冷、包得严、及时蒸,以避免造成中间色泽深两边浅的"冷失风"疵病。烘干条件一般为110℃、30s。

(2) 汽蒸 汽蒸在还原蒸化机中进行,其工艺条件直接影响染料的色泽鲜艳度、给色量以及色牢度的高低。通常蒸化温度为$100\sim105℃$,时间$7\sim10min$。采用饱和蒸汽,蒸化机底部积水约$15\sim20cm$厚度,用直接蒸汽进行"洗汽"。相对湿度不低于99.7%,箱内空气量要少于0.3%,以防雕白粉损失。蒸化机应该正压,"汽口"应有足够的蒸汽喷出,以防止空气进入,前后烟囱应排汽通畅,使蒸化机不处于过热程度过高的情况中。

印花织物经还原蒸化机处理可以促使纤维吸湿膨化,在高温下雕白粉分解,促使染料还原成隐色体钠盐而溶解于水分中,加速隐色体钠盐从色浆中向纤维内部扩散转移,从而使纤维素与染料的隐色体钠盐发生氢键作用而染着。

(3) 氧化 织物经汽蒸后,隐色体已在织物上染着,没有最后产生固着,需经氧化才能恢复到原来不溶性状态的还原染料而固着在纤维上,从而获得坚牢的色泽。

还原染料的氧化难易不一,采用的氧化方法也不同。易氧化的染料只需经过冷流水处理;难氧化的染料采用氧化剂氧化,常用的有过硼酸钠溶液,浓度为$3\sim5g/L$,另加小苏打$5g/L$,温度为50℃,一浸一轧,透风水洗。

(4) 水洗皂洗 氧化、水洗后需经过高温皂煮,去除存在于印花色浆中的可溶性盐类以及未染着的染料和糊料,使经汽蒸、氧化发色后的还原染料分子重新排列,使织物白地洁白,色泽艳亮,手感柔软,色牢度提高。常用的工艺条件为肥皂$3\sim5g/L$,并加入纯碱$2\sim3g/L$,温度在$90\sim95℃$以上。

(二) 还原染料悬浮体印花法

用于悬浮体印花工艺的还原染料必须具备一定的细度,颗粒大小力求均匀,平均细度在$2\mu m$以下,为防止染料颗粒不致相互聚集而变成大颗粒,在染料中可适当添加些扩散助剂。

1. 印花配方

(1) 色浆配方

还原染料/g	x	加水合成总量/g	1000
糊料/g	$300\sim500$		

(2) 浸轧还原液配方

保险粉/g	100~120	淀粉糊/g	100
氢氧化钠(30%,36°Bé)/mL	80~120	总量/mL	1000
碳酸钠/g	0~50		

2. 调制操作

(1) 印花色浆调制　先用少量水润湿还原染料，在不断搅拌下缓慢加入水，使之成为浆状，最后成为悬浮溶液。然后将染料的悬浮液在不断搅拌下加入到印花原糊中。

(2) 还原液调制　将淀粉糊和水以1：2的比例调成薄浆状，慢慢加入氢氧化钠使它膨化成碱性淀粉糊，再加入已溶解好的碳酸钠，最后加入保险粉溶液。碱剂和保险粉溶液应在不断搅拌下渐渐加入，以防止糊液脱水。

3. 工艺流程

印花→烘干→浸轧还原液→快速汽蒸→氧化→水洗→皂洗→水洗→烘干

工艺说明如下。

(1) 浸轧还原液　织物经印花烘干后，即可进行面轧或浸轧，轧余率可根据要求控制在40%~80%。常采用面轧，即印花布正面向下通过轧车，以湿布状态进入快速蒸化机。

(2) 快速汽蒸　高效蒸化机的汽蒸箱内，温度和湿度由专项监控装置控制，参考工艺温度为128~130℃，固着时间为15s。要求印花布背面接触导辊，并且不能有过紧的张力，以避免色浆在布的背面拖开而影响正面的白地，出蒸化机花布的花色应呈还原染料隐色体钠盐的颜色为度。蒸箱内不能有空气，且轧车与蒸箱距离要短，蒸后也应快速进入平洗机。

(3) 氧化和皂煮　织物从高效快速蒸化机口出来时，印花部位的还原染料完全成为还原隐色体，随即迅速将织物上所带的碱性还原液用冷水冲去，然后进入氧化浴处理，氧化浴一般采用过硼酸钠作为氧化剂，用过硼酸钠3~5g、碳酸氢钠5g、水若干合成为1L氧化浴；或用过氧化氢作为氧化剂，用35%的过氧化氢5mL、98%的醋酸2mL、水若干合成为1L氧化浴。氧化浴的处理温度控制在50~60℃。

染料在充分氧化后第一次用冷水、温水平洗，在第二次净洗时再进行皂洗。皂洗液以肥皂3~5g/L和碳酸钠2g/L为宜，温度应在90℃以上，以确保花色鲜艳度。肥皂也可用合成净洗剂替代，但效果不及肥皂。

第三节　可溶性还原染料直接印花

可溶性还原染料俗称印地科素染料，大多数是还原染料隐色体的硫酸酯钠盐。根据染料母体的结构，可分为溶靛素（以靛系还原染料为母体）和溶蒽素（以蒽醌系还原染料为母体）两大类。

一、可溶性还原染料的特点

可溶性还原染料能直接溶解于水，一般具有优良的色牢度，调制色浆操作方便，渗透性及匀染性较好，工艺过程简单且灵活性大，可以与多种染料共同印花，尤其是应用于浅色花布的印花，各项色牢度远比活性染料高，是高档织物的常用染料之一。但其成本高，上色率低，只用于印制中、浅花色，现已逐步被活性染料印花和涂料印花所替代。

可溶性还原染料印花后，经酸和氧化剂作用使染料发生水解和氧化作用而显色，因此显色过程就是纺织品上的染料在酸性介质中产生水解，进而由氧化剂氧化生成不溶性色淀（即还原染料）的过程，所用的酸剂和氧化剂称为显色剂。染料结构不同则氧化难易程度不同。对易氧化的染料，氧化剂要少用；对难氧化的染料，氧化剂要多用。

二、可溶性还原染料的选择

可溶性还原染料的许多性能直接影响到印花工艺，由于每一种染料的性能各不相同，印花色浆的助剂及化学药品的选用也相差很大，因此在使用时，应对每一种染料的性能有一个了解，从而确定各种助剂的用量。

1. 溶解性能

可溶性还原染料具有良好的水溶性，但染料的溶解度各不相同，大多数染料易溶于 $50\sim60℃$ 的温水中，不必加助溶剂，通常使用浓度为 5% 时，可完全溶解。溶解性能差的品种，通常需加入尿素、溶解盐 B、硫代双乙醇等助溶，这些溶解度低的染料对电解质很敏感，在较多量电解质的情况下，降低染料的溶解度，甚至会发生染料的沉淀析出，所以色浆中应避免过多的电解质，适当控制亚硝酸钠的用量，同时规定染料的最高用量。

2. 氧化性能

可溶性还原染料是在酸性中水解氧化而显色，在氧化剂的存在下，水解速度加快，不同染料的水解氧化速率各不相同。易氧化的染料可在较低温度下显色，氧化剂的用量较低。而难氧化的染料，须在较高温度下显色，酸及氧化剂用量也要增加。但氧化剂用量过多，往往会导致染料过度氧化而使色光不正常，因此一方面要控制氧化剂的用量和显色温度，另一方面要加入尿素、硫脲、硫代双乙醇等以防止过氧化。对于已经发生了过氧化的染料，可以用保险粉溶液进行纠正处理，但染料结构中具有的游离氨基无法补救。

通常易氧化的染料如蓝 IBC，亚硝酸钠用量为 [2+（染料用量×0.1）]（g/kg 色浆），显色温度为 $25\sim30℃$；氧化一般的染料如红 IFBB，亚硝酸钠用量为 [5+（染料用量×0.2）]（g/kg 色浆），显色温度为 $25\sim30℃$；难氧化的染料如红紫 IRH，亚硝酸钠用量为 [7+（染料用量×0.3）]（g/kg 色浆），显色温度为 $80\sim90℃$。

3. 光脆性能

有些可溶性还原染料印花后经显色成为还原染料母体，在日光作用下，会使纤维发脆，即光敏脆损作用，因此应限制选择使用。

三、可溶性还原染料直接印花工艺

可溶性还原染料的直接印花方法很多，根据所用显色剂的不同，有亚硝酸钠法、重铬酸盐法、氯化铁等湿显色法；还有氯酸钠－硫氰酸铵法、亚硝酸钠－尿素等汽蒸显色法等。目前国内最常用的是亚硝酸钠-硫酸湿显色法。

（一）亚硝酸钠法（湿法）

此法是将染料和氧化剂亚硝酸钠调在色浆中进行印花，印花后浸轧硫酸液显色，故又称湿法。

1. 色浆配方

可溶性还原染料/g	10~50	$NaNO_2$/g	2~20
助溶剂/g	0~30	酸性染料/g	少量
Na_2CO_3/g	2	加水合成总量/g	1000
淀粉糊/g	400		

2. 调制操作

将染料及助溶剂混合后，加入热水溶解至澄清（可溶性还原蓝1BC宜用冷水溶解）。取规定量的原糊，边搅拌边加入已溶解好的碱剂，将pH值调节到7~8。再将溶解澄清的染料和助溶剂过滤入糊中，搅拌均匀，最后加入1:2的亚硝酸钠溶液。

3. 色浆中各助剂的作用

（1）助溶剂　助溶剂的作用是帮助染料溶解，并能提高染料的给色量，常用尿素、古来辛A（又称硫代双乙醇）和溶解盐B。由于染料的溶解度不同，印花色浆浓度高，因此，对于易溶解的可用冷水溶解，较难溶解的用50~70℃热水溶解，而难溶解的要加助溶剂来助溶。

（2）纯碱　纯碱可提高色浆的稳定性，防止色浆中的染料受酸气侵蚀而过早发色，从而避免形成色淀和浮色。对溶解度较小的染料，因纯碱是电解质，会降低其溶解度，可用氨水代替。有些色浆在光照下也会过早发色，可加30%（36°Bé）烧碱2~3mL/g，并做好避光措施。

（3）亚硝酸钠　亚硝酸钠为氧化剂，在印花色浆中并不发生反应，它与硫酸共同构成可溶性还原染料的显色剂，亚硝酸钠的用量根据染料氧化特性而定，易氧化则亚硝酸钠量要少些，反之则应提高些。

（4）原糊　原糊一般使用淀粉糊、淀粉龙胶糊、淀粉印染胶糊、CMC等，pH值在7~8之间，淀粉糊给色量高，但渗透性和均匀性差，有时用淀粉印染胶糊、淀粉醚以及海藻酸钠糊改善。海藻酸钠印花轮廓清晰，均匀性好，但它影响可溶性还原染料的溶解度，且遇酸易产生凝结，导致洗涤困难，因此只适宜印浅色，洗涤时在平洗槽中用纯碱中和或加强平洗。

（5）酸性染料　色浆在显色前颜色很浅，有些几乎无色，为了便于对花和发现疵病，在色浆中加入少量对棉不上色的酸性染料作为着色剂，在印花后处理中可随之去除。

4. 工艺流程

印花→烘干→（汽蒸）→浸轧硫酸液→透风→水洗→皂洗→水洗→烘干

工艺说明如下。

（1）汽蒸　一般情况下，织物印花烘干后不需要进行汽蒸而直接轧酸显色，但有些染料经过汽蒸后能增进其给色量。

（2）酸显色　一般染料用63%的硫酸（50°Bé），用量为30~40mL/L，难氧化的染料可提高到50~70mL/L，为了防止显色液内有色泡沫被辊筒带至布面，造成色渍，可加入平平加O之类的表面活性剂，其用量为0.5g/L，加水合成为1L液体。对于易产生过度氧化的染料，可在酸液中再加入尿素（2~5g/L）、蚁酸（10g/L）或硫脲（0.5~2g/L）等加水合成1L液体来防止过氧化的产生，即利用这些化学品与多余的亚硝酸作用，减少染料的过氧化。对已发生了一定程度的过度氧化的可用保险粉进行补救处理。

显色方法采用一浸一轧，显色温度视染料性质而定，当不同品种共同印花时，应按温度最高的染料来选定显色温度,但对易造成过度氧化的染料,尽量避免使用高温显色。

(3) 透风 显色后应透风15~30s,主要作用是使显色作用完全。

(4) 水洗皂煮 经冷水冲洗后用淡碱中和,再经皂煮(肥皂或洗涤剂5g/L,纯碱3g/L,温度90~95℃),最后水洗、烘干。可溶性还原染料显色后与还原染料一样,皂煮对其色光的鲜艳度和色牢度都有很大影响。皂煮后,染料在纤维中的结晶发生变化,从而提高其色泽鲜艳度和染色牢度。

(二) 氯酸钠-硫氰酸铵法(干法)

此法在印花过程中不产生显色,印花后汽蒸时,色浆中的释酸剂遇高温释酸而使色浆呈酸性,加上色浆中氧化剂、催化剂的作用,促使染料产生水解氧化而显色,故又称干法或汽蒸法,它主要用在同印工艺中,对有些不耐酸的染料也可采用此法。

1. 色浆配方

染料/g	10~50	氯酸钠/g	10~15
淀粉糊/g	400	硫氰酸铵/g	25~35
助溶剂/g	0~30	1%钒酸铵/g	10
25%氨水/g	5	加水合成总量/g	1000

这一配方适用于一般的可溶性还原染料品种,根据染料性质的不同,氯酸钠和硫氰酸铵的用量可以有所差异,对于一般氧化程度的品种,氯酸钠5~10g,硫氰酸铵10~20g;对于难氧化的品种,氯酸钠15~20g,硫氰酸铵30~40g。

2. 色浆中主要助剂的作用

(1) 氨水 代替纯碱作为碱剂,使色浆在碱性下稳定,因为此法色浆中电解质过多,对染料溶解不利。在汽蒸时,氨水将挥发而失去碱性,符合干法要求。

(2) 氯酸钠 作氧化剂,是可溶性还原染料氧化的主要用剂。在常温碱性条件下无氧化性,不能使染料氧化,只有在高温下才具有较强的氧化能力。

(3) 硫氰酸铵 作释酸剂,溶于水呈近中性,在高温汽蒸时要分解而释放出硫氰酸,使可溶性还原染料色浆印花处转化为酸性,使氯酸钠显出氧化性,从而使染料发色,又因为硫氰酸是挥发性酸,汽蒸时不会损伤纤维。

(4) 钒酸铵 作导氧催化剂,在碱性条件下,导氧能力弱,在酸性条件下导氧能力很强,它是常用导氧剂中能力最强的,故用量很少。

3. 工艺流程

印花→烘干→汽蒸→水洗→皂洗→水洗→烘干

工艺说明:

(1) 色浆中的各种助剂用量要严格控制;

(2) 汽蒸条件要严格控制,温度为102℃,时间为5~8min,否则会使色浆稳定性下降,致使纤维水解和氧化而影响强力。

第四节 不溶性偶氮染料直接印花

不溶性偶氮染料是由偶合剂(俗称色酚或纳夫妥打底剂)与重氮化的芳香胺化合物(俗

称显色剂或称色基）在织物上偶合而成。由于显色剂重氮化及偶合时须保持低温，要加冰冷却，因此俗称冰染料。

不溶性偶氮染料的品种繁多，至今色酚和色基的品种各有五十多种，能产生上千种不同色泽的颜色，但由于部分颜色不鲜艳、色牢度不佳，同时有许多色酚、色基品种本身致癌，受到禁用，实际使用受到一定的限制。

一、不溶性偶氮染料印花的特点

不溶性偶氮染料制造简便，成本低廉，能印制浓艳的色泽，经适当的选择并合理使用，色牢度较好，且大多数耐氯漂，耐光牢度受染料浓度的高低影响较大，当浓度低时则耐光牢度较差。在棉织物上主要用于印制大红、枣红、紫酱、蓝和黑等得色浓艳的深浓色花型，印后不需蒸化，成本较低，皂洗、日晒牢度优良，属坚牢型染料，但它色谱不全，摩擦牢度较差。常与涂料、活性染料、还原染料、可溶性还原染料等共同印花。

二、印花用不溶性偶氮染料的选择

不溶性偶氮染料存在色谱不够齐全的缺点，因此在选择色酚和色基时，必须事先参考染料厂商提供的色谱、牢度样本再做出抉择。

随着禁用染料规定的颁布实施，部分本身致癌的色酚、色基受到禁用，如冰染料染色色基中红色基 TR 及大红色基 G，枣红色基 GBC 等 22 种致癌芳香胺受到禁用。这些禁用染料可用其他染料取代，如用大红色基 RC 取代大红 G 色基，用枣红 GP 色基取代枣红 GBC 色基，用色酚 AS-OL 和色酚 AS-G 中任意一种与红色基 B 重氮盐偶合得到坚牢黑色，其他禁用色酚可根据用不同色基显色后的得色要求，用不同的色酚 AS 取代。

三、不溶性偶氮染料直接印花工艺

不溶性偶氮染料直接印花有两种方法，色基（色盐）印花法和色酚印花法。色酚印花具有色浆稳定性好的特点，但同一色基与不同色酚偶合所得色谱不多，同一花布上可印得的花色比较少，又因织物上大量的色基重氮盐不易洗净，易造成沾色，因此这种方法应用较少，我国绝大部分采用色基印花法。

色基（色盐）印花法是先将织物经色酚溶液打底，烘干后用已重氮化色基或色盐调制成的色浆进行印花，印花处色酚与色基重氮盐偶合显色，最后采用碱洗等后处理将未偶合的色酚洗去。

色酚印花法是把色酚溶解与原糊调制成色浆，印花烘干后，再用已重氮化色基或色盐溶液进行浸轧处理，使花型部位的色酚与色基重氮盐偶合显色，最后采用亚硫酸氢钠等后处理将未偶合的色基重氮盐洗去。

（一）色基印花法

色基印花时，须先将显色基进行重氮化，使它成为重氮化合物，才能与打底剂的钠盐偶合成染料色淀。根据色基芳环上取代基的不同，芳胺的碱性不同，重氮化的方法可分为顺法重氮化和逆法重氮化。色基的盐酸盐在水中的溶解度较大的用顺法重氮化，其色基配方见表 9-3 所示。其盐酸盐在水中溶解度较小或难溶解的色基以及易生成重氮氨基化合物的色基则采用逆法重氮化，其色基配方见表 9-4 所示。

表9-3 印花常用顺法重氮化色基

色基名称	橙 GC	红 KB	红 KL	大红 RC	青莲 B	蓝 BB	黑 B	黑 LS
色基用量/g	1	1	1	1	1	1	1	1
加酸前水量/mL	热水 5	冷水 10	0	0	2	冷水 2	热水 3	热水 1
盐酸用量(30%)/mL	1.3	1.1	1.3	1.0	1.13	1.0	1.1	1.6
冷水量包括冰水/mL	15	10	10	18	20	20	12	15
亚硝酸钠用量/g	0.5	0.4	0.25	0.35	0.27	0.25	0.5	0.44
重氮化温度/℃	5	10	10	5	15~20	15~18	10	10~15
重氮化时间/min	15	20	20~30	20	30	20	30	20~30
亚硝酸钠加入速度	快	快	快	快	中等	慢	慢	慢
醋酸钠用量/g	1.0	0.8	1.0	0.7	0.54	0.5	0.5	0.65

注：大红 RC 可先加酸后加水，黑 LS 最后可加氯化锌 0.4g。

表9-4 印花常用逆法重氮化色基

色基名称	红 RL	红 B	橙 GR	酱 GP	青莲 B
色基用量/g	1	1	1	1	1
亚硝酸钠用量/g	0.5	0.45	0.54	0.45	0.3
水量/mL	冷水 30	冷水 20	30	冷水 15	30
30%盐酸用量/mL	2.1	1.8	2.32	1.8	1.15
重氮化温度/℃	5~10	5~10	10~15	10	10~15
重氮化时间/min	25~30	25~30	15	25~30	30
醋酸钠用量/g	1	0.9	1.1	0.9	0.6

1. 印花配方

（1）打底液配方

色酚 AS/g	12~15	润湿剂/mL	5
烧碱(40°Bé)/mL	12~14	加水合成总量/mL	1000

（2）顺法重氮化色基配方　以色基黑 B 为例。

色基黑 B/g	10	亚硝酸钠(慢加)/g	5
热水/mL	30	醋酸钠/g	5
30%盐酸/mL	11	加水合成总量/g	1000
冰水	x		

（3）逆法重氮化色基配方　以色基红 RL 为例。

色基红 RL/g	10	醋酸钠(临用前加入)/g	10
亚硝酸钠/g	5	加水合成总量/g	1000
30%盐酸/mL	21		

（4）色基印花色浆配方

色基重氮化溶液/g	x	50%醋酸/mL	6~7
淀粉原糊/g	400~500	加水合成总量/mL	1000

2. 调制操作

(1) 打底剂（色酚）的选择　打底剂对纤维素纤维的直接性大小不一，直接性高的色酚一般能获得较高的摩擦牢度，但是打底后要从织物上除去就比较困难。因此，在使用显色剂印花时，应选择直接性较小的色酚，有利于印花后未印花处色酚的洗除，以保证白地洁白，同时它与不同显色剂偶合得到的色谱要多、要广，这样便于在同一花布上用一种色酚打底印制出多种花色。印花产品染色牢度要好，尤其是气候牢度要好。当需要两种或三种不同色酚拼混打底时，应选用直接性相近的色酚，以防止在织物上着色不一而产生前后色差。

色酚打底后织物具有乳黄或荧光黄的颜色，所以称之为"AS黄布"，打底剂以色酚AS为代表有五十多个品种，目前印花上常用的打底剂主要有色酚AS、AS-D、AS-OL、AS-BO等，其中色酚AS应用最广。

(2) 打底液配制　色酚用润湿剂如烷基磺酸钠和少量热水调成浆状，加入半量烧碱和软化热水，使色酚完全溶解成澄清溶液，再将此液滤入已溶有另半量烧碱的装有沸水的配液桶中，搅匀并调节至规定液量待用。如有浑浊现象，可补加一些烧碱，稍加热来改善。补充液的温度保持在90℃左右。

打底剂的用量根据印花色泽的深浅，染色牢度而定，在多只色基同印时，应以最深色为主。在印浅色花和小型花时，色酚的用量要超过与显色剂偶合的需要量，色泽的深浅以色基用量来调节。这样有利于白地洁白，否则会由于显色剂量大于印花处打底剂的含量而沾染白地。不过在印深浓色和满地大花时，情况正好相反，这时显色剂色基的用量要超过与色酚偶合的需要量，保证色酚全部偶合而使花色达到其应有的深度，花色的深浅由色酚来确定，因为在重氮化色基印浆贮存和印花过程中会产生一些分解破坏，导致印制的花色随色基破坏程度不同发生深浅变化，色基过量，即使有一部分破坏，也不影响花色，多余的色基可在后处理时通过热水和亚硫酸氢钠洗除，以保证白地洁白。

(3) 顺法重氮化操作　色基先用少量水润湿并调和成糊状，加入规定量的盐酸，并搅拌均匀，再加入适量沸水使色基盐酸盐充分溶解，加冰冷却到重氮化温度，在搅拌情况下加入预先溶解好的冷亚硝酸钠溶液，亚硝酸钠溶液加入的速度视色基的性能而定。

重氮化溶液应存放在阴凉处，并保持低温（5～10℃）。重氮化时，亚硝酸钠和盐酸的用量要足够，一般用刚果红试纸测试重氮化液的酸度（应呈蓝色）和用淀粉碘化钾试纸测试亚硝酸钠用量（应呈蓝色）。重氮化时间根据各色基性能而定。重氮化好后放置10～15min，使多余的亚硝酸气体逸出。

(4) 逆法重氮化操作　将适量的水与色基调和成浆状，加入亚硝酸钠后使之充分调和。盐酸事先用适量冷水冲淡并冷却到重氮化温度。将色基和亚硝酸钠混合液缓缓加入盐酸溶液中并迅速搅拌，此时即发生重氮化反应。此法色基不先生成盐酸盐并始终在盐酸过剩的情况下进行重氮化，因此重氮化较完全，还可避免重氮氨基化合物的形成。

(5) 印花色浆调制　先以少量水将淀粉糊稀释调匀，然后滤入重氮化溶液，搅拌均匀，再加入醋酸和水至所需的用量。为改善紧密织物的印制效果，可采用海藻酸钠糊作为糊料，并加入一些六偏磷酸钠以减少金属离子的影响，也可以用醚化淀粉。

3. 打底液中各种用剂的作用

(1) 烧碱　打底剂是酚类的衍生物，不溶于水，具有弱酸的特征，它与烧碱作用生成色酚AS钠盐而可溶于水。其反应是可逆反应，理论上1mol色酚需1mol烧碱用量，但在实际生产中，色酚 AS 的钠盐易于水解（逆反应），为抑制其水解，烧碱用量要超过理论值。通常把超过理论用量的烧碱称为游离碱。游离碱用量不宜过多，否则会影响打底剂的上染，加剧某些色酚在空气中氧化，同时还增加了印花色浆中抗碱剂的用量，造成浪费。但游离碱含量过少，会致使打底剂溶解不好，打底后的织物受二氧化碳等酸气影响产生水解使得色变浅。通常游离碱量应控制在 3～5g/L 之间。

（2）润湿剂　在打底剂溶液中必须加入润湿剂（如太古油、烷基磺酸钠、蓖麻油皂等），它的作用是帮助色酚润湿溶解，提高打底的渗透性并起保护胶体作用，使色酚的胶体分子不易凝聚而沉淀，从而使显色均匀，提高摩擦牢度和色泽鲜艳度。但其用量也不能多，否则打底液易起泡及外溢。

4. 重氮化及印花色浆配方中主要助剂的作用

（1）盐酸　盐酸在色基重氮化及色浆调制中的作用有三个。第一是使色基生成其盐酸盐，从而可溶于水，但色基的化学结构不同溶解度不一。第二是与亚硝酸钠生成亚硝化试剂，使色基发生重氮化反应。亚硝酸钠与盐酸反应的速率很快，生成的亚硝酸又会分解成有毒的氮的氧化物而逸出（黄棕色气体），对人体有害，因此操作时应安装良好的通风设备。第三是维持重氮化溶液的酸度，pH 值低时，重氮化合物比较稳定，不易分解。通常 1mol 色基，要用 2.5～3mol 盐酸。

（2）亚硝酸钠　亚硝酸钠主要与盐酸作用而生成亚硝酸，是色基进行重氮化反应的主要用剂。亚硝酸钠的用量根据色基而定，由于亚硝酸钠易分解，若用量不够，色基重氮化不完全，易产生自身偶合，使重氮液浑浊，外观似豆腐渣，色基失去偶合能力，所以亚硝酸钠实际用量要比理论用量多 5%～10%。如果亚硝酸钠用量过多，印花时会使打底剂亚硝化，造成色变，牢度降低和白地不易洁白。

（3）中和剂　为了防止重氮化合物的破坏以及重氮氨基化合物的生成，在重氮化过程中以及重氮化以后，溶液应始终保持较强的酸性。但是在印花时，重氮化色基与色酚的偶合需要在弱酸或中性条件下完成，必须提高重氮化溶液的 pH 值，即采用中和剂来中和掉一部分盐酸。中和剂在中和盐酸以后必须成为一种 pH 缓冲体系，使 pH 值能控制在一定范围内。中和剂常采用强碱弱酸盐，如醋酸钠、锌氧粉等。醋酸钠中和盐酸后生成醋酸。醋酸与醋酸钠形成缓冲溶液，以控制和稳定溶液的 pH 值；当醋酸钠与 50% 醋酸成 1：1 时，其 pH 值缓冲在 4～5。锌氧粉在中和盐酸以后生成氯化锌、碱式氯化锌，与氢氧化锌构成缓冲体系，pH 值稳定在 5～7。锌氧粉为固体，如果它与盐酸未完全发生作用，将会造成印疵，因此中和时要严格控制其用量，使中和后无固体存在。

（4）醋酸　醋酸在印花时作为抗碱剂使用，主要有两个作用。第一是中和打底织物上的游离碱，缓冲 pH 值到一定范围，避免因 pH 值过高而使重氮化合物破坏而影响色泽鲜艳度。第二是使色浆 pH 值降低，从而降低偶合速率，以利于重氮化合物向纤维内部渗透，从而提高印花均匀性和摩擦牢度。烘干时，醋酸逐步挥发，使偶合速率低的色基逐步偶合。在印制精细花纹时，醋酸的用量应适量增加。印花色浆中醋酸的用量需根据色泽深浅而定，在与活性染料及可溶性还原染料搭印或罩印时，用量过多会中和活性染料中的碱而影响活性染料的固色；若烘干不透又未及时平洗，堆在布箱中，会因酸气的影响使织物上的色酚难以洗除。

5. 色基印花工艺流程

打底织物上用重氮化的色基调成印花色浆印花称为色基印花法。色基是不溶于水的芳香伯胺类化合物,不会与色酚钠盐偶合,在盐酸和亚硝酸钠作用下产生重氮化反应,使色基生成色基重氮盐而溶于水,且能与色酚钠盐偶合形成染料色淀。

工艺流程为:白布→色酚打底→烘干→色基印花→烘干→(汽蒸)→热水洗→热碱洗→皂洗→热水洗→水洗→烘干。

工艺说明如下。

(1) 色酚打底　打底多采用轧染法,一般薄织物采用一浸一轧,厚织物采用二浸二轧,轧余率一般控制在75%～80%,浸轧温度为60～70℃(温度升高时,一般打底剂对纤维的直接性降低,匀染性提高)。初开车时需依据打底剂直接性的不同加水10%～30%,以保持打底布前后深浅一致。打底时要注意轧车上轧辊两头压力应均匀一致,轧液槽液量要求保持恒定,以免产生左右前后色差。打底后的织物烘干时温度应先低后高,以防止色酚泳移而产生阴阳面和焦斑,打底以后的织物若不立刻印花,需要用布包起来,以防止因二氧化碳等酸气作用使色酚钠盐水解而产生色浅(即防失风),同时也可防水渍。

(2) 色基印花　由于色浆稳定性差,印花时要随用随配。重氮化色基溶液要始终保持低温及较强的酸性,同时掌握一致的pH值。拼色时,各色要分开重氮化,并选择偶合能力相近的色基。当色基和需要汽蒸的其他染料共同印花时,要选择耐汽蒸的色基以防因汽蒸受还原气体影响而变色。

(3) 后处理　碱洗以前先用90℃以上热水洗,再用75～90℃的烧碱溶液洗涤(洗涤槽中应保持固体烧碱用量1～3g/L),以帮助洗净织物上未偶合的色酚,使白地洁白,也有利于去除原糊,使织物柔软。皂洗温度为90℃以上,皂粉用量为3～5g/L,皂洗可以较好地去除浮色和原糊,并改善印花织物上染料的鲜艳度并提高牢度。后处理时也可以快速蒸化一次,使色酚与色基充分偶合,提高给色量和牢度。但有些不耐汽蒸的色基不能采用蒸化后处理。

(二) 色盐印花法

打底织物上用色盐调成的印花浆印花称为色盐印花法。色盐是色基经过重氮化以后,并经稳定化的产物,它可溶于水,并能够与打底剂的钠盐偶合。为了使用方便,染料厂商往往把一些色基(尤其是重氮化比较困难的)预先重氮化,中和后加入适当的稳定剂而制成色盐,一般色盐的有效成分只有20%～30%左右,个别色盐如凡拉明蓝VB可达50%左右。色盐命名与色基相同,如色基RC制成的色盐称为色盐RC。色盐印花法与色基印花法基本相同,以下对不同之处进行叙述。

1. 印花色浆配方

色盐/g	x	淀粉糊/g	400～600
98%冰醋酸/mL	0～15	加水合成/g	1000

2. 色浆调制

色盐一般直接用冷水或温水(25～30℃)稀释,在快速搅拌下使染料充分溶解,然后滤入原糊中,醋酸可以在溶解色盐时加入,也可在调入原糊后加入,加入前要事先用水稀释。某些色盐如红B、红GL应直接撒于总体积的水或印花色浆中,以获得较好的溶解度,因为这些色盐中的酸性盐稳定剂在水溶液中会转化为水溶性较小的正盐,反应不可逆,在稀释时使色盐更不易溶解。

3. 色浆中助剂的作用

色盐印花色浆的主要助剂是冰醋酸,主要有两个作用:第一是稳定色浆,防止色盐分解;第二是延长偶合时间,使色盐渗透并提高摩擦牢度。冰醋酸用量因色盐不同而异,红KL色盐色浆中不能加醋酸,加入醋酸后易使颜色变浅,橙GGD色盐、RD色盐和大红VD色盐可少用些(最多0.5%),黑ANS色盐、凡拉明VB色盐可达1.5%甚至为染料用量的一半。

4. 色盐印花工艺流程

工艺流程为:白布→色酚打底→烘干→色盐印花→烘干→(汽蒸)→热水洗→热碱洗→皂洗→热水洗→水洗→烘干。

工艺说明如下。

(1) 稳定的色基重氮盐为色盐,常用色盐如凡拉明蓝盐VB、VRT、棕V,色盐蓝绿B,色盐黑K,色盐红B、红RL等,并不是所有的色基都能做色盐,作为色盐应能耐50~60℃的温度,长期贮藏能保持稳定,在振动和撞击下不会急剧分解而产生爆炸,使用时要容易转化为能够与色酚偶合的活泼形式。

(2) 色盐商品中含有大量的稳定剂和填充剂,使其有效成分很低,因此使用前对所用的色基要进行分析测定,确定真正的配方用量(即力份)。

(3) 大部分色盐中均含有氯化锌或硫酸铝,单独使用淀粉糊易引起印花部分糊料不易去除,影响手感,因此应用淀粉醚化植物胶混合糊或醚化淀粉。

(4) 溶解色盐时,不能用金属容器,应以塑料或不锈钢容器溶解。色盐的溶解度低,有效成分低,印花时染料用量较多,溶解较困难,加适量尿素助溶后能较大提高某些色盐如棕V、黑K、黑ANS的溶解度和稳定性,使印花产品均匀丰满。凡拉明VB色盐加入平平加O可以提高溶解性、渗透扩散性,并能改善色光。

(5) 两种不同色盐拼色时,应了解色盐的制造方法,因为制造色盐时的稳定方法不同可能会造成溶解困难。色盐与打底剂的偶合比例不宜超过标准,否则过剩的色盐难以洗净,易沾污白地,且由于浮色多影响摩擦牢度及湿处理牢度。

(三) 色酚印花法

1. 印花配方

(1) 色酚印花色浆配方

色酚/g	20	淀粉糊/g	300~400
30%(36°Bé)NaOH/mL	16	加水合成总量/g	1000

(2) 色基(色盐)显色配方:以色盐大红为例

色基大红G/g	15	醋酸钠/g	12
30%盐酸/mL	30	醋酸/mL	10
亚硝酸钠/g	7.5	加水合成总量/g	1000

2. 色酚印花工艺流程

白布→色酚印花色浆印花→烘干→色基(色盐)显色→水洗→亚硫酸氢钠洗→水洗→皂洗→水洗→烘干

工艺说明如下。

(1) 由于色酚的色浆比较稳定，游离碱可以少一点。色酚色浆的颜色很浅甚至无色，为了便于对花，在色浆中可加些酚酞（遇碱变红），也便于检查印花疵病。

(2) 印花烘干后，在轧染机上二浸二轧显色液显色。色基的重氮化溶液亲和力要小，最好无色，防止白地沾污。用量根据花型的面积和色酚的浓度而定，显色槽pH值调整到3～5，为了减少色酚在显色中的溶落，可在显色浴中加入20～30g/L的食盐。

(3) 亚硫酸氢钠洗的温度为90℃，用量为4～10g/L，以洗去过剩的重氮盐。

第五节　稳定不溶性偶氮染料直接印花

不溶性偶氮染料直接印花在印制花纹面积较小的织物时会造成打底剂的浪费，未印花处的打底剂洗尽困难而造成白地或白花不洁白，印花时只能选用一种或两种色酚打底而使色基选择受限，印花工艺流程较长。人们为克服不溶性偶氮染料直接印花的不足，在不溶性偶氮染料的基础上发展一类专用于印花的染料，即稳定不溶性偶氮染料。

稳定不溶性偶氮染料是由色酚和暂时稳定的色基重氮盐所组成的混合物。色基重氮盐通过特定的处理使之稳定，再与色酚放在一起，在一般情况下稳定而不起偶合反应，只有在印花后经过一定处理使色基重氮盐重新活化，从而与色酚在花纹处产生偶合生成不溶性偶氮染料而着色固色。

一、稳定不溶性偶氮染料印花的特点

稳定不溶性偶氮染料是把色基的重氮化物制成暂时稳定的中间体，并与色酚混合在一起，作为一类商品染料供印花使用。它可以选择最理想的色酚与色基组合，从而获得较鲜艳的色谱和色牢度较佳的品种。此法印花工序简便，节约色酚或色基，可与多种染料同印，是常用的直接印花工艺。根据色基结构和性能的不同，有三种方法可使色基的重氮盐暂时稳定得以与色酚相混合，从而制得三大类稳定不溶性偶氮染料，它们分别是快色素，快胺素和中性素以及快磺素。

二、印花用稳定不溶性偶氮染料的选择

1. 快色素染料

快色素染料学名重氮色酚染料，俗称快坚染料。它是打底剂色酚和色基所转化成暂稳定反式重氮化合物的混合物，在色基重氮化反应过程中，随着溶液pH值的不同，可以生成性质各不相同的同分异构体，其与色酚的偶合能力也各不相同。pH值升高时生成反式重氮化合物，因色基结构上空间阻碍而失去与色酚的偶合能力。色基异构体的转化是可逆的，当pH值下降时，反式重氮化合物即转化为顺式重氮化合物，回到有偶合能力的重氮盐。

并不是所有色基都适合做快色素，一般选用较稳定、能溶于水并带有负性基的色基来制取反式重氮盐。在不溶性偶氮染料的色基中含有负性基的只限于黄、橙、红及枣红色，因此快色素也仅限于这几种颜色。

快色素染料中的反式重氮化合物能溶于水，在碱性中比较稳定，不会与打底剂色酚偶合，且色酚要溶在碱液中，所以快色素溶解时应加碱。在遇热、酸和二氧化碳时很不稳定，会转化成顺式重氮化合物而与打底剂色酚偶合。在碱性介质中汽蒸时，会遇到还原性物质使重氮化合物受到破坏，染料符号中有"H"字母的，表示具有较高的稳定性，能耐短时间的汽蒸。无"H"的，在汽蒸时易受还原性气体的作用而分解，使色泽变暗。可在色浆中加入中性重铬酸钠等氧化剂来抵消此还原作用。

2. 快胺素和中性素染料

快胺素和中性素染料的学名为重氮胺酚染料，俗称快蒸染料。它是由打底剂色酚和色基的重氮氨基化合物或重氮亚氨基化合物所组成的混合物，一般情况下两者不发生偶合作用，但在有机酸作用或汽蒸条件下，重氮氨基化合物（或重氮亚氨基化合物）会立即发生水解形成色基的重氮化合物，从而与打底剂色酚偶合而显色。

重氮氨基化合物是色基的重氮化合物在一定的pH值下和适当的胺类化合物（稳定剂）反应得到的。稳定剂分子上必须含有水溶性基团，如磺酸基、羧基或磺酰胺等，从而使制得的色基重氮氨基化合物可溶于水，适用于制备重氮氨基化合物的色基，其重氮化合物在pH值较高时应不会生成反式重氮盐，以有利于与稳定剂作用生成重氮氨基化合物。

快胺素和中性素的主要区别是其重氮氨基化合物的水解性能不一样，重氮氨基化合物在酸性条件下，水解而成重氮化合物和原来的稳定剂。反应中酸是水解的催化剂。快胺素染料中重氮氨基化合物的稳定性高，必须在足量酸的情况下才能水解；而中性素染料中重氮氨基化合物容易水解，不需要酸处理，只要高温汽蒸就能水解。因此快胺素染料是酸显色，中性素染料是汽蒸显色。当染料商品名称中含有"N"，即为中性素染料，如中性素红N-R。同一种色基使用不同的稳定剂，同一种稳定剂使用不同的显色基，都可制成快胺素染料或中性素染料，重要的是配备正性基或负性基相适应的色基和稳定剂。

重氮氨基化合物可溶于水中，在碱性条件下比较稳定，不会与打底剂发生偶合，而在酸性和高温条件下会水解生成重氮化合物而与打底剂偶合。一般情况下，重氮氨基化合物的耐热、耐还原性比反式重氮化合物好，不会因空气中的二氧化碳等酸气发生作用而影响发色，因此在色浆中可不加中性红矾液，但色基红B、红RL等制成的重氮氨基化合物耐还原性较差，印花浆中需加少量的中性红矾液或防染盐S。

3. 快磺素染料

快磺素染料学名重氮磺酚染料，是色酚和重氮磺酸盐的混合物，在利用某些色基重氮盐经亚硫酸钠处理后，能转化成暂时稳定的重氮磺酸盐，暂时失去偶合能力。当与色酚混合制成快磺素染料或印花色浆，印花烘干后，在中性汽蒸的条件下使重氮磺酸转化为重氮盐而与色酚偶合显色。

目前最常用的是快磺素黑，简称拉黑或拉元。它是由凡拉明蓝VB色盐与亚硫酸钠作用而成的重氮磺酸钠（俗称反式重氮磺酸盐）与打底剂混合而成的。凡拉明蓝VB色盐与色酚AS-OL偶合得深藏青色，与色酚AS-G偶合得到棕色，两者拼混可获得在中性汽蒸发色的黑色。但色酚AS-OL和色酚AS-G均为禁用染料，现通常采用色酚AS-SG和色酚AS-SR中的一种与红色基B的重氮盐偶合而得到坚牢的黑色。

凡拉明重氮磺酸盐能溶于水，在碱性情况下稳定，遇光、热就分解生成重氮亚硫酸盐，进一步水解而成色盐与打底剂偶合显色。重氮磺酸盐应呈酱黄色，遇光后它由浅黄变草绿再变黑色时即告失效，所以应该存放在低温不能见光的地方。重氮磺酸盐遇氧化剂能氧化成重氮硫酸盐，重氮硫酸盐也不稳定，能与打底剂偶合。所以在色浆中加入氧化剂有促进染料发色的作用，通常工厂在印花色浆临用前加入中性红矾液以加快偶合发色速度。

三、稳定不溶性偶氮染料直接印花工艺

(一) 快色素染料直接印花工艺

1. 色浆配方

(1) 印花色浆配方

快色素染料/g	50～100	淀粉糊或淀粉龙胶糊/g	250～300
98%酒精/mL	30～50	15%中性红矾液/g	25～50
35%NaOH/mL	10～20	加水合成总量/g	1000

(2) 15%中性红矾液配方

重铬酸钠/g	150	加水合成总量/g	1000
30%NaOH/g	143		

2. 印花色浆调制

先将快色素用酒精和少量水调成浆状，在搅拌下加入氢氧化钠，使之充分溶解成澄清溶液，再用水冲稀，过滤到原糊中搅匀，在临用前加入已溶解的中性红矾液。

3. 印花色浆中主要用剂的作用

(1) 酒精 酒精的作用是帮助染料溶解，因为染料中的色酚加入酒精以后才可以不用加热即可溶解（冷溶法）。对某些难溶的染料可加入尿素或硫代双乙醇助溶。

(2) 烧碱 烧碱的作用有两个，一是溶解染料组成中的色酚，使色酚生成钠盐而溶于水；二是提供反式重氮酸钠稳定所需的碱度。烧碱用量必须适当控制，如用量过多，色浆的稳定性好，但会造成发色困难，而且易使色泽萎暗。

(3) 中性红矾液 中性红矾液是一种弱氧化剂，它的加入增加了染料对汽蒸的抵抗性，防止汽蒸时因碱性糊料的还原作用而使反式重氮化合物或已经偶合好的染料破坏。

(4) 原糊 原糊以中性淀粉糊和龙胶糊为宜。海藻酸钠糊也可用，但溶解染料时不能用酒精而宜用甘油、古立辛A或尿素，为防止海藻酸钠遇碱凝冻，可加入三乙醇胺。

4. 工艺流程

白布→印花→烘干→显色(汽蒸)→冷水洗→热水洗→皂洗→热水洗→烘干

工艺说明如下。

(1) 印花 印花色浆中不能含有任何还原性物质，否则导致色泽变暗。色浆如有泡沫产生，可以加消泡剂如松节油、异丙醇、消泡剂Ⅰ等。染料及其色浆在空气、阳光作用下易分解发色，因此在存放时应密封、避光、防热，色浆要现配现用。色浆在未显色加工前，颜色很浅，为了对花方便，可在印花色浆中加入少量着色剂。

(2) 显色 织物印花烘干后，可以用多种方法进行显色，常用的有透风酸显色法、汽蒸轧酸法、酸蒸法、烘筒显色法。

① 透风酸显色法 适用于小批量手工印花品种。容易显色的快色素染料，在印花后经悬挂在空气中一昼夜或一昼夜以上，借助空气二氧化碳等酸性物质的作用，再加日光的照射就能充分显色。如发色不良，可后轧酸浴显色。酸液可用98%冰醋酸25mL或85%蚁酸15mL、无水硫酸钠50g加水合成为1L总液，无水硫酸钠的加入可防止轧酸时染料的溶落，采用一浸一轧方式在温度为70～80℃条件下轧酸。

② 汽蒸轧酸法 织物印花并烘干后，在100℃条件下汽蒸1～3min，使染料充分渗透，

然后再轧酸,酸液可用98%醋酸15mL、无水硫酸钠50g加水合成1L总液,采用一浸一轧或面轧方式在温度为70~80℃条件下轧酸。汽蒸的目的只是帮助扩散而不是偶合显色,因此汽蒸时间不宜太长。

③ 酸蒸法　印花烘干后的织物进入不锈钢蒸化机中,蒸化机用蒸汽喷嘴吹喷醋酸或蚁酸等酸性蒸汽,在100℃下汽蒸3~5min,染料一边受汽蒸作用产生扩散渗透,一边受酸气作用进行发色,从而获得良好的显色效果,所用的酸必须是挥发性有机酸,沸点太高的乳酸、柠檬酸、酒石酸不适用。此方法虽好,但因设备要求高,所以使用不普遍。

④ 烘筒显色法　印花后的织物不经汽蒸而是直接在室温下一浸一轧或面轧酸液,酸液可用98%醋酸15mL或85%蚁酸30mL、无水硫酸钠20g加水合成为1L总液,轧酸后立即用烘筒烘干,轧槽和烘筒的距离宜短,前4排烘筒包布,温度先低后高,以利于染料的扩散渗透及偶合显色。在烘干时醋酸和蚁酸均可从布上挥发,织物的强力可得以保证。此法最适宜于商品名字尾不带"H"的不耐汽蒸的快色素染料。

(3) 后处理　显色后的织物,必须用冷水充分冲洗及热水洗涤,使未偶合部分充分去除,然后进行皂洗处理。

(二) 快胺素染料印花

1. 色浆配方

快胺素染料/g	40~80	30%NaOH/mL	20~30
酒精/g	30	中性淀粉浆/g	300~500
助溶剂(尿素、古来辛A)/g	30~50	加水合成总量/g	1000

2. 色浆调制

将染料用酒精和少量温水调成浆状。再加入烧碱,搅拌使之溶解,而后将染料溶液逐渐加入到中性淀粉原糊中,搅拌均匀,即成印花浆。

3. 快胺素染料印花工艺流程

白布→印花→烘干→显色→冷水洗→热水洗→皂洗→热水洗→烘干

工艺说明如下。

(1) 印花　印花色浆中烧碱用量要严格控制,用量过多使糊料的润滑性能下降,易产生拖刀等疵病。很多快胺素染料对还原染料印浆中的雕白粉在汽蒸时所分解出来的甲醛极敏感,因此不宜与还原染料共同印花。在湿法显色时会有染料溶落和沾污白地的疵病。

(2) 显色　显色方法有轧酸显色法、汽蒸轧酸法、酸蒸法、烘筒显色法及中性汽蒸显色法五种,前四种与快色素染料显色方法相同。中性汽蒸显色法是在快胺素色浆中不加碱剂,利用能溶解色酚又能在中性汽蒸条件下释放出有机酸的特殊溶剂,使快胺素在色浆中能溶解而不失其稳定性,中性汽蒸时又能使快胺素迅速偶合显色,常用的有显色剂D(酒石酸二乙酯),它在汽蒸时水解成酒石酸而使染料发色,及显色剂N(二乙基乙醇胺),它是一碱性化合物,放在色浆中可以代替烧碱溶解打底剂,印花汽蒸时挥发,重氮氨基化合物即分解而与打底剂偶合显色。

(三) 中性素染料印花

1. 色浆配方

中性素染料/g	60	淀粉湖/g	300～500
30%NaOH/mL	10～15	加水合成总量/g	1000
酒精或尿素/g	50		

2. 色浆调制

染料先用冷水、酒精或尿素调成糊状，在搅拌下加入氢氧化钠，使其充分溶解成澄清溶液，过滤入糊料中，搅拌均匀。

3. 中性素染料印花工艺流程

白布→印花→烘干→汽蒸→冷水洗→热水洗→皂洗→热水洗→烘干

工艺说明如下。

（1）印花　中性素染料的贮存稳定性较快胺素染料差，应防止暴晒、受热及久贮，印花色浆必须放在阴凉处，不能受阳光照射和酸气的影响。烧碱的用量应比快胺素少，用量较多会阻止染料在中性汽蒸时发色而降低给色量。中性素的耐还原性较好，可与还原染料同印。快色素、快胺素、中性素染料在拼色时常有染料分子中的色酚和色基发生交叉偶合使拼色失败。

（2）显色　一般经中性汽蒸5min即可显色。

（四）快磺素染料印花

1. 快磺素黑印花色浆配方

蓝重氮磺酸盐/g	200～240	三乙醇胺/mL	5～10
色酚AS-OL/g	25～30	海藻酸钠糊/g	300～500
色酚AS-G/g	3～4	15%中性红矾液（临用前加）/g	50～60
30%氢氧化钠/mL	25～30	加水合成总量/g	1000

2. 色浆调制

将色酚AS-OL、色酚AS-G事先溶解成储备液，以便溶液充分冷却。溶解色酚时，氢氧化钠用量要加以控制，以免量多后影响发色。将蓝重氮磺酸盐在搅拌情况下加到已加入三乙醇胺的海藻酸钠糊中，使之充分扩散均匀。在临用前加入中性红矾液过滤备用。

3. 快磺素染料印花工艺流程

白布→印花→汽蒸→水洗→皂洗→烘干

工艺说明如下。

（1）印花　重氮磺酸盐的用量根据颜色的深浅来决定。印花原糊一般用碱化淀粉浆（不必加三乙醇胺），如印制大面积的花型以海藻酸钠糊为好（加三乙醇胺防海藻酸钠糊遇强碱凝聚）。印花色浆要避光，保持低温，避免过早变黑影响牢度，必要时加冰或在浆桶中加入塑料薄膜冰袋，使色浆保持在20℃以下。

（2）汽蒸　印花烘干后在102℃汽蒸5～7min。蒸箱湿度要大，湿度大时，汽蒸2～3min即可发色，湿度不足，汽蒸5min也不能充分发色。印浆宜厚，为保证印浆在汽蒸时吸湿，印浆中可加入吸湿剂，如甘油和尿素的混合物（用量各为2.5%）

（3）后处理　后处理水皂洗时，要先用大量水冲洗，然后再进行皂洗，在皂洗液中加入烧碱有利于净洗。

快磺素染料是目前印花中应用较广的染料之一，常用来印制黑色花纹，常与活性染料共同印花，俗称"拉活工艺"。

第六节　酞菁染料直接印花

酞菁染料是指分子中含有酞菁结构，是由四个异吲哚啉单体缩合而成的环状化合物，可在织物上形成的染料。目前除酞菁艳蓝 IF3G 在染色上应用外，其他染料都是印花专用染料，根据在织物上形成途径可分为两类，第一是用中间体在织物上合成酞菁染料，第二是将酞菁染料制成暂溶性的染料。

一、酞菁染料印花的特点

酞菁染料在织物上缩合并与含铜化合物络合形成极为纯正的艳蓝色泽，具有很好的色牢度，尤其是耐光、耐气候牢度为现在常用染料中罕有的。但它色谱不齐，通常与铜离子络合成为艳蓝色、与镍离子络合成为雀绿色、与钴离子络合成深蓝色。酞菁染料具有很高的日晒牢度和耐酸、耐碱、耐热性能，不溶于水及大部分的有机溶剂，因而不能作为染料直接印染于织物上。

二、印花用酞菁染料的选择

1. 中间体合成的酞菁染料

中间体合成的酞菁染料印花是酞菁中间体（异吲哚啉或异氮茚单体）与适当铜络合物，在有机溶剂中溶解后进行印花，再经高温处理，在织物上起缩合反应，生成铜酞菁色淀，其代表为酞菁艳蓝 IF3G、艳蓝 IF3GM、艳绿 IFFB 和艳绿 IF2B 等。

2. 暂溶性的脱氢酞菁染料

暂溶性的脱氢酞菁染料是脱氢酞菁和适当的配位体合成的，在垂直于酞菁环平面上有两个配位体的染料。不溶于水而能溶于有机溶剂，在还原剂如大苏打存在下受热，能脱去两个配位体而成金属酞菁染料。色牢度很好，但由于染料的相对分子质量大，扩散性能差，因此摩擦牢度较差，且不适用于黏胶纤维织物。属于这类染料的有艳蓝 IF3GK、翠蓝 IFBK、蓝 IB 和蓝 IBN 等。

3. 暂溶性镓盐酞菁染料

将不溶性酞菁染料通过化学反应制成暂溶性镓盐染料，为了补充色谱的不足，同时还生成偶氮结构的镓盐染料，统称为爱尔新染料。它们属于阳离子型，是印花的专用染料。印花后通过适当处理使暂溶性基团脱落而恢复成不溶性染料固着在织物上。

暂溶性镓盐染料色浆稳定性好，室温下可长时间放置，印花色泽鲜艳，各项牢度较好，织物印花后长期搁置不会变色，对汽蒸时间长短适应性强，可与不溶性偶氮染料共同印花或同浆印花，但印后一般要经汽蒸固色处理，否则固色率和染色牢度均较差，染料相对分子质量大、扩散系数小、耐搓洗牢度较差。爱尔新染料可与色基同浆印花，但所选用的色基必须能耐汽蒸，即不含有硝基，否则会因原糊在汽蒸时具有的还原性而使其色泽变得萎暗。

爱尔新染料可溶于水，在水中电离成阳电荷发色团，可与阳电荷色基拼用，遇阴电荷染料或带有阴电荷助剂、糊料会产生沉淀，因此原糊不能选用海藻酸钠和羧甲基纤维素而应选用淀粉或合成龙胶。在强酸、高温或碱性介质中会发生分解使暂溶性基团脱落从而使染料析出，染料中的水溶性基团不耐氧化剂和还原剂的作用，因而色浆中不能加入氧化剂和还原剂，同时应保持低温和弱酸性。调浆时使用有机酸（如醋酸、蚁酸、乳酸）来助溶，无机酸能使染料沉淀，故不能使用。染料的固色速率与色浆中加入的pH缓冲液和使用的有机酸有关，使用挥发性有机酸（如醋酸）可以大大加速汽蒸时的固色速率，但固色速率过快也会造成大量浮色而导致摩擦牢度下降。

三、酞菁染料直接印花工艺

（一）酞菁中间体直接印花工艺

1. 印花色浆配方（以酞菁艳蓝 IF3G 为例）

印花色浆制备时按中间体不同可分为硝酸盐和游离碱两种印花法。

	游离碱印花法	硝酸盐印花法
（1）甲液：酞菁艳蓝 IF3G/g	（游离碱）40～60	（硝酸盐）40～60
酞菁溶剂 I(1:1)/g	200～300	200～300
氨水(25%)/g	200～300	—
烧碱(40°Bé)/g	—	12～17
加冰水合成总量/g	1000	1000
（2）乙液：酞酞罗根 K/g	10～16	10～16
氨水(25%)/g	12.5～20	12.5～20
加冰水合成总量/g	1000	1000
（3）丙液：冰醋酸/g	12	12
氨水(25%)/g	30	30
加冰水合成总量/g	1000	1000
（4）丁液：羟乙基皂荚糊/g	400～500	—
原糊/g	—	400～500
加水合成总量/g	1000	1000

2. 色浆调制

调浆时，先按顺序调制好甲、乙、丙、丁四液，然后将甲、乙、丙液分别加入丁液中，搅匀后使用。为减少中间体的水解，稀释时应用冰水。为保持色浆稳定性，色浆pH值应控制在9～10。硝酸盐法时应先将艳蓝 IF3G（硝酸盐）与酞菁溶剂 I（1：1 溶液）调匀，然后加入烧碱溶液、冰水，不断搅拌至均匀。

酞酞罗根 K 是用来供给不含金属的酞菁染料（如酞菁艳蓝 IF3G）在生成酞菁蓝所需要的铜离子，即金属络合剂。

印花原糊应选择羟乙基皂荚胶、醚化淀粉和龙胶等与助溶剂、金属络合剂相容性好的原糊，不能用海藻酸钠。

3. 工艺流程

白布→印花→烘干→复烘→固色→酸洗→水洗→皂洗→水洗→烘干

工艺说明如下。

（1）印花 酞菁染料中间体色浆很不稳定，应保持低温。配制色浆不能用金属容器，否则会影响中间体的络合。练漂半制品布面的 pH 值要保持中性，不能带碱性（可在印花前进行一次酸洗）。

（2）烘干 烘干有两个作用，一是使水分蒸发，二是使酞菁素单体初步缩合并扩散进入纤维内部，烘干是能否获得浓艳纯蓝色的关键。烘干时使水分蒸发越快越好，以使织物上的印花色浆在达到温度很高时已无水分存在，而不致发生水解，最好采用远红外烘干使布心烘透，加快水分蒸发。

（3）复烘　不管用何种形式烘干，烘干时染料水解是不可避免的。提高烘干温度进行复烘，可促使酞菁艳蓝单体进一步缩合发色，提高给色量。

（4）固色　酞菁艳蓝单体的缩合、环化、络合必须借汽蒸的热量，在有机溶剂的存在下进行。通常在102～105℃蒸箱中汽蒸7～8min，使染料缩合和渗透。

（5）酸洗　酸洗的目的是洗除缩合、络合反应中的副产物。由于不稳定的副产物存在，汽蒸后的印花织物色泽往往不够鲜艳，一般呈蓝绿色，通常用80～90℃、98%的热浓硫酸20～25mL/L进行酸洗。酸洗前，织物浸轧2～3g/L亚硝酸钠，更有利于未缩合和缩合的副产物洗尽，而使色泽更鲜艳、纯正。切忌用盐酸酸洗，以免造成有毒的芥子气。

（6）皂洗　酸洗后，经充分水洗，即可进行皂洗，皂洗液用肥皂（或净洗剂）3～5g，碳酸钠2～3g，加水合成1kg总量，在温度90℃以上充分皂洗。所得的酞菁艳蓝色泽应是带红光的纯艳蓝色。

（二）暂溶性的脱氢酞菁染料

1. 印花色浆配方（以酞菁艳蓝IF3CK为例）

酞菁艳蓝IF3CK/g	10～30	三乙醇胺/g	50
来伐素ND/g	200～300	大苏打/g	10～20
硫二甘醇/g	200	加水合成总量/g	1000
中性淀粉龙胶糊(1:2)/g	400～500		

2. 色浆调制

先把原糊与三乙醇胺调匀，再加入预先用水溶解好的大苏打溶液，染料先溶解于来伐素ND中后加入硫二甘醇，调匀后加入到上述原糊中。来伐素ND具有毒性，不能与皮肤直接接触。硫二甘醇用作吸湿助溶剂。

3. 工艺流程

白布→印花→烘干→汽蒸→水洗→皂洗→烘干

工艺说明如下。

（1）印花　染料没有水解、胺解和醛解的缺点，色浆比较稳定，调浆也方便，可以与还原染料共同印花，也可以与色基印花浆共同印花于色酚打底织物上，但不能进行防染印花。可以不经汽蒸，印花后用还原剂处理便能固着。

（2）汽蒸、后处理　经印花烘干后，在102℃蒸化机中汽蒸7～8min，再水洗、皂洗和水洗。

（三）暂溶性䎃盐酞菁染料

印花方法最常用的是醋酸-尿素法和醋酸-醋酸钠法。

1. 印花色浆配方

	醋酸-尿素法	醋酸-醋酸钠法
爱尔新艳蓝8GX/g	5～30	5～30
尿素/g	75	—
98%醋酸/g	50	50

醋酸钠/g	—	30～50
小麦淀粉糊/g	400～500	400～500
加水合成总量/g	1000	1000

2. 色浆调制

调浆时先把醋酸用水稀释。染料用温水和尿素调成浆状，加入稀释后的醋酸，将染料溶解后搅入原糊中，最后加入已用水溶解好的醋酸钠溶液。

3. 工艺流程

白布→印花→烘干→中性汽蒸→固色处理→水洗→皂洗→烘干

工艺说明如下。

（1）印花　调浆时使用的醋酸、乳酸等有机酸都必须冲淡后再加入染料中，否则会使染料结块。如果已经结块，可加水搅拌，使之逐渐溶化。使用醋酸-醋酸钠法时因醋酸容易挥发而造成渗化，同时因染料固着速度过快，摩擦牢度和给色量较差。

（2）汽蒸　织物印花烘干后，在102～103℃的蒸化机中汽蒸5～10min，汽蒸时染料渗透入纤维内，同时醋酸挥发，使染料脱去水溶性基团而固着。汽蒸时间随染料的固色速率而不同。

（3）固色　汽蒸后还有小部分未固色的染料（在平洗时溶落而沾污白地），需再用红矾或萘磺酸盐进行固色处理，它们的作用是与染料结合成暂时不溶性的沉淀，最后在皂洗时生成母体染料而固着在纤维上。固色液由红矾1～4g/L、醋酸1～2mL/L组成。

（4）专用显色剂　爱尔新染料还有专用的显色剂，如显色剂X，使用时不需另加有机酸、助溶剂和缓冲剂等。

第七节　硫化、硫化缩聚染料直接印花

硫化染料是以芳烃的胺类或酚类化合物为原料，经过与多硫化钠或硫磺焙融而得的一类含硫染料，染色过程中需用硫化碱还原生成隐色体而溶解，硫化染料隐色体对纤维素纤维有亲和力，上染纤维后，经氧化在织物上重新生成不溶性的硫化染料而固色。

硫化缩聚染料（简称缩聚染料）是1962年开始生产的一类染料，是在酞菁和偶氮结构的染料分子中引入两个以上硫代硫酸基，使染料具有水溶性，印着后在一定条件下水溶性基团和发色基团分裂，染料分子之间发生缩聚反应，脱掉水溶性基团，生成不溶性的染料大分子沉积在纤维中。

一、硫化、硫化缩聚染料印花的特点

硫化染料制造简便，价格低廉，皂洗牢度较高，染料在纤维素纤维上的日晒牢度随品种而异，常用的硫化黑日晒牢度可达6～7级，硫化蓝达5～6级。但硫化染料色谱不齐全，大多是蓝、黄、黑、棕色，色泽萎暗，尤其缺少鲜艳的红、紫色，故一般只用于染制深浓色。常用的品种是黑色和蓝色。还原时若用硫化钠为还原剂，对铜有腐蚀作用，适宜用于滚筒印花。硫化还原染料中的印特黑染料品质较好，可与还原染料在纤维素纤维织物上共同印花，可得到牢度优良的黑色。

硫化缩聚染料染色时染料利用率高，湿处理牢度较好。因染料分子较大，扩散性差，故匀染效果差，摩擦牢度也差。缩聚染料应用较广，既能染棉、毛、丝、麻、黏胶等天然纤维及再生纤维，也能染锦纶、涤纶、维纶等合成纤维。染料品种不多，色谱不全，目前生产中主要应用的有缩聚翠蓝、艳绿、艳黄等少数几个品种，缺少优良的红、紫等色，主要用于棉纤维。

二、硫化、硫化缩聚染料直接印花工艺

（一）硫化还原染料直接印花工艺

1. 印花色浆配方

印特黑 CLN/g	x	纯碱/g	40
海昌蓝 RX/g	20	烧碱(40°Bé)/g	100
黄糊精糊/g	300	葡萄糖/g	160
硫脲/g	50	保险粉/g	8
甘油/g	50	小苏打/g	50
分散剂 N/g	20	加水合成/g	1000
溶解盐 B/g	30		

2. 色浆调制

将染料与甘油、分散剂等混合后加入研磨机内，并加入已搅拌均匀的纯碱和溶解盐 B 糊状液，一起研磨到染料颗粒粒径小于 $5\mu m$ 以下。把研磨后的染料与原糊混合并搅拌均匀，再加入硫脲，在 1h 内滴加完烧碱液并继续搅拌 0.5h。然后加入用水调成糊状的一半葡萄糖，升温到 80℃，恒温 90min，再冷却到 60℃后加保险粉还原 30min，撒入小苏打使 pH 值下降，冷却到室温后，加另一半葡萄糖。

3. 工艺流程

白布→印花→烘干→还原→蒸化→氧化→水洗→皂煮→水洗→烘干

工艺说明：

（1）滚筒印花时，花筒必须镀铬，以免铜被硫所腐蚀，并可酌加亚硫酸钠；

（2）其余工艺过程与还原染料相似。

（二）硫化缩聚染料直接印花工艺

1. 印花色浆配方

缩聚染料/g	x	或三氯醋酸钠/g	40~80
尿素/g	50~100	海藻酸钠糊/g	400~500
硫脲/g	(2+染料量×0.5)×10	加水合成总量/g	1000
小苏打/g	10~15		

2. 色浆调制

调浆时，将溶解好的尿素溶液倒入染料中调匀，使染料溶解，然后加入到原糊中，搅匀后再加入硫脲，最后加入溶解好的碱剂。适用的原糊有海藻酸钠糊和羟乙基皂荚胶糊等，可根据共印染料的需要选用。

3. 工艺流程

白布→印花→烘干→蒸化→水洗→皂煮→水洗→烘干

工艺说明如下。

(1) 印花　硫化缩聚染料印花色浆的储存稳定性大小与印花色浆的组成有关。印浆中含有纯碱、硫脲，在高温时染料会分解，稳定性较差；但若用小苏打作为碱剂，温度低时，色浆的稳定性较好。印花浆中有时可加入1%的防染盐S，以抵抗汽蒸时原糊的还原性。硫脲是缩聚染料的弱固色剂，最低用量不少于2%。硫化缩聚染料还可与活性染料共同印花，也可以同浆印花，但铜络合活性染料不能使用，否则它会与硫形成黑色硫化铜沉淀。

(2) 蒸化　固色采用蒸化法，也可采用焙烘法。蒸化温度102～104℃，时间6～7min；焙烘温度120～130℃，时间4～5min。

思考与练习

1. 什么是活性染料印花最合适的原糊？为什么？
2. 写出活性染料一相法的工艺流程，分析色浆配方中各用剂的作用。
3. 比较活性染料一相法印花与两相法印花色浆组成的不同，分析各自的特点。
4. KN型活性染料高温焙烘时，色浆中为什么不能加尿素？
5. 还原染料直接印花的方法有哪几种？各有什么特点？
6. 可溶性还原染料直接印花方法有哪些？写出常用方法的工艺流程、色浆组成、用剂作用。
7. 不溶性偶氮染料直接印花的方法通常有哪几种？分析其特点。
8. 不溶性偶氮染料直接印花对打底剂有何要求，为什么？
9. 不溶性偶氮染料直接印花时，为什么说色酚的实际用量往往要超过色基偶合需要量？
10. 写出色基（色盐）印花法的色浆组成、助剂作用、工艺流程、工艺要求。
11. 色酚打底后，为何应及时印花？或用布包好，并不宜久放？
12. 什么是稳定不溶性偶氮染料？稳定不溶性偶氮染料直接印花与不溶性偶氮染料印花相比有何优点？
13. 写出快色素染料直接印花工艺流程、色浆组成、色浆中用剂的作用。
14. 快色素染料直接印花的显色方法有哪些？
15. 写出快胺素和中性素染料直接印花的工艺流程和显色方法。
16. 写出快磺素黑印花的色浆组成、工艺流程、工艺条件。
17. 印花用酞菁染料有哪几种，各有什么特点？
18. 分析暂溶性（酞菁）染料的糊料选择、色浆组成、调浆方法、固色条件。
19. 简述硫化、硫化缩聚染料的工艺流程。
20. 实训题：棉织物直接印花

(1) 目的　掌握棉织物活性染料直接印花法；了解印花工艺条件与印花颜色的关系。

(2) 实训材料、药品及仪器　材料是棉布丝光漂白半制品五块。药品为活性翠蓝KGL、5%海藻酸钠糊、尿素、防染盐S、碳酸氢钠、碳酸钠、醋酸、皂洗液。仪器为烧杯、量筒、电子天平、印花网版、橡胶刮刀、橡胶垫板、汽蒸箱、烘箱。

(3) 实训内容　改变尿素、碱剂及汽蒸时间，用不同配方比较活性染料印花颜色的深度。

第十章 纤维素纤维（纯棉）织物防拔染印花

第一节 棉织物拔染印花

拔染印花是在已经染有地色的织物上用拔染浆进行印花，使花型部位的地色染料被破坏、消色，产生白色或其他色泽花纹图案的印花工艺。使花型部位地色消除形成色地白花称拔白。如在拔染浆中加入能耐拔染剂的染料，则在消色的部位又印上其他色泽，这种获得各种彩色花纹图案的拔染印花称为色拔。拔染浆中用来破坏地色染料使之消色的化学药剂称为拔染剂，用来着色的染料称为着色剂。

拔染印花工艺复杂，操作要求高，印花时印花疵病相对不容易检查，成本也较高，但它地色丰满、花纹精细、轮廓清晰，其印制效果优良，目前常作为高档织物的印花工艺。

一、拔染原理及常用地色

1. 拔染原理

拔染印花的原理是利用拔染剂，通过化学作用破坏织物上地色染料的发色基团，使之消色，再将被破坏的地色染料分解产物从织物上除去，使其不留色迹；或在破坏地色染料的同时，用另一种染料着色，印制出有色花纹。

地色染料的被拔染性能，随染料结构不同而异，主要决定于染料结构上的偶氮基是否易被还原剂分解消色，以及染料被破坏后的氨基化合物是否易从纤维上洗除。如分解产物与纤维的亲和力大则不易从纤维上洗除，重新沾污织物后经氧化作用泛黄，难以得到洁白的地色，影响拔白效果及着色染料的色泽。

若还原分解产生的两个氨基化合物是无色的或虽有色但都具有可洗性，这样的地色就可用还原剂作为拔染剂进行拔染印花。

2. 常用地色

作为拔染印花的地色染料主要有不溶性偶氮染料、直接染料（或铜盐直接染料）、活性染料、还原染料（主要为靛系还原染料）等。前三种特别是不溶性偶氮染料最为常用。用不溶性偶氮染料染得的大红、玫红、酱紫、深蓝、咖啡等地色花布，色泽浓艳，成本低廉，并且大多数容易拔染。但近几年来，由于不溶性偶氮染料、直接染料（或铜盐直接染料）的偶氮组分部分涉及环保禁用之列，因此，已经很少采用。活性染料地色拔染工艺被日益重视。

二、常用的拔染用剂

（一）拔染剂

1. 雕白粉（R/C）

雕白粉学名羟甲基亚磺酸钠，又名甲醛次硫酸氢钠。一般为小块白色半透明晶体（俗称雕白块），正常情况下无臭味，但变质后有大蒜臭味。

雕白粉在常温下稳定，60℃开始分解，随温度提高稳定性下降分解加快，且不同条件下雕白粉的分解产物各不相同，分解后有酸性物质产生，若不另加碱剂，则雕白粉受热分解更剧。当100℃汽蒸时，雕白粉分解产生强还原性 $SO_2 \cdot$ 自由基和释出电子足以使绝大多数的还原染料还原成隐色体，同时可以使地色染料中的某些基团如偶氮基、硝基等被还原破坏，使地色染料成为无色物，或虽有色但能溶于水或其他溶剂中，在碱性溶液中被洗除，从而达到拔染的目的。

雕白粉的分解还受 pH 值、色浆中其他成分以及空气中氧的影响，特别是在潮湿空气中受氧影响极易分解，故应尽量阻止雕白粉与潮湿空气接触，减少汽蒸前分解。

2. 德科林

德科林又称甲醛次硫酸锌盐，与雕白粉性质相同，具有还原性，是一种白色小块颗粒，易溶于水，水溶液呈弱酸性，因此更能在酸性介质中应用。可用于棉、毛、丝、毛皮拔色，以及涂料拔色印花等染料的还原和拔染。常用地色染料主要有着色拔染时的酸性、中性、部分直接、阳离子染料以及底色能被氯化亚锡拔白的染料。具有染料应用范围广、色泽鲜艳光亮、蒸汽处理时间短、褪色性好、操作简单等优点。

3. 氯化亚锡

氯化亚锡是最早应用的还原性拔染剂之一，它的拔染作用不及次硫酸盐，常温下不易受空气氧化，它在湿热条件下具有还原作用。还原能力随温度升高而增大，但比雕白粉等低，属中等强度的还原剂。

氯化亚锡可溶于水，在水溶液中易水解生成盐酸和氢氧化亚锡，酸对其还原反应有催化作用，但高温时在盐酸的存在下氯化亚锡易使纤维素纤维脆损和泛黄而产生"锡蚀"现象，同时也会侵蚀设备，因此要在色浆中添加尿素等吸酸剂以减少盐酸的侵蚀。氯化亚锡主要用于合纤和蛋白质纤维的拔染印花。

4. 二氧化硫脲

二氧化硫脲在水中溶解较小，水溶液呈酸性，常温下比较稳定，在碱作用下或汽蒸中受热分解产生次硫酸而具有还原作用，拔染性能良好，可避免因渗化而造成的"白圈"现象。

（二）助拔剂

1. 蒽醌

蒽醌（A/Q）为黄色粉末，不溶于水，使用时常对蒽醌进行颗粒微粒化，使其具有较大的接触面积。经颗粒微粒化的蒽醌有导氢作用，是拔染催化剂，能加快雕白粉对地色染料的破坏。汽蒸时，蒽醌首先受雕白粉的作用还原成氢蒽醌，氢蒽醌具有一定的还原能力，使地色染料被还原破坏，同时自身被氧化恢复成蒽醌，如此反应循环加快了地色染料还原的速率，直到染料被充分还原破坏，增加了拔白的程度，同时在汽蒸条件有波动时，蒽醌的存在有助于拔白效果的稳定，但所用的蒽醌必须在后处理水洗中洗除干净，否则白度反而不稳定。

2. 咬白剂

对于某些特别难拔的地色，可在色浆中加入咬白剂助拔。常用的有咬白剂 W 和咬白剂 O 等，应用较为普遍的是咬白剂 W，它的学名为苯基二甲基对磺酸钙苄基氯化铵，它在汽蒸时可分解出对磺酸钙氯化苄，使偶氮基分解物苄化而成水溶性或碱溶性的化合物，可在碱液、皂液、水玻璃溶液中被充分洗除，极大提高了拔染后的花纹白度或色拔后的色泽鲜艳度。但还原染料中的靛类还原染料也会被苄化变性，因此如溴靛蓝 2B 等的色拔印花的拔染浆中不宜加咬白剂。

3. 碱剂

在棉织物的拔染印花中，碱剂对雕白粉的拔染效果起重要作用。第一，用雕白粉作拔染剂的拔染印花中游离基对地色偶氮基的裂解需在碱性溶液中进行，地色破坏后的分解产物在碱剂中易洗除；第二，雕白粉受热分解后生成的酸性物质要用碱中和，以利于反应进行，并防止酸对织物的脆损；第三，着色拔染时还原染料不溶于水，需在碱性介质中被强还原剂还原成隐色体后才具有水溶性并上染纤维。

拔染色浆中一般均加入碱剂。碱剂根据着色还原染料还原的难易，隐色体溶解度的大小和颗粒粗细等因素来选择，常用的碱剂有烧碱、纯碱、碳酸钾、小苏打等。拔白浆以氢氧化钠或烧碱作碱剂，还原染料着色拔染以碳酸钾或碳酸钠作碱剂，而涂料着色拔染则以中性拔染为宜。操作时也有使用混合碱（烧碱和碳酸钾的混合物）。

烧碱适用于靛蓝及还原速率较慢、颗粒粗的还原染料着色印花，如凡拉明蓝地色用烧碱作碱剂时拔染效果较好；在含有较多烧碱时，增加汽蒸时间可提高给色量；预还原法时使用烧碱浆可提高还原染料在汽蒸时的还原速度。但烧碱的存在使色浆中雕白粉稳定性降低，因而色浆不宜久存。纯碱适用于大多数还原染料，作碱剂在汽蒸时湿度要大，以保证雕白粉的充分分解，有利于还原染料上染固着。

碳酸钾在汽蒸时能保持润湿状态，有利于纤维膨化和染料的渗透，使花色鲜艳丰满并能提高给色量。

4. 润湿剂与渗透剂

为了使拔白浆渗透到织物内部以防止"露地"，使色拔中的着色染料掩盖不完全的拔染，可使用在汽蒸时有助于织物渗透的助剂。常用的助剂有甘油、尿素、聚乙二醇及古来辛 A 等，用量根据汽蒸条件确定，但不能过多，否则易产生渗化现象，使拔白花纹边缘不清，色拔花纹外形成白色晕圈。

三、活性染料地色拔染印花工艺

1. 还原剂拔染法色浆配方

（1）拔白浆配方

雕白粉/g	150～200
溶解盐 B/g	30
增白剂 BSL/g	5
助拔剂/g	0～100
氢氧化钠/g	（强碱性时）150～200　　（弱碱性时）50
醚化淀粉糊或醚化植物胶糊/g	400～600
加水合成总量/g	1000

（2）色拔浆配方

还原染料/g	5～50	酒精/mL	10
碳酸钾（或碳酸钠）/g	80～120	醚化植物胶糊或醚化淀粉糊/g	400～600
雕白粉/g	100～220		
甘油/g	40～80	加水合成总量/g	1000

2. 色浆调制

同还原染料直接印花。

3. 色浆中用剂的作用

(1) 拔染剂　拔染剂常用雕白粉，但也有用德科林作拔染剂。为了得到良好的拔白效果，遇到难以拔染的地色，可以在拔白浆中加入适宜的助拔剂。

(2) 碱剂　加入碱剂，一是中和雕白粉受热分解后的酸性物质，降低雕白粉的分解，有效利用雕白粉的还原能力；二是有利于被破坏的地色分解物的洗除。

(3) 润湿剂和渗透剂　其作用是帮助印花色浆对织物的润湿和渗透，使拔染色浆经筛网刮印后渗透到织物内，防止有拔染不净的现象产生，常用的是甘油、硫代双乙醇、尿素。

(4) 原糊　拔染印花色浆的原糊必须能耐碱、耐还原剂和电解质，制成色浆后流变性要好，能适应不同印花方式的印制。黄糊精和印染胶黏度较大，不适宜筛网和圆网印花，用醚化淀粉或醚化植物胶来替代效果较好。

4. 工艺流程

白布浸轧活性染料（地色）→适度烘干→印花→烘干→汽蒸→水洗→皂洗→水洗→烘干

工艺说明：活性染料浸轧后尽量采用热风烘燥，温度不超过80℃。轧染后应立即印花以防未固着的活性染料受酸气影响而"失风"。再在温度为102～104℃条件下汽蒸7min。

四、不溶性偶氮染料地色拔染印花工艺

1. 色浆配方

(1) 拔白浆配方

印染胶糊或醚化淀粉糊/g	400～600	氧化锌(1∶1)/g	50～100
碳酸钾或碳酸钠/g	60～80	10%蒽醌/g	30～50
雕白粉/g	150～250	增白剂VBL/g	2～3
溶解盐B/g	0～30	加水合成总量/g	1000

(2) 色拔浆配方

还原染料/g	10～50	雕白粉/g	200～280
酒精/mL	10	印染胶糊或醚化淀粉糊/g	400～600
碳酸钾或碳酸钠/g	80～120	加水合成总量/g	1000
甘油/g	40～80		

2. 色浆调制

调浆时，先用60℃以下热水在快速搅拌下将雕白粉溶解后经冷却加入原糊，用热水或酒精溶解增白剂，加入上述糊中，并加入碱剂等助剂。最后加入蒽醌液，过滤后使用。

3. 色浆中助剂的作用

拔白浆中加入氧化锌有利于提高拔白效果，对个别难拔染的地色，除增大雕白粉用量外，还可以加入助拔剂（如咬白剂W）。加入溶解盐B也有助于提高白度。碳酸钠和碳酸钾作为碱剂，蒽醌用作拔染催化剂，它不溶于水，使用时必须将其制成细粒状的悬浮液，常用还原氧化法制备。

4. 工艺流程

白布色酚打底→显色（轧染或卷染）→水洗→烘干→浸轧氧化剂→烘干→印花→汽蒸→

水洗→氧化→碱洗、皂洗、水洗→烘干

工艺说明如下。

(1) 白布色酚打底与显色　不溶性偶氮染料拔染性能与打底剂有关，也与显色基有关，拔白效果一般主要决定于色酚。色酚、色基结构及对棉纤维的直接性对拔染影响较大，当色淀分解产物色泽较深，对棉纤维亲和力大时，难以获得较好的拔白效果。染色时浮色也会影响拔染效果，应控制色酚、色基合适的偶合比和合适的显色条件（如合适的pH值和加入适当渗透剂）以减少浮色。

(2) 浸轧氧化剂　拔染印花时织物地色在印花后烘干及蒸化过程中，由于还原剂的影响，可能使地色遭到一定程度的破坏，产生表面一层色泽发白的浮雕现象（生产上俗称白毛病疵）。在操作过程中，特别是旧花筒表面光洁度降低，易刮色不清，没有花纹的地方也会有少量雕白粉印上去，这些雕白粉也能使地色表面染料破坏而形成浮雕，如果有拖刀或拖浆，则更严重损害织物的外观。所以需在印花前浸轧氧化剂预防，常用的氧化剂为防染盐S，用量一般为2～6g/L，具体用量可根据地色耐还原性的差异来决定。

(3) 印花后烘干　印花后烘干要快、透，否则会影响染料的固着或产生印花疵病，因雕白粉在潮湿的空气条件下易分解，随着烘燥温度不同雕白粉的分解情形不同，烘燥温度以110℃左右为好。烘干后应透风冷却再落布，并尽快汽蒸。

(4) 汽蒸　汽蒸前需将印花布用布包裹起来放置在较干燥处，以防布上色浆中的甘油、烧碱或碳酸钾吸收空气中的水分，以减少雕白粉的分解。特别是在空气中相对湿度较大时更应小心。

汽蒸的过程是一个完成纤维的吸湿膨化、色浆的吸湿升温、地色的消失、染料的还原、隐色体的溶解和向纤维转移、染着的过程，其中以还原染料向纤维转移所占时间最长。

印花布的汽蒸在还原蒸化机中进行。用102～105℃的温度蒸化7～8min，以隔绝空气操作为好，空气含量小于0.3%，湿度不可饱和。通常织物进入还原蒸化机30s左右，温度已达到高峰。为使蒸化机内蒸汽充分而均匀，改善和维持蒸箱内的湿度，克服蒸箱的过热现象，一般采用蒸箱底部存水和喷饱和蒸汽蒸化。

(5) 氧化　织物上的染料隐色体需经过氧化作用，才能转变为不溶性还原染料固着。汽蒸之后，应立即氧化，不宜搁置过久，尤其不可搁置于日光或潮湿空气中，否则将发生表面氧化而发色不匀。

通常根据所选还原染料着色拔染汽蒸后，花纹上隐色体氧化的难易，来决定氧化的方法，一般对小花型、易氧化的染料采用轧水透风氧化，对花纹面积大或较难氧化的染料采用过硼酸钠、红矾等氧化剂氧化。

(6) 水皂洗　进行水皂洗可充分洗除地色被拔白后的分解产物，提高印花处的白度，保证地色和花色达到应有的鲜艳度，提高它们的耐光、耐气候和摩擦等色牢度。皂洗条件为肥皂3～5g/L，纯碱2g/L，温度95℃以上，洗3～5min，然后充分水洗。

五、靛蓝牛仔布拔染印花工艺

1. 色浆配方

(1) 拔白浆配方

拔染剂 JN/g	100～140	耐酸糊料/g	约500
柠檬酸/g	50～70	加水合成总量/g	1000

(2) 色拔浆配方

拔染剂 JN/g	80～140	耐拔涂料/g	x
柠檬酸/g	40～70	增稠糊/g	y
黏合剂/g	150～180	加水合成总量/g	1000

2. 色浆中用剂的作用

(1) 耐酸糊料　可用醚化淀粉、醚化瓜耳豆胶糊，是保证印制效果和质量的关键之一。所选糊料首先要耐酸，还应具有较高的成糊率、一定的流变性、良好的贮存稳定性和脱糊性，否则，脱糊性差会影响橘黄色分解物的去除，影响拔白白度和花色鲜艳度。

(2) 黏合剂　采用自交联丙烯酸共聚物类型的较为合适，是涂料着色拔染印花首先要考虑的问题。靛蓝涂料着色拔染的黏合剂要经受拔染剂、酸剂等物质的影响，因此要求黏合剂对拔染剂和柠檬酸有良好的相容性和稳定性，成膜后手感柔软，坚牢度良好。

(3) 增稠糊　选用时应注意与拔染剂和柠檬酸的相容性和稳定性，可选用乳化糊及合成增稠糊。

3. 工艺流程

牛仔布印花前处理→印花→烘干→汽蒸→热碱洗→皂洗→水洗→烘干

工艺说明如下。

(1) 印花前处理　蓝色的牛仔布是用靛蓝染料浸渍染色，其前处理工艺要结合靛蓝织物不耐强碱、不耐氯漂和不得超过 60℃ 湿热堆置的限制，以免造成布面搭开，形成色斑。可用淀粉酶 3～5g/L、氯化钠 5～8g/L、渗透剂 JFC 2～3g/L，在 pH＝6～7 进行酶退浆，加入渗透剂可使纤维和浆料充分膨化和溶胀。湿堆后用 95℃ 以上热水充分洗涤，以去除部分纤维共生物，有效地提高牛仔布的毛细管效应，并可减少表面浮色，有利提高印制效果和涂料印花的摩擦牢度。

(2) 印花　拔染剂用于牛仔布拔白印花和涂料着色拔染印花，可以得到蓝地白花及色彩多变的各种图案。拔染剂是在酸性介质中完成拔染作用，需用有机酸来维持一定的酸度。拔染剂的用量结合印花前坯布的前处理、印花给浆量和汽蒸条件来进行调节，柠檬酸的用量与拔染剂用量比为 1∶2 为宜，酸剂过量会造成织物在汽蒸时受到损伤。

(3) 汽蒸　靛蓝牛仔布经印花烘干后，需通过合适的汽蒸来保证拔染效果，如果一次汽蒸效果不理想，必须重新复蒸一次，以改善拔染效果。

(4) 净洗　拔染剂使靛蓝分解成橘黄色的化合物，该化合物溶解度较低，必须先用碳酸钠 2～3g/L 在 80℃ 以上洗涤提高靛蓝分解物去除效果，剩余的黄色物质需经过充分皂煮洗净，从而获得良好的白度。

第二节　棉织物防染印花

防染印花与拔染印花相似，也是在深浓、均匀的地色上印制精细花纹。但它的工艺方法完全不同于拔染印花。防染印花是把防染剂先印在未经染色的织物上，然后轧染地色或罩印地色，在有防染剂的花纹处地色不能发色或固色。在印花色浆中加入能防止地色染料上染的化学药品称为防染剂，防染剂可以破坏或抑制印花处地色的染色，获得白花的称防白。色浆中加有耐防染剂的染料或涂料，经处理固着于纤维获得彩色花纹的称色防。

防染印花比拔染印花历史更悠久，最早期的蜡染、扎染均属防染范畴。我国民间很早流传的一种蓝地白花布，就是先用陶土、石灰浆等作为防染剂在织物上印花，然后用靛蓝染色而成。随着合成浆料品种的不断发展，防染印花的工艺内容更为丰富。

防染印花和拔染印花都能得到满地色花织物。防染印花比拔染印花较易实施，印花疵病较易及时发现。但防染印花的花纹轮廓不及拔染印花精细、清晰，防白效果不如拔白理想；在用酸剂作防染剂时，如果操作不当，还易造成脆布。对有些染料不能拔染，只能通过防染印花才能达到原样要求。

一、防染用剂

防染剂可分为物理性防染剂和化学性防染剂两大类。

物理性防染剂是通过它们在纤维和染液之间形成物理阻挡层而实现防染，通常有蜡、油脂、树脂、浆料和颜料，如陶土、锌或钛的氧化物。

化学性防染剂是通过化学的方法，在印花部分进行破坏或抑制地色染料在染色过程中发色所需的化学反应，使地色染料不能显色，常用的有氧化剂、还原剂、酸、碱、盐等。使用时，必须根据地色染料发色条件来加以选择。地色染料的化学性质不同，则相应的化学防染剂也不一样。例如苯胺黑染料染色必须在酸性氧化条件下进行，因此可用碱和还原剂作为防染剂。

二、防染印花地色染料的选择

防染印花时用来上染地色的染料种类很多，只要能用某种化学药品破坏或防止染料与纤维结合的条件，使印花处地色不能发色或固色，该染料就可作防染印花地色。实际应用中大多选择那些必须经过化学反应才能完成染色过程的染料。常用的地色染料有不溶性偶氮染料、暂溶性还原染料、活性染料和苯胺黑、酞菁蓝、酞菁绿染料等，其中苯胺黑、酞菁蓝、酞菁绿染料不能用于拔染印花而只能用于防染印花。

三、活性染料地色防染印花工艺

活性染料由于色谱全，色泽鲜艳，牢度好而广泛应用于棉织物的染色和印花。活性染料必须在碱性介质中才能与纤维素纤维上电离的羟基发生键合反应。若色浆中加入有机酸、酸式盐或释酸剂，印花后，再去染活性染料地色，则花纹处的酸性物质中和了染液中的碱剂，就可阻止纤维上羟基的电离及抑制染料和纤维的键合，从而达到防染的目的。

活性染料地色防染印花，主要有还原剂防染、酸性防染、亚硫酸钠法防染以及半防印花工艺等。

（一）酸性防白印花

介绍硫酸铵法和柠檬酸法。

1. 硫酸铵法

(1) 色浆配方

	配方 1	配方 2	配方 3
硫酸铵/g	50～60	40～50	40～50
龙胶糊/g	300～400	—	—
增白剂 VBL/g	5	—	—

	配方1	配方2	配方3
淀粉印染胶糊/g	—	200~300	—
涂料白/g	—	200~400	200~400
黏合剂/g	—	—	40
50%二羟甲基乙烯脲/g	—	—	50
合成龙胶糊/g	—	—	50
加水合成总量/g	1000	1000	1000

配方1是一般防白浆配方，配方中硫酸铵可用同等用量的硫酸铝代替，都可获得较好的防白效果。

配方2是在一般防白浆配方中加入涂料白等可有助于提高白度。

配方3是在配方2中加入黏合剂和交联剂二羟甲基乙烯脲，可使涂料固着于纤维表面并产生立体感的白色花纹。

(2) 工艺流程

常规防染印花工艺流程：白布→印花→烘干→轧染活性染料地色→烘干→汽蒸固色→水洗→皂洗→水洗→烘干

工艺说明：轧染活性染料地色采用一浸一轧或二浸二轧（印花布正面向下）方式，轧液温度为25~30℃，轧余率为70%~80%，轧染液配方采用1~50g/L活性染料、10~50g/L尿素、15~20g/L小苏打、7~10g/L防染盐S、50~100g/L海藻酸钠糊等加水合成1kg总量，配方中碱剂可用三氯醋酸钠或醋酸钠取代，加入一定量固色剂P可防止风印。初开车时是否冲淡染液应根据活性染料对纤维的直接性及浸轧方式而定，直接性小的可以少冲淡或不冲淡，直接性高的，需要多冲淡，以求轧染时前后不产生或少产生色差。浸轧次数多，染料上染多，容易造成色差，应多加些水。拼色时也应根据直接性大小而另行配制，以免地色前后深浅不一。

浸轧后用红外线烘干，再用烘筒烘干，温度先低后高。烘干后在102~104℃下汽蒸固色5~7min，使活性染料固着。

加强洗涤可获得优良的防白效果，特别是对直接性高的活性染料，皂洗前要充分去除浮色，然后使用中性皂浴进行皂洗。

2. 柠檬酸法

(1) 色浆配方

柠檬酸(1:1)/g	200	加水合成总量/g	1000
合成龙胶/g	300~400		

(2) 工艺流程　柠檬酸法主要用于乙烯砜型活性染料为地色的防白印花。印花工艺有先印花后轧染地色法和先轧染地色后印花法两种。

先印后轧法：白布→印花→烘干→轧染活性染料地色→固色→水洗→皂洗→水洗→烘干

先轧后印法：白布→轧染活性染料地色（半染）→烘干→印花→烘干→固色→水洗→皂洗→水洗→烘干

工艺说明：

① 染地配方如下所示。

	先印后轧法	先轧后印法
乙烯砜型活性染料/g	x	x
防染盐 S/g	7	5
小苏打/g	15~20	—
海藻酸钠糊/g	50~100	—
耐酸原糊/g	—	50
50%乳酸/g	—	2
加水合成总量/g	1000	1000

② 先轧后印法染液中加入少量有机酸可使染液稳定，并使轧后烘干时染料与纤维素纤维键合的可能性大为降低，使防染效果得到保证。

③ 先印后轧法的固色可选择两相法或一相法，一相法就采用上述配方，两相法配方中不加碱剂。一相汽蒸固色法大多采用小苏打为碱剂，不用强碱，汽蒸 2~3min，或以三氯醋酸盐为碱剂，汽蒸 7~8min 固色。两相汽蒸固色法将织物面轧 20~100g/L 烧碱（36°Bé），并加入食盐防止染料溶落，轧后快速汽蒸充分固色。

先轧后印法的固色是将印花织物面轧 480g/L 硅酸钠溶液或面轧纯碱、元明粉溶液 600mL/L，然后进入悬挂式烘干机（用蒸汽加热或红外线加热），使染料固着。此法给色量较高。

④ 水皂洗同常规工艺。

(二) 酸性色防印花

介绍涂料着色防染印花及冰染料色防印花。

1. 涂料着色防染印花

(1) 色浆配方

涂料/g	10~100	硫酸铵/g	30~70
尿素/g	50	50%二羟基甲基乙烯脲/g	50
乳化糊/g	x	加水合成总量/g	1000
黏合剂/g	400~500		

(2) 工艺流程

印花→烘干→汽蒸→轧染地色→汽蒸→水洗→皂洗→水洗→烘干

工艺说明：涂料着色防染印花的黏合剂要耐酸，并能在酸性介质中很好地成膜，皮膜不可有较强的吸附性能。比较理想的黏合剂是丙烯酸酯类黏合剂。对于色浆虽呈酸性，但在酸性介质中其成膜牢度不完全，影响染色牢度，且其皮膜具有阳荷性而强烈吸附活性染料，容易产生严重罩色的黏合剂不能使用。

交联剂不但会吸附活性染料使之不能达到预期的防染效果，而且与活性染料及黏合剂同时形成交联，导致活性染料黏附在黏合剂胶膜中成为永久性沾色，因此涂料色浆中不宜加交联剂，可用二羟基甲基乙烯脲代替。

涂料色浆中可适当加入合成龙胶糊增加色浆黏度，提高防染效果。

2. 冰染料色防印花

(1) 色浆配方

重氮化色基/g	x	或硫酸铝(1:1)/g	100~150
合成龙胶(1:1)/g	500~600	NaAc	中和至pH值适宜
硫酸铵/g	70~80	加水合成总量/g	1000

(2) 色浆调制　色基重氮化后加入到龙胶糊中，用醋酸钠中和重氮化色基至合适的pH值，临用前加入溶解好的硫酸铵或硫酸铝。

(3) 色浆中用剂的作用　色浆中的硫酸铵（硫酸铝）为防染剂，又是抗碱剂，偶合能力强的色基用硫酸铝作抗碱剂，偶合能力弱的色基用硫酸铵，当浅地深花时也可以不加防染剂而直接进行罩印。醋酸钠中和时会产生挥发性的醋酸使花型出现渗边的疵病，可选用磨细的锌氧粉处理。原糊用合成龙胶可防止轧染活性染料地色时的罩色和冰染染料搭开，成品的手感也较柔软。

(4) 工艺流程　色酚打底→烘干→印花→烘干→（汽蒸）→面轧活性染料地色→烘干→汽蒸→轧酸→水洗→皂洗→水洗→烘干→轧碱→皂洗→水洗→烘干

工艺说明：印花后轧染前的汽蒸可使色基充分偶合，破坏未偶合重氮化色基以减少轧染活性染料地色时重氮化色基的脱落，以防渗开。

活性染料地色以KN型活性染料最为适宜，K型次之，若使用X型染料，在轧染液中要加入亚硫酸钠3~5g/L，以防止染料与打底剂作用，但染料的稳定性和给色量有所下降。在酸性防染工艺中，活性染料地色轧染时，碱剂小苏打的用量可根据需要调节，如防白有渗化，可增加小苏打用量，必要时可使用纯碱。

第二次汽蒸3~6min后，用10~15mL/L的98%硫酸进行轧酸处理，经充分冷热水洗以除去活性染料的浮色，再用稀碱洗以去除残留的打底剂。

(三) 亚硫酸钠防染印花

1. 印花配方

(1) 色浆配方

	防白	色防
K型活性染料/g	—	x
亚硫酸钠/g	7~20	10~12
涂料白/g	100~200	—
合成龙胶糊/g	400~500	—
低聚合度海藻酸钠糊/g	—	400~500
尿素/g	—	50
防染盐S/g	—	10
小苏打/g	—	15
加水合成总量/g	1000	1000

(2) KN型活性染料轧染液配方

KN型活性染料/g	x	小苏打/g	12~15
尿素/g	50	海藻酸钠糊/g	100
防染盐S/g	10	加水合成总量/g	1000

2. 工艺流程

白布→印花→烘干→面轧活性染料地色→烘干→汽蒸→水洗→皂洗→水洗→烘干

工艺说明：亚硫酸钠能够与乙烯砜型活性染料作用，生成亚硫酸钠乙基砜，使染料失去反应能力，而K型活性染料对亚硫酸钠比较稳定，两者不发生反应，故可以进行K型活性染料防染乙烯砜型活性染料地色的防染印花。这种工艺生产上称为活性防活性。

防白浆中的涂料白是机械性防染剂，能有助于改善防染效果和花纹轮廓清晰度。

色防浆中的亚硫酸钠的用量与乙烯砜型活性染料地色浓度成正比，中浅色时用量少些，过多会降低色浆稳定性，使花纹渗化，给色量低。深地色时用量适量增加，用量太少则防染效果差。

面轧活性染料地色时加入30～40g/L的固色剂P，可防止渗边及地色风印，防染后要及时汽蒸、平洗，防止产生KN型活性地色局部风印。

四、不溶性偶氮染料地色的防染印花方法

不溶性偶氮染料地色的织物大多采用拔染印花工艺，但其工艺较复杂，因此也可用防染印花取代拔染印花。防染印花工艺较简单，一般只要在色酚打底和显色平洗之间进行印花即可完成，可省去多道工艺，印花成本低，节能效果显著。但防染印花的花纹精细程度较拔染印花稍差。

不溶性偶氮染料染色时，重氮化色基和色酚的偶合是在一定的条件下进行的，改变这一条件，使重氮化色基遭到破坏或使它不能和色酚偶合便可达到防染目的。一般有酸防染或还原剂防染两种。酸防染法是降低花型部位的pH值，使色酚遇酸成游离态羟基化合物，降低偶合速率而达到防染目的，通常适合偶合能力弱的色基如凡拉明蓝。还原剂防染法是用还原剂破坏重氮化色基而使其丧失偶合能力，几乎适用于所有色基。

（一）凡拉明地色酸性防染印花工艺

凡拉明地色防染所生产的花布，鲜艳浓郁、工艺简单、成本低廉，深受消费者的喜爱。尤其是防染而得到的鲜艳大红、艳橘等花色品种，成为棉布印花的经典工艺。

凡拉明蓝色盐和色酚AS等的偶合能力较低，最佳偶合的pH值为8～9，低于这个pH值，偶合速度锐减，甚至不能偶合。在色酚打底布上印上合适的酸性物质，便可阻止凡拉明蓝地色的显色，所以凡拉明蓝地色的防染印花常以酸性防染为主。

1. 印花配方

（1）打底液配方

色酚AS或AS-D/g	10～15	渗透剂或润湿剂/mL	10～15
30%NaOH/mL	15～18	加水合成总量/mL	1000

（2）防白印花色浆配方

硫酸铝/g	50～100	加水合成总量/g	1000
淀粉或淀粉-龙胶糊/g	400～600		

（3）涂料色防色浆配方

黏合剂/g	300～400	酒石酸/g	60～80
交联剂/g	10～30	乳化糊/g	x
涂料/g	50～150	合成总量/g	1000
尿素/g	50		

(4) 可溶性还原染料色防色浆配方

可溶性还原染料/g	5～50	1%钒酸铵/g	100
酒精/g	30	淀粉-龙胶糊/g	400～600
甘油/g	20	加水合成总量/g	1000
硫酸铝(1:1)/g	100～120		

(5) 色基或色盐色防色浆配方

色基重氮化液/g	(色基2～15)	硫酸铝(结晶)/g	50～80
或色盐溶液/g	(色盐20～60)	淀粉-龙胶糊/g	400～500
锌氧粉(1:1)中和	调pH=4～4.5	加水合成总量/g	1000

2. 色浆调制

(1) 打底液配制时先将色酚用渗透剂和少量热水调成浆状，加入半量烧碱和软化热水，使其完全溶解呈澄清，再将此液滤入已溶有另半量烧碱的装有沸水的配液桶中，搅匀并调节至规定液量待用。

(2) 防白印花色浆调制时先将硫酸铝用热水以1:4溶解，然后冷却至40℃以下，过滤后在搅拌下慢慢加入原糊中，继续搅拌均匀，待用。若将热硫酸铝倒入原糊中，原糊会水解凝聚结块，失去黏性，并使色浆脱水，导致印花轮廓不清、防染不良等病疵。

(3) 涂料色防色浆调制时先把酒石酸用热水溶解过滤并冷却到25℃以下后慢慢将黏合剂加入并快速搅拌使之全部溶解，补加冷水稀释到规定量，放置24h待无气泡后应用，再把尿素用水溶解后加入涂料浆中，在不断搅拌下加入黏合剂中，然后把交联剂用水冲淡，临用前边搅拌边加入色浆中，最后用乳化糊或水调节稠薄，过滤后备用。

(4) 可溶性还原染料色防色浆调制时，先将染料与酒精、甘油混合调成浆状，再用热水溶解，滤入原糊中，然后加入已溶解冷却的硫酸铝溶液。临用前加入已溶解好的钒酸铵，搅匀后过滤备用。

(5) 色基或色盐色防色浆调制时，硫酸铝事先溶解并冷却，慢慢加入到原糊中。色基重氮化后，在不断搅拌下加入充分研磨过的锌氧粉中和过量的盐酸，调节pH值至4～4.5，然后将已中和的重氮化色基溶液过滤到预先加有硫酸铝的原糊中。

3. 工艺流程

白布→色酚打底→烘干→印花→后处理

工艺说明如下。

(1) 色酚打底采用二浸二轧，轧余率约为75%～80%，轧槽温度80～85℃。打底后的布用布罩罩好，防止失风。渗透剂以蓖麻油皂较好，它具有保护胶体的作用。烧碱用量要严加控制，用量少时，打底布易产生风印，也容易使防染印花边缘产生渗晕现象，同时，若花筒刮色不清时，极少量的酸性浆就会使地色发色不良。用量过多，不仅要增加防染剂用量，使色浆酸性增加，易损坏刮刀、花筒，也要增加显色液中抗碱剂的用量，使显色液pH值难以控制。当可溶性还原染料防染印花时，打底液中需加入10g/L氯酸钠（氧化剂），它与防染色浆中的酸作用，使着色染料显色。

(2) 防白印花时使用的工业用硫酸铝中含有一定量的游离硫酸，如果含量高，可用纯碱中和后再用。也可用1.5倍的明矾代替部分硫酸铝，并加乳酸助溶，以提高花纹轮廓的清晰度,但会使色浆中游离硫酸增多,增加了脆布危险,不能再用汽蒸工艺。印花后织物应及时显色,久置易脆布。防白浆中加入0.1%~0.2%的重亚硫酸钠也可提高防白效果。在色基着色防染中先印色基色浆,后印防白浆,可防止着色色浆的传色。

（3）涂料色防时应选用较适宜的黏合剂。若选用阿克拉明F型黏合剂时,酒石酸作为溶剂又作为防染剂,由于其中阿克拉莫W和交联剂对凡拉明磺酸盐具有强烈的吸附作用,常导致黄、绿、蓝色色防印花的色光变化。交联剂用二羟甲基乙烯脲树脂（DMEU）取代,以减少花色对凡拉明蓝的吸附。各种用剂加入黏合剂中后,不宜快速搅拌,因黏合剂对电解质的稳定性有限,强烈搅拌会使色浆变薄,导致分相。涂料色浆和重氮化色基色防浆或防白浆相叠印时,防染剂要适当减少以防织物脆损。

（4）可溶性还原染料防染印花时,色浆稳定性较其他方法好,但可溶性还原染料显色速度太快,以致造成浮色过多,影响牢度,成本也较高,同时,印花时还要注意织物的脆损问题。

（5）色基或色盐防染印花色浆选用研磨过的锌氧粉作中和剂,用锌氧粉中和过量的盐酸后生成的氯化锌,没有挥发性,与重氮化色基生成稳定的复盐,因而得色较艳,色浆也较稳定。色基色浆中加入平平加O,可防止锌氧粉的聚集,提高防染效果,得色较均匀。如果防白浆与色基色防浆叠印或碰印,则防白浆中不能含有还原性的物质如重亚硫酸钠、亚硫酸氢钠或印染胶等,否则,色基会被破坏,而不能发色或产生色变。

4. 凡拉明地色显色及后处理

（1）后处理工艺流程

① 涂料色防后处理工艺流程:浸轧凡拉明显色液→透风或短蒸→酸洗1~2道→热水洗2道→匀染剂O热洗2道→热水洗→烘干→碱皂煮→水洗→烘干

② 其他染料色防后处理工艺流程:浸轧凡拉明显色液→透风或短蒸→亚硫酸氢钠热洗2~3道→热水洗→烘干→浸轧酸液酸洗2~3道→热水洗→碱皂煮→水洗→烘干

（2）后处理工艺说明

① 显色　显色液配方如下。

	配方1	配方2
凡拉明VB盐/g	18~25	18~25
硫酸锌/g	5~8	3~5
硫酸镁/g	—	7~12
平平加O/g	0.25	0.25
加水合成总量/mL	1000	1000

配方2比配方1偶合pH值高,偶合反应快。显色液中抗碱剂大多选用硫酸锌,也有用硫酸锌-硫酸镁混合抗碱剂的。其用量根据花纹面积、花筒雕刻深浅、防染剂用量、打底时烧碱用量、凡拉明蓝中抗碱剂的含量以及轧染等具体情况而定。显色轧液槽pH值过高,可能导致罩色使防染效果差,显色液稳定性也差;轧液槽pH值过低,地色色浅,花纹易出现渗晕。轧液槽的pH值应控制在5.5~6.5,初开车可加入NaAc,调节pH=6。显色液中加入平平加O可提高染色效果。采用一浸一轧或二浸二轧,轧余率65%~75%,温度25~30℃。始染液不需冲淡,用醋酸钠中和到pH值为6~6.5左右。

② 透风或短蒸　浸轧显色液后,汽蒸可促进凡拉明色盐偶合完全,使地色浓艳,显著

提高气候牢度，同时还可破坏花纹上未偶合的凡拉明盐，利于后处理时洗除。但汽蒸时间不宜过长（10~20s即可），温度不宜过高（100~102℃），否则会降低防染效果。较精细的花纹用透风代替短蒸。

③ 酸处理　采用62.53%硫酸20mL/L或30.3%盐酸30mL/L在75~85℃条件下洗1~2道，洗去多余的凡拉明盐。

④ 亚硫酸氢钠处理　采用亚硫酸氢钠5~10g/L在85℃以上处理1~2道，利用它的还原作用和它能与凡拉明蓝色盐起加成作用或生成重氮磺酸盐等作用而除去未偶合的凡拉明盐。涂料着色防染印花织物在后处理时，一般不用亚硫酸氢钠处理，而是用非离子型表面活性剂充分洗涤后，经酸洗除去多余的未偶合的凡拉明色盐，再皂洗、水洗。

⑤ 匀染剂洗涤　采用1~2g/L匀染剂在85~90℃清洗，借助非离子表面活性剂的扩散、净洗作用清洗酸洗后的防染显色布，以提高酸洗效果。

地色显色后，必须充分洗去花纹上未偶合的凡拉明蓝盐，有酸洗法、还原剂清洗法和匀染剂洗涤法，加上热水洗。四者配合使用，而后碱洗、皂洗、水洗。洗除多余的色酚和浮色，提高印花花纹的鲜艳度和色牢度。

（二）其他不溶性偶氮染料地色防染印花工艺

除酸性防染法外，不溶性偶氮染料可用还原剂防染法。还原剂防染法适合于偶合能力较强的色基，常用的防染剂有亚硫酸钠、亚硫酸氢钠、氯化亚锡、防染盐H等，还原剂能破坏重氮化色基，使之失去与色酚的偶合能力。

1. 色浆配方

（1）亚硫酸钠法防白色浆配方

钛白粉(1:1)/g	100	亚硫酸氢钠/g	150~180
龙胶糊/g	100~150	加水合成总量/g	1000
印染胶糊/g	100~150		

（2）防染盐H法防白色浆配方

防染盐H/g	100~150	硫氰酸铵/g	10
25%氨水/g	50	加水合成总量/g	1000
淀粉糊/g	400~600		

（3）氯化亚锡法防白色浆配方

印染胶-淀粉糊/g	400~500	酒石酸/g	30~60
增白剂VBL/g	5	氯化亚锡/g	30~60
酒精/g	5	加温水合成总量/g	1000
白涂料TTW/g	200		

（4）涂料色防色浆配方　与直接印花涂料配方相同，再加入防染剂。

（5）还原染料色防色浆配方　色浆配方同还原染料直接印花配方。

（6）色基或色盐色防色浆配方　同直接染料印花工艺。

2. 色浆调制

（1）亚硫酸钠法防白色浆调制时先把钛白粉均匀加入龙胶糊内进行搅拌，再加入印染胶糊，最后把亚硫酸氢钠溶解后加入搅匀。

(2) 防染盐 H 法防白色浆调制时先将氨水加入淀粉糊中搅匀，再将防染盐 H 溶解后滤入，最后加入硫氰酸铵。

(3) 氯化亚锡法防白色浆调制时先将增白剂用酒精溶解后加入糊料内，再加入白涂料搅匀，再依次将已溶解的酒石酸和氯化亚锡加入搅匀。

(4) 涂料色防浆中选好黏合剂，再在直接涂料印花色浆中加入防染剂氯化亚锡 60~80g/L。

(5) 还原染料色防色浆按还原染料一相法印花色浆调制，可根据花型适当加入 30~60g/L 的雕白粉或亚硫酸氢钠。色基或色盐色防色浆调制同直接染料印花。

3. 工艺流程

白布→色酚打底→烘干→印花→烘干→显色→透风→酸洗→水洗→碱洗→皂洗→水洗→烘干

工艺说明如下。

(1) 色酚打底同直接印花。

(2) 为增进防白效果，在亚硫酸氢钠法和防染盐 H 法色浆中加入氯化亚锡或乳酸等有机酸。氯化亚锡易溶于水，溶解后过滤即加入原糊，因它在空气中易被氧化生成不溶性的氯化物，同时氯化亚锡易潮解使布层间搭色，并引起织物强度下降及泛黄，要及时处理。

(3) 防白与色防染料同印时，如色防染料必须经汽蒸固色的，则印花后要汽蒸，再显色。

(4) 还原染料色防时，印花后需汽蒸再进行地色显色。仅适于小而疏的花纹，可与防白浆配合使用。

(5) 涂料色防时，在涂料印花浆中加入酒石酸和 $SnCl_2$ 防染剂，印花烘干后进行地色显色。可与防白浆配合使用。

思考与练习

1. 名词解释：拔染印花、防染印花
2. 分析拔染印花的特点，指出常用的拔染底色染料有哪几类？
3. 拔染剂的类型及特点如何？
4. 分析不溶性偶氮染料拔染原理，及影响拔染质量的因素。
5. 写出拔染配方，并分析各组分的作用。
6. 拔染印花染地色时，染后是否需要皂煮，为什么？
7. 防染剂分为几类？举出几种常用防染剂。
8. 活性染料地色防染印花的常用方法有哪些？
9. 简述活性染料酸防工艺原理及工艺流程。
10. 简述凡拉明地色防染印花工艺流程、地色显色及后处理。
11. 实训题：棉织物活性染料防染印花

(1) 目的 掌握棉织物活性染料防染印花法。

(2) 实训材料、药品及仪器 材料是棉布丝光漂白半制品二块。药品为活性艳蓝 KN-R、活性橙 K-GN、涂料蓝 FFG、网印黏合剂、硫酸铵、淀粉/合成龙胶原糊、尿素、合成增稠剂 DN-5278、5%海藻酸钠糊、防染盐 S、碳酸氢钠、亚硫酸钠、碳酸钠、皂洗液。仪器为烧杯、量筒、电子天平、印花网版、橡胶刮刀、橡胶垫板、汽蒸箱、烘箱。

（3）实训内容　K型活性染料酸性防染印花；KN型活性染料亚硫酸钠防染印花。比较两种方法的效果。

12. 实训题：棉织物活性染料拔染印花

（1）目的　掌握棉织物活性染料拔染印花法。

（2）实训材料、药品及仪器　材料是棉布丝光漂白半制品一块。药品为活性艳蓝KN-R、还原绿FFB、氢氧化钠、尿素、碳酸氢钠、防染盐S、雕白粉、荧光增白剂VBL、甘油、酒精、保险粉、蒽醌、5%海藻酸钠糊、淀粉糊/印染胶、皂洗液。仪器为烧杯、量筒、电子天平、搅拌器、印花网版、橡胶刮刀、橡胶垫板、汽蒸箱、烘箱。

（3）实训内容　浸轧地色；拔白；色拔。

第十一章 纤维素纤维（纯棉）织物综合直接印花

综合直接印花是指采用不同类别的染料在织物上进行印花加工的印花方法，包括共同印花和同浆印花。印花中一个图案通常是由各种色泽的浓淡花纹组成，而各种染料的色谱不全，牢度不一，成本高低以及工艺简繁不一，在工厂实际使用过程中，常常利用各种染料特点进行综合印花，能收到取长补短的良好效果。综合直接印花就可以发挥各类染料之长，配全色谱、减少印疵、降低成本、便于雕刻和提高印花效果，在同一织物上印制出色泽鲜艳、牢度良好和成本低廉的印花产品。

在综合印花时，由于各类染料性质不同，要求的印花工艺和加入的助剂也有所区别，所以在综合直接印花的工艺制定与实施中，除了应考虑各类染料单独印花的印花性能和工艺要求之外，还应考虑到各类染料同时使用时染料之间的相容性、所用助剂的相容性、各类染料印花工艺的相容性，尤其要注重花筒的排列，严防相互传色，这样才能获得优良的印花质量和鲜艳的印花花色。

第一节 棉织物各种染料的共同印花

共同印花是在同一块织物上采用多种类别的染料相互配合同时印制一种花样的印花工艺。工艺过程往往是由染料性质来决定，在多种染料共同印花时，必须制定出能满足各种染料要求的共同工艺，适时添加一些必要的化学药品以克服传色。例如，不溶性偶氮染料与涂料同印时，不必汽蒸的不溶性偶氮染料工艺必须服从涂料工艺而进行汽蒸。此外，在制定雕刻制版工艺时应根据花样设计要求，考虑最适宜的几种染料共同印花，例如二色邻接或叠印处，不能采用性质相反的两种染料来同印，否则会产生色泽相互抵触而消失或产生第三色，但有时则故意利用这种特性来达到防印的目的。

一、共同印花时花筒的排列

直接印花中筛网或花筒的排列方式关系到色泽鲜艳度、印制效果以及生产顺利性。

花筒的排列应根据花样结构、配色关系和花纹叠、碰印等综合情况权衡利弊，做出最佳选择。首先，应根据花纹花色考虑花筒的排列，即小面积花纹在前，大面积花纹在后，浅色在前，深色在后，色鲜在前，色暗在后，以防止传色及对色彩鲜艳度的影响；若有叠印、碰印时，要先深后浅；其次，还应考虑染料的使用情况，如与冰染料同印时，应先冰后其他染料，以保证花型轮廓清晰；与涂料同印时，涂料要放在后面，便于处理疵病，因为涂料易出疵病，如出橡皮筋、嵌花筒等；另外，当一种颜色在花型结构上与另外两种颜色的花纹图案对花紧密时，那么此色的色浆应该排在两色中间，这种排列叫挑扁担排列法，还应根据各个色位的配色考虑花筒排列，即在印花过程中应尽量减少翻花筒或不翻花筒。

二、活性染料与其他染料的共同印花

活性染料是目前最常用的染料之一,在印制深浓的大红、酱、黑等色时,常与其他染料共同印花。与活性染料同印的染料有不溶性偶氮染料、稳定不溶性偶氮染料(快色素、中性素、快磺素、快胺素)、还原染料、可溶性还原染料、涂料和酞菁染料等。

1. 活性染料与不溶性偶氮染料共同印花

活性染料和不溶性偶氮染料共同印花具有成本低廉、色泽鲜艳等优点,但它们的色浆性质相反,一个是碱性浆,一个是酸性浆,在共同印花时有一定的难度。而活性染料的鲜红、翠绿、翠蓝、艳蓝等色的鲜艳度是其他染料所缺乏的,使本工艺具有一定的使用价值。印花中存在两个方面的问题,一是活性染料在色酚打底布上印花时的固色率问题,二是重氮色基或色盐印花色浆中醋酸的用量问题。

工艺流程:白布→色酚打底→烘干→印花→烘干→活性汽蒸固色→冷流水冲洗→热水洗→热碱洗→热水洗→皂洗→水洗→烘干

工艺说明如下。

(1) 活性染料配方与直接印花相同,浆中要加入 10~20g/L 六偏磷酸钠,防止金属离子使海藻酸钠发生凝结;冰染料配方中采用 ZnO 作中和剂,生成 $ZnCl_2$ 来缓冲色基重氮化合物偶合时的 pH 值。

(2) 活性染料在色酚打底织物上印花固色率较白布为低,尤其是 X 型活性染料更为明显,K 型染料次之,KN 型、M 型活性染料较适宜在色酚打底布上印花。

(3) 活性染料与不溶性偶氮染料同印时,应先印色基或色盐,后印活性染料。由于显色盐中常含有金属盐会与活性染料印花色浆中的海藻酸钠产生凝聚作用,造成滚筒印花的刮刀黏刀口、拖色等疵病,因此活性染料的糊料应采用醚化植物胶糊来调制。为了防止传色,在活性色浆中须加入三乙酯乳液❶,也可用亚硫酸钠,但不可用 R/C。加入亚硫酸钠可抑制 X 型活性染料与打底剂的结合,但会降低色浆的稳定性,导致给色量下降,造成先印的几箱布色深,后印的色浅;亚硫酸钠的加入会先与 KN 型活性染料反应使染料失去与纤维反应的能力,因此在 KN 型活性染料中不能使用。

(4) 色基、色盐印花色浆中的抗碱剂醋酸用量应很好控制,一般多控制在 5mL/L,防止在印花烘干落到布箱以后,由于残留醋酸的挥发,而影响周围活性染料固色。同时可考虑用柠檬酸钠或氧化锌来代替醋酸钠中和重氮化时多余的盐酸,若需要加入酸剂时,可加入非挥发的有机酸,例如柠檬酸、酒石酸。如果仍发现两种印花色浆碰印或叠印处渗化白边情况,可增加活性染料印花色浆中的碱剂用量。

(5) 同印中要选直接性小的活性染料,否则没有固色的活性染料在后处理中会沾污白地。平洗后白度不够,可以用 3~5g/L 的过硼酸钠、2g/L 的加白剂 BSL 和 2g/L 的纯碱溶液浸轧后短蒸平洗处理,改善白度。

(6) 在后处理碱洗以前,一定要先用冷流水冲洗,洗去活性染料的浮色,再用 2~3g/L 的热碱在 90℃洗去打底剂,再进行皂洗、水洗,否则会造成白地沾污弊病。

(7) 因两种色浆性质相反,不溶性偶氮染料浆的酸性会使活性染料碱性浆在印花处产生白圈或浅圈,因此不适用叠印与碰印。

---

❶ 乙酰乙酸乙酯在印染厂俗称"三乙酯",制成的乳液称为三乙酯乳液。

2. 活性染料与稳定不溶性偶氮染料共同印花

为解决活性染料在打底织物上染着不良，可选择活性染料与稳定不溶性偶氮染料同印，稳定不溶性偶氮染料中的快色素、快胺素和中性素以及快磺素都可以与活性染料同印，此工艺特别适用于面积小的花型，可避免用色酚打底时印花色酚的利用率低、活性染料在色酚打底布上固色率低、易沾色及色酚不易洗白等不足。

在工厂最常用的是快磺素和活性染料同印，俗称"拉活同印工艺"，黑色为拉元，蓝色为拉蓝。通常用快磺素黑作线条轮廓，其印制效果比单独用活性染料好。快磺素深蓝以及快色素、中性素大红、红、酱、棕等色泽也常与活性染料同印，这样不仅可以弥补活性染料色谱的不足，还可以解决活性染料用量过高时成本高及白地不易洗白的困难。

工艺流程：白布→印花→烘干→汽蒸→冷流水冲洗→水洗→皂洗→水洗→烘干

工艺说明：筛网（或花筒）排列如果有碰印或叠印时，为保证轮廓清晰，通常先印快磺素、快色素，后印活性染料，筛网印花中间加放光版筛网；滚筒印花时，为防止快磺素的深浓色传入活性染料印花色浆中，可装刮浆小刀，以免造成活性染料色泽变萎。快磺素染料不宜与KN型活性染料碰印及叠印，以免造成渗边。

3. 活性染料与涂料共同印花

活性染料与涂料共同印花目前应用较多，当有较深的细线条或小块面与中、浅色块面较大的花纹叠印时，细线用涂料，块面用活性染料。线条用涂料既能印得深，又能使线条光洁清晰。自从防印印花工艺应用以来，该工艺已成为印制立体效果花型图案的特定工艺。

工艺流程：白布→印花→烘干→汽蒸→水洗→热水洗→皂洗→水洗→烘干

工艺说明：筛网（或花筒）排列宜先印涂料，后印活性染料，可使涂料的线条效果清晰光洁，色泽艳亮。涂料色浆中加入适量的释酸剂可起到防印效果，黏合剂采用丙烯酸系列的黏合剂以保证白度和色泽鲜艳度。

4. 活性染料与可溶性还原染料共同印花

通常在印制日晒牢度较高的印花产品时使用此法。

工艺流程：白布→印花→烘干→汽蒸→轧酸显色→冷流水洗→热水洗→皂洗→水洗→烘干

工艺说明：可溶性还原染料应选用冷酸或温酸显色的品种，否则酸性氧化处理时会影响活性染料的色泽与牢度。分子中含有氨基、亚氨基的活性染料经亚硝酸钠显色后，以及金属络合活性染料经酸处理时金属剥落后，都会引起色变、牢度下降，因此不能选用。

三、不溶性偶氮染料与其他染料共同印花

不溶性偶氮染料在印制黄、绿、灰、淡蓝等色时，需与其他染料同印。能与之同印的染料有活性染料、可溶性还原染料、涂料、缩聚染料等。

1. 不溶性偶氮染料与可溶性还原染料共同印花

不溶性偶氮染料颜色深浓，常用色谱主要有大红、紫、深蓝、紫酱等，浅色一般牢度较差，可溶性还原染料染浅色牢度好，两者同印，可弥补色谱不足，还可相互叠印或碰印，改善印制效果，特别适宜于浓郁艳丽与淡雅素致共存的花型。同印中可溶性还原染料采用亚硝酸钠法显色。工厂简称此工艺为"冰-印同印"。

工艺流程：白布→色酚打底→烘干→印花→烘干→（短蒸）→酸显色→水洗→碱洗→水洗→皂洗→热水洗→烘干

工艺说明如下。

（1）碰印或叠印时，一般不溶性偶氮染料在前，可溶性还原染料在后。

（2）为防止传色、拖色等病疵，可采取不同的措施。在花筒上加淡水辊或小刀，使传过来的色基经淡水辊洗去或用小刀除色，适合于叠、碰印；在可溶性还原染料色浆中加入0.2%～0.5%亚硫酸钠或0.5%～2.0%雕白粉（1∶1），色浆中相应增加亚硝酸钠用量，破坏传过来的色基，使其不能与色酚偶合，但会影响印地科素的发色，只适用于碰印；可溶性还原染料色浆是黄、橙、绿、棕等色时，在色浆中加 AS-G 打底剂，使传过来的任何色基和 AS-G 偶合呈黄色，不影响印地科素花色；也可以加三乙酯乳液，使传过来的色基重氮化合物与之偶合成浅黄色的色淀。

（3）调制不溶性偶氮染料印花色浆时，需控制醋酸用量以免影响白地白度及造成可溶性还原染料发色不匀。在色酚打底液中加入 1～2g/L 尿素，控制色浆中亚硝酸钠用量以防显色时色酚被亚硝化，增加后处理时洗除色酚的麻烦。

（4）花样中有深蓝色时，不能用凡拉明蓝色盐 VB，而要用蓝 BB 色基。否则，凡拉明蓝盐轧酸显色时，遇亚硝酸发生亚硝化，变成蓝紫色，导致色光改变及牢度降低。

2. 不溶性偶氮染料与涂料共同印花

不溶性偶氮染料与涂料同印是工厂常用的工艺，涂料的日晒牢度一般较好，色谱较齐全，尤其是浓艳的绿、翠蓝等色泽为可溶性还原染料所不及，且它们可以相互叠印或碰印，工艺也较为简便，并可获得良好的印花效果。此工艺简称为"冰-涂工艺"。

工艺流程：白布→色酚打底→烘干→印花→烘干→汽蒸→水洗→碱洗→热水洗→皂洗→水洗→烘干

工艺说明如下。

（1）碰印或叠印时，一般均先印不溶性偶氮染料，后印涂料。为防止传色，可在涂料印花色浆中适当加些还原剂如 R/C、$SnCl_2$、$Na_2S_2O_3$、Na_2SO_3 等，使传来的色基重氮盐被破坏不能与色酚偶合，也可加入三乙酯乳液来预防，但还原剂的加入对黏合剂结膜速率及牢度有影响，不同还原剂对黏合剂有着不同的影响，因此在制订工艺时应考虑到黏合剂耐还原剂的性能并兼顾涂料对还原剂的稳定性。

（2）涂料一般采用汽蒸法固着，黏合剂在汽蒸成膜后，使打底处的色酚较难洗尽，因此，涂料色光与白布印花时相比略偏黄些，搓洗牢度也差些。如采用阿克拉明 F 型黏合剂在色酚打底布上经汽蒸后，泛黄较严重，一般应以复烘和热碱处理固着代替汽蒸，以免引起色泽变暗。

（3）涂料耐漂，为提高白度和花色鲜艳度，后处理通常可以吃漂水（有效氯 1～2g/L）。

第二节　棉织物各种染料的同浆印花

同浆印花是对花样中的一种花色采用多种类别的染料调制成一个色浆进行印花的印花工艺。它可丰富色彩，调节色光，是使印花取长补短、互补色光的好方法。

一、同浆印花的特点

1. 同浆印花能获得特殊色泽

有时遇到特殊的色泽用同一类染料拼不出来时即可由同浆印花的两类染料中加以选择进

行拼色。如在冰染料的蓝 BB 色基的重氮盐中拼入爱尔新蓝 8GX 和爱尔新黄 GXS，就可以得到鲜艳深浓的墨绿色，这种颜色用同一类染料是不可能拼出来的。

2. 同浆印花可调节色光

同一类染料拼色时，可能有些染料色光不鲜艳或色光不符合要求，可采用同浆印花加以解决。

3. 同浆印花提高印花效果

如涂料印花用量太多，影响印制效果，容易发生印疵。适当拼加不溶性染料，即可大大降低涂料的用量。还可适当改善手感。

二、同浆印花的要求

1. 拼用要求

同浆印花要求所拼用的两种染料的色浆彼此不发生化学作用，在整个印制过程中要稳定。

2. 固色要求

两种染料的固色条件要互不影响，工艺路线不宜太长，两种染料最好经汽蒸或焙烘即可完成固色。

3. 牢度要求

两种染料的染色牢度要相近，印花质量不会因拼色而发生相互干扰。

三、不溶性偶氮染料与涂料同浆印花

在色酚打底布上实施色基和涂料同浆印花可以获得深绿、墨绿、黄光棕色等特殊的色光，这些花色是色基单独印花无法取得的。

1. 同浆印花色浆配方

同冰染料和涂料直接印花的配方，各用剂的用量按色浆拼混后总量计算。

2. 常用拼色

$$(色酚 AS)+(涂料黄 FG+色基蓝 BB)=墨绿色$$
$$(色酚 AS)+(涂料黄 FG+色基橘 GC)=黄橙色$$

3. 工艺流程

白布→色酚打底→印花→烘干→汽蒸（或焙烘）→水洗→碱洗→水洗→皂洗→水洗→烘干

工艺说明如下。

（1）涂料要颗粒细、均，必要时要经过研磨后使用，以取得拼色均匀一致的颜色。

（2）调浆时应先将色浆分开配制，色基重氮化以后，在临用前加 NaAc 中和到规定的 pH 值，然后再与涂料色浆混合搅匀，用塑料袋装冰放入色浆来保持低温。选用的涂料和黏合剂须能耐一定的酸性。色浆要少配、勤配。

（3）冰染料尽量选用重氮化色基，不用色盐，因多数色盐里有重金属盐和电解质，会影响涂料黏合剂的结膜。

四、不溶性偶氮染料与暂溶性染料同浆印花

暂溶性染料又称爱尔新染料，是在酞菁结构和偶氮结构的染料中引入水溶性基团，使之暂时溶解于水，当印花以后，经过适当处理使水溶性基团脱落，染料以色淀固着在纤维上。此类染料专用于印花，它色泽鲜艳，水洗牢度好，固色方便，采用汽蒸固色，色浆稳定，久

贮不变质；但它色谱不全，只有黄、蓝色；且因相对分子质量大，扩散性能差，摩擦和搓洗牢度差，染料贵，印花成本高，故仅用于综合直接印花。

暂溶性染料在酸性介质中能提高其溶解度，一般用醋酸助溶，也可用甲酸、乳酸，但若使用无机酸，暂溶性染料要发生沉淀；染料溶于水后，电离为有色阳离子，故不能和阴荷性物质同用，既不能用海藻酸钠、CMC来调色，也不能与活性染料同印，但可以和阳离子的色基重氮盐进行拼色，用得最多的是色基蓝BB。目前暂溶性染料很少单独使用，主要用来拼色。

1. 常用拼色

$$暂溶性艳蓝\ 8GX＋色基蓝\ BB＝绿光蓝$$
$$暂溶性艳蓝\ 8GX＋色基大红\ G＝艳紫$$

2. 工艺流程

白布→色酚打底→印花→汽蒸（复烘）→水洗→碱洗→水洗→皂洗→水洗→烘干

工艺说明如下。

（1）暂溶性艳蓝8GX起到调整色光的作用，其用量少，溶解时需用醋酸（5~10mL/L）及冷水。

（2）两种染料应先分别调制色浆，色基重氮盐溶液用NaAc中和，然后倒入原糊中，最后加入已溶解的暂溶性艳蓝8GX溶液完成调浆。

（3）原糊常用淀粉及合成龙胶，印花后通过高温汽蒸或碱处理，使可溶性基团脱落生成不溶性色淀固色，所以在染料溶解时温度不能高，要保持弱酸性，且避免接触氧化剂和还原剂。

五、活性染料与可溶性还原染料同浆印花

不含络合金属和溴氨酸结构的活性染料可与可溶性还原染料亚硝酸钠法同浆印花，以弥补可溶性还原染料色谱的不足，或替代光脆性的可溶性还原染料。

1. 常用拼色

活性黄K-4G＋可溶性还原绿IBC＝绿

活性蓝K-GL＋可溶性还原蓝IBC＝绿光蓝

2. 工艺流程

白布→印花→汽蒸→吃酸→冷流水冲洗→水洗→皂洗→水洗→烘干

工艺说明如下。

（1）两种染料分开溶解然后拼混。

（2）为了防止活性染料色浆中海藻酸钠糊遇酸凝固可改用合成龙胶，活性色浆中小苏打用量要适当，用量过多会影响可溶性还原染料发色。

（3）可溶性还原染料使用亚硝酸钠法显色，尽量采用冷酸或温酸显色的染料品种，在吃酸时加尿素1~2g/L，可防止亚硝酸对活性染料的影响，显色液酸的用量适当增加，同时要延长时间，保证可溶性还原染料发色完全。

思考与练习

1. **名词解释**：综合印花、共同印花、同浆印花、拉-活工艺、冰-印工艺、冰-涂工艺

2. 共同印花时花筒如何排列？
3. 分析冰-涂工艺的可行性及主要优缺点，并写出工艺流程。
4. 拉-活工艺常应用于什么品种？其主要特点是什么？写出工艺流程。
5. 简述同浆印花的特点及常用的同浆印花工艺。
6. 同浆印花对染料有何要求？为什么？

第十二章　蛋白质纤维织物印花

纺织纤维用的蛋白质纤维主要有羊毛和蚕丝，它们水解后都能变成 α-氨基酸，在水解过程中，羧基和氨基是近似等当量增加，因此蛋白质纤维具有氨基和羧基的两性性能，即兼有酸与碱的两性，为酸性、碱性染料以及活性和直接染料提供了上染的位置，同时也使带有负电荷的金属络合染料与纤维上的阳电荷结合成离子键，或羊毛上的羟基、氨基或羧基与染料中的铬离子形成共价键或配位键，从而上染。

蚕丝由丝胶和丝素组成，生丝制成的纺织品手感粗硬，通常要通过精炼改进丝的光泽和对染料的吸收能力。蚕丝纤维对碱剂、摩擦和温度特别敏感，在稀酸中相当稳定，印染加工时所受的机械张力应尽可能小，印花设备目前一般采用筛网印花机（包括圆网、平网、手工台板印花机），以平网印花居多。蚕丝织物本身具有艳亮、柔和的光泽，滑爽、柔软的手感，轻盈、挺括的身骨，再加印上绚丽的图案和鲜艳的色彩，其品质风格是其他任何织物所不能媲美的。蚕丝织物印花具有花型精细、色彩鲜艳、品种多、批量小的特点。常用的印花方法有直接印花、拔染印花和拔印印花，此外还有转移印花、渗化印花和渗透印花等。

羊毛印花所用染料、印花工艺与蚕丝相似，但羊毛纤维具有鳞片层结构，有缩绒倾向，会使毛织物的尺寸收缩和变形，不利于印花时染料上染，因此毛织物印花前需经氯化处理，以改变纤维表面鳞片层组织，使纤维易于润湿和溶胀，缩短印花后的蒸化时间，显著提高染料的上染率，同时可防止织物在加工过程中产生毡缩现象。羊毛吸收色浆的性能比蚕丝好，织物印花可在各种筛网印花机或滚筒印花机上进行。

第一节　蚕丝织物直接印花

一、蚕丝织物印花前处理

蚕丝织物的主体是丝素，此外还含有丝胶、微量的油脂和蜡质、色素、无机盐等非蛋白质成分，以及在织造时添加的浆料、着色染料和加工及运输过程中沾上的油污斑渍等。这些天然的和人为的杂质的存在，不仅破坏了蚕丝织物固有的柔软、光泽、洁白的丝绸风格，影响服用价值，而且使织物难以被染化料溶液润湿和渗透，妨碍染整加工，因此在染色前应加以去除。通常用漂白去除色素，用精炼去除丝胶和杂质，以增加织物的润湿性、渗透性和吸湿性，使印花产品获得鲜艳、手感丰满等优良效果。

二、蚕丝织物直接印花用染料的选择

1. 弱酸性染料

弱酸性染料色谱齐全、色泽鲜艳，牢度较好，是蚕丝织物直接印花最常用的染料。

2. 中性染料

中性染料又称1∶2型金属络合染料,该染料色泽不够鲜艳,但牢度好,匀染性好。主要用来补充弱酸性染料所缺少的黑、灰、棕等色谱。

3. 直接染料

直接染料对蚕丝织物上染率高、耐日晒、后处理固色后湿牢度好,可和弱酸性染料、中性染料共同印花或拼用印花。主要应用于深色调为主的黑绿、藏青、棕、翠蓝等品种。

4. 活性染料

活性染料具有色泽鲜艳、牢度好等优点,在蚕丝织物的印花大多为浅色品种,以红、橙色、拼色大红为主。

5. 碱性及阳离子染料

阳离子染料在蚕丝上的日晒牢度、湿处理牢度都较差,除个别需特别鲜艳色(如荧光红等)为花型上点缀色外,一般很少使用。通常用在一些工艺品及没有日晒之虑的丝织物中。

6. 还原染料

蚕丝在碱性溶液中易水解,但在弱碱条件下,短时间内还不至于发生明显的破坏,所以对皂洗牢度要求很高的印花蚕丝织物可采用还原染料印花。碱剂需用碳酸钠和碳酸钾。

7. 涂料

涂料印花由于手感问题,影响蚕丝织物的风格,在丝织物印花中以点缀性为主,对一些白色细茎图案使用白涂料印花,用以产生立体效果。一般选用树脂或蛋白质代替合成黏合剂,以克服黏合剂的堵网现象。

直接染料及酸性染料中被禁用的偶氮型染料较多,尤其在出口产品生产选用中应特别慎重。蚕丝纤维对染料有一定的吸收饱和值,若染料用量超过饱和值,后处理时易掉色,发生沾染现象,从而影响染料的色光和牢度,所以必须正确合理掌握染料的最高用量。

三、蚕丝织物弱酸性和直接染料直接印花工艺

1. 色浆配方

染料/g	x	原糊/g	500~600
水	适量	硫酸铵(1∶2)/g	60
尿素/g	50	氯酸钠(1∶2)/g	15
硫代双乙醇/g	50	加水合成总量/g	1000

2. 色浆调制

调浆时,染料先用少量水调成浆状,加入沸水充分溶解,将已溶解好的尿素倒入原糊中,然后加入染料溶液均匀搅拌。

3. 色浆中助剂的作用

尿素,其作用是作为助溶剂帮助染料助溶和提高蒸化效果。也可用甘油,但应注意蒸化时造成渗化。

4. 工艺流程

蚕丝织物→印花→烘干→蒸化→水洗→固色→退浆→脱水→烘燥→整理

工艺说明如下。

（1）印花　蚕丝织物印花色浆中的糊料，除了满足与染料、化学药品等良好的配伍性以外，必须适应蚕丝织物吸收色浆能力差的特点，使调成的印花浆具有良好的印透性和均匀性。另外，由于蚕丝织物要求手感柔软，糊料还应有良好的易洗涤性。不同的设备、不同的真丝品种对原糊的要求不同，真丝织物筛网印花可选用可溶性淀粉、黄糊精、龙胶及合成龙胶糊。为提高表面得色量，可拼入部分小麦淀粉糊，不能多拼，拼多后可洗性差。电力纺、斜纹绸织物选用黄糊精和小麦淀粉混合糊，双绉类织物选用可溶性淀粉糊，乔其纱选用混合糊。

（2）蒸化　蚕丝织物受力后易变形，所以蒸化设备须采用松式蒸化机，常用的有星形蒸化机（间歇式）和长环悬挂式蒸化机（连续式）。采用圆筒蒸箱星形架挂绸卷蒸，蒸箱内蒸汽表压为 $7.84\sim8.82$ kPa，蒸化时间为 $30\sim45$ min。采用悬挂式汽蒸箱，汽蒸温度为 $102℃$ 左右，时间为 $10\sim20$ min。汽蒸湿度与印花织物的得色量、鲜艳度及花纹轮廓清晰度密切相关，一般印花浆中加一定量的吸湿剂，可使染料在汽蒸过程中充分转移又不渗化搭色，但对于花纹面积大或乔其织物，通常要从织物背面喷雾给湿后进蒸箱，并增加色浆中尿素用量。

（3）水洗　印花蚕丝织物通过水洗洗去织物上残余的浆料，使手感柔软，并去除表面浮色及残余助剂，使花色鲜艳、白地洁白。在洗涤过程中，机械张力要尽可能小，平洗时用冷流水，不加毛刷，车速 30 m/min，再绳状冷水洗 $20\sim25$ min，通常在绞盘水洗机中进行，也可在针织品专用的水洗机中进行。若印花浆中含有淀粉类原糊，还应经 7658 淀粉酶处理，以确保蚕丝织物手感优良。

（4）固色和退浆　洗涤后，为提高色牢度可用固色剂 Y 或非醛类固色剂 $1\sim4$ g/L，用 HAc 调 pH 值为 $5.5\sim6$，浴比为 $1:(30\sim50)$，在 $40\sim45℃$ 条件下处理 30min 左右，固色后用冷流水冲洗 10min。退浆时使用 BF-7658 淀粉酶 $0.16\sim0.2$ g/L，浴比为 $1:30$，在 $50\sim60℃$ 左右处理 30min，退浆后用 $40℃$ 热水或冷流水冲洗 30min。固色和退浆次序不同则效果不同，先固色、后退浆有利于色牢度提高，减少搭色和沾染，但给退浆带来一定困难，不利于浆料洗净；而先退浆、后固色，由于退浆温度较高，会使织物掉色严重，影响花色鲜艳度；也可用固色退浆一步法，温度掌握在 $35℃$ 以下，最后再进行退浆，有利于浆料去除，减少掉色。

四、蚕丝织物中性染料直接印花工艺

1. 色浆配方

染料/g	x	原糊/g	$500\sim600$
尿素/g	50	氯酸钠(1:2)/g	15
硫代双乙醇/g	50	加水合成总量/g	1000

2. 应用方法

除色浆中不加释酸剂，可以免去固色处理以外，其余基本上与酸性染料相同。

五、蚕丝织物碱性及阳离子染料直接印花工艺

1. 色浆配方

原糊/g	100	10%接枝剂/g	30
染料/g	x	磷酸三钠/g	6
冰醋酸/g	3	加水合成总量/g	1000
尿素/g	5		

2. 色浆调制

调浆时,将接枝剂用磷酸三钠中和至pH为7时再加入色浆中,经接枝改性后的蚕丝织物选用合适的阳离子染料。

3. 色浆中助剂的作用

(1) 冰醋酸 主要起助溶作用,使用时要严格控制用量以免造成色点和沾色。

(2) 接枝剂 主要目的是使蚕丝织物接枝改性,以提高阳离子染料在蚕丝织物上的牢度。因蚕丝是由丝氨酸、丙氨酸、甘氨酸等18种氨基酸组成。大分子中含有活性侧基,如羟基、氨基、羧基等。接枝剂可以和侧基发生反应,使蚕丝纤维改性。常用的接枝剂BTAN是三聚氯氰与氨基苯磺酸缩合的产物。接枝剂可直接加入阳离子染料印花色浆中,这样既能保持阳离子染料的鲜艳色光,又能提高染料的上染率。

(3) 磷酸三钠 中和接枝剂并调节pH值。

4. 工艺流程

蚕丝织物→贴绸→印花→烘干→蒸化→水洗→烘干→整理

六、蚕丝织物活性染料直接印花工艺

1. 色浆配方

(1) 弱酸性条件下色浆配方

染料/g	x	防染盐(1:1)/g	20
尿素/g	150	小苏打/g	10~15
热水(70~80℃)/mL	100	加水合成总量/g	1000
海藻酸钠/g	640		

(2) 碱性条件下色浆配方

染料/g	x	85%甲酸/g	100
尿素/g	50	氯酸钠/g	15
硫代双乙醇/g	50	加水合成总量/g	1000
原糊/g	500		

2. 色浆调制

先以少量水将染料润湿,再调成浆状,加入溶解好的助剂,充分溶解后倒入原糊中搅拌均匀。

3. 工艺流程

蚕丝织物→印花→烘干→汽蒸→后处理

工艺说明如下。

(1) 印花 活性染料用于蚕丝织物印花,不但具有酸性染料的上染性能,在弱酸性条件下能与蚕丝纤维上的氨基以及在碱性条件下能与蚕丝纤维上的羟基发生反应形成共价键,所以可在酸性和碱性两种条件下印花固色,即有酸性印花浆印花和碱性印花浆印花两种工艺。

(2) 后处理　碱性印花色浆的后处理同常规纤维素纤维。弱酸性印花色浆的后处理工艺为：冷水洗→热水洗（40℃→60℃→80℃）→皂洗（阴离子洗涤剂，NaH_2PO_4 2g/L）→热水洗（40~60℃）→冷水洗→烘干→整理。加入磷酸氢二钠可提高固色和洗涤效果。

七、蚕丝织物还原染料直接印花工艺

印花工艺类似于纤维素织物。印花色浆中还原剂用雕白粉，碱剂用碳酸钠和碳酸钾（40~80g/L），必要时将织物在印花前浸轧酒石酸二乙酯（30~40g/L）。染料应选用超细粉状或浆状，并能在弱碱条件下充分还原。原糊用易洗性好的印染胶糊，色浆中可加入吸湿剂、助溶剂以提高印花效果。织物在印花、烘干、汽蒸、水洗后，再经过30%的过氧化氢溶液（2mL/L），使染料充分氧化，再皂洗、水洗并烘干。

第二节　蚕丝织物特种直接印花

蚕丝织物的特种直接印花方法包括渗透印花、渗化印花、印经印花和浮雕印花等。

一、蚕丝织物特种直接印花的特点

渗透印花是使蚕丝织物获得正反两面花型和色泽基本一致的印花方法，它是利用较薄色浆的渗透作用使其透过织物中纤维与纤维间隙，达到双面效果。渗透印花与织物所选用的纤维、组织规格和织物密度关系很大。一块好的渗透印花真丝织物使人难以分清正反面。渗透印花适宜印制头巾、披巾、领带、裙料等，在电力纺、斜纹绸、双绉等蚕丝织物上有所应用。

渗化印花是采用低黏度色浆加入大量渗透剂扩散剂等化学助剂，利用织物的毛细管效应，通过降低色浆的黏度，使染料从花型中向四面渗化开，达到色泽深浅层次相互渲染、互相渗化，形成浓度梯度，使花型图案具有色泽层次复杂、浓淡色彩自然的感觉。

印经印花是将经线先在织机上用纬线假织，再在台板上进行印花和后整理，然后抽去假织纬线，把印花后的经线再行织造，使织物具有朦胧多彩、立体感觉的特殊风格。

浮雕印花是在制版时将一套花版刻得两块，再利用涂料白对色浆有一定的机械防染和复色作用，先取一块花版在织物上刮印涂料白色浆细茎，用另一块同样花版稍错若干毫米左右的位置刮印深色色浆。在织物上即得深色、复色、涂料白三种层次的重叠效果。花型有立体感，故又称立体印花。

二、蚕丝织物渗透印花工艺

1. 色浆配方

酸性染料/g	x	水/g	200~300
尿素/g	40~60	原糊/g	y
渗透剂/g	20~30	加水合成总量/g	1000

2. 色浆调制

原糊由羧甲基纤维素糊与水以1∶3或1∶4调制而成。渗透剂有渗透、消泡、匀染作用。酸性染料应选用渗透性较好的染料。

3. 工艺流程

坯绸准备(卷绸、浸湿)→贴绸(树脂贴绸)→印花→蒸化→水洗→固色→增白

工艺说明如下。

(1) 坯绸准备　选择织物组织结构疏松、轻薄的蚕丝织物，半制品经脱胶处理，使其具有较高的毛细管效应。

(2) 贴绸　印花台板选用树脂贴绸，可获得均匀的渗透效果，如采用淀粉浆料贴绸，浆料一定要薄而均匀，否则，渗透效果不佳，得色不匀。台板表面温度要低，不能超过40℃，否则色浆易干，不利渗透印花。

(3) 印花　选用渗透性能好的染料品种和浆料，必要时还需加入渗透剂。印花色浆要调制得稍薄一些，以利于渗透，但要保证印制效果。若采用弱酸性染料，一般在近似中性条件下印花。

(4) 后处理蒸化、水洗、固色等同一般蚕丝织物印花。

三、蚕丝织物渗化印花工艺

1. 色浆配方

渗化印花效果主要取决于印花色浆，渗化印花色浆一般由原浆和色浆两部分组成。

(1) 原浆配方

高醚化度淀粉/g	700	尿素/g	60
高醚化瓜耳豆胶/g	300		

(2) 色浆配方

原浆/g	1000	甘油/g	30
染料/g	x	消泡剂/g	20~30
渗透剂/g	70	水/g	400~500
平平加O/g	30		

2. 工艺流程

调色→印花→蒸化→水洗→固色→整理→成品

工艺说明：理想的渗化印花效果不仅要调制合适的印花色浆，而且要注重生产工艺操作。台板贴绸胶采用均匀细薄的树脂胶，若用淀粉浆贴绸，要边洒浆边刷匀，边滚浆边贴绸，保证洒浆细密，浆面均匀。印花台板温度要保持在30~35℃。印花排花框时先印不渗化色浆，后印渗化色浆，印花前后套之间距离一般在10~15m左右以有利于渗化，而细点或复色层次的花型其刮印时距离应近些以利于产生渗化复色效应，刮印渗化浆给浆应多些，有利于渗化。

四、蚕丝织物印经印花工艺

1. 色浆配方

(1) 原糊配方

高醚化瓜耳豆胶/g	700	乳化浆/g	300

(2) 色浆配方

原糊/g	1000	尿素/g	30
染料/g	x	水/g	1400

2. 工艺流程

假织的织物→前处理→印花→蒸化→水洗→固色→水洗→脱水→烘干→抽去纬线→织造→成品

工艺说明：印花时贴绸浆洒浆要薄而少，印花一般刮印四次。后处理时采用压力68～78kPa汽蒸50min，在绳状水洗机上用冷流水洗30min，固色液采用固色剂Y4～5g/L、浴比1∶25、在温度50℃±5℃固色20～30min，用冷流水洗10min后在离心脱水机上脱水并用滚筒烘燥机烘干。

五、蚕丝织物浮雕印花工艺

浮雕印花除制版和刮印与一般印花工艺不同外，其他工艺相同。

第三节 蚕丝织物防拔染印花

羊毛和蚕丝织物两者的防拔染印花工艺基本相同，现以蚕丝织物防拔染印花为例说明。拔染印花工艺要求织物需先经染色后再印花，由于蚕丝织物质地轻薄，加工路线长，容易出现皱印和灰伤（擦伤）等疵病。因此蚕丝织物拔染印花只有在直接印花不能达到要求时才被采用。一般在深地或大块深色花型上有浅细茎的图案时常选用拔染印花，而地色面积不大时以拔印印花或防浆印花为多。

一、蚕丝织物防拔染印花的特点

1. 拔染印花

蚕丝织物拔染印花的地色染料采用弱酸性或中性及直接染料，被还原剂分解后易洗除，有利于拔染，直接染料可选用的品种较多，酸性染料的色泽比较鲜艳。蚕丝的丝素对碱作用相当敏感，故蚕丝织物不能选用碱性的还原剂（如雕白粉）拔染，而采用在酸性介质中具有还原作用的氯化亚锡、德古林（羟甲基亚磺酸锌盐）、二氧化硫脲等，德古林作用与雕白粉相同，它和二氧化硫脲同属于亚磺酸系还原剂。氯化亚锡应用最多，它在酸性介质中高温汽蒸时二价锡氧化成四价锡，具有较强的还原性，还原能力随着汽蒸温度升高而增大，但比雕白粉、德古林为低，并且二氯化亚锡组成的拔染色浆在织物印花后汽蒸的搁置过程中不受空气氧化的影响，非常有利于生产管理。

2. 拔印印花

拔印印花是将不耐氯化亚锡的染料调成色浆先印花，再在它上面压印含氯化亚锡和耐还原剂的染料所调成的色浆。经蒸化后，不耐还原的地色色浆被破坏，而得深花、浅茎或对比色彩。因为这种印花方法是先印色浆，再印色拔浆进行局部消色作用，所以称为拔印印花，也称拔浆印花。

3. 防染印花

防染印花是先在织物上刮印防印浆，再罩印地色浆，在有防染剂的花纹处地色不能发色或固色。仅印白色花纹叫防白，色浆中加有耐防染剂的染料或涂料，经处理固着于纤维叫色防。

二、蚕丝织物拔染印花工艺

1. 色浆配方

	拔白浆配方	色拔浆配方
染料/g	—	x
高醚化瓜耳豆胶/g	700	660
尿素/g	40	40
氯化亚锡/g	25~80	25~80
冰醋酸/g	14	15
草酸/g	3.5~7	3
加水合成总量/g	1000	1000

2. 色浆中助剂的作用

(1) 尿素　尿素作为助溶剂和吸酸剂,可防止氯化亚锡高温水解所释放的盐酸使蚕丝织物脆损和泛黄。

(2) 冰醋酸和草酸　两者的作用是抑制氯化亚锡的水解,加强还原作用,同时草酸根与锡离子络合,可避免影响染料色光。

3. 工艺流程

染地→印花→蒸化→水洗→整理

工艺说明如下。

(1) 染地　染地色工艺同蚕丝织物染色。地色染料为不耐氯化亚锡、能被氯化亚锡破坏消色或易于洗除的酸性或直接染料,色拔染较采用耐氯化亚锡的三芳甲烷、蒽醌或三偶氮的酸性染料、直接染料和中性染料。

(2) 印花　印花色浆中拔染剂的用量由地色深浅、地色染料拔染的难易程度而定。

(3) 蒸化　蒸化采用圆筒蒸箱,箱内压力为88.263kPa,处理20~30min。

(4) 后处理　蒸化后的水洗、退浆、固色等后处理同一般蚕丝织物印花。

三、蚕丝织物拔印印花工艺

1. 色浆配方

与拔染印花基本相同。

2. 工艺流程

调浆→印花→印拔印浆→蒸化→水洗→固色→水洗→开幅→烘燥→整理

四、蚕丝织物防染印花工艺

1. 色浆配方

	防白浆	色防浆	地色罩印浆
酸性染料/g	—	x	x
尿素/g	100	100	50
助溶剂/g	50	50	—
酒石酸/g	20	20	—
塞伍通WS/g	625	600	—
消泡剂/g	10	10	5
分散剂/g	—	—	20
InclalcaPA-30(糊)/g	—	—	450
加水合成总量/g	1000	1000	1000

2. 色浆调制

色防浆调制时,首先将染料用沸水溶解,再加入尿素和助溶剂搅拌均匀,再加入酒石酸,降温到60℃以下,边搅拌边倒入塞伍通WS防染浆中,最后加入消泡剂。温度不能高于60℃,否则防染浆会结块。防白浆调制方法类似于色防浆。

地色色浆调制时,先将染料用沸水溶解,加入尿素、分散剂边搅拌边倒入InclalcaPA-30(糊)中,最后加入消泡剂。

3. 工艺流程

刮印防印浆→烘干→罩印地色色浆→蒸化→后处理

工艺说明:真丝绸防浆印花产品的精细度高,防染地色与花色鲜艳度也较好。印花中应用的防染剂分为两种,第一是物理性防染剂,其品种不多,如日本防白浆#502,防白效果较好,其中所含活性炭颗粒大小是经过筛选的,在水洗过程中很易去除。第二是化学性防染剂,用于蚕丝的主要为进口产品,如日本的Uniston E-3000属阳离子高分子吸附性树脂,它用作酸性染料、金属络合染料的防白剂,Uniston Mc-3属高分子吸附性树脂,用作酸性染料、直接染料的色防剂,但选择染料范围窄,给色量低。瑞士的塞伍通WS作色防浆时,对染料的选择范围广,但防白时所得白度不够理想。无论防白或色防,为了阻止地色染料的渗透导致防白或色防花位上沾色,保持良好的防染效果,要求有较厚的浆膜层。

第四节 羊毛织物直接印花

羊毛织物在印花前,除需要经过常规的洗呢、漂白等处理外,还需经氯化处理。氯化处理后羊毛纤维表面的疏水鳞片结构被部分破坏,羊毛极性增强,更易吸湿膨化,极大提高对染料的吸收能力,可印制浓艳的色泽。羊毛织物的印花常采用酸性染料、活性染料和中性染料,个别产品也可以考虑可溶性还原染料、还原染料、媒介染料、冰染染料、涂料等。但阳离子染料的湿处理牢度很差。

一、羊毛的氯化处理

羊毛织物印花前的氯化处理过程如下。先浸渍氯化液(含0.018~0.3g/L有效氯和1.4~1.5g/L盐酸)10~20s,然后充分水洗,再用$NaHSO_3$ 1~3g/L进行脱氯,再水洗后拉幅烘干。印制浅色织物时氯化液浓度可稍低,印制深色的浓度稍高。氯化液中的盐酸也可用相当的硫酸代替,将pH值调至1.5~2.0以加速羊毛的氯化反应,并可减少羊毛织物泛黄。如在氯化处理及充分洗涤后,再经过淡甘油水溶液处理,然后拉幅烘干,可有利于印花后蒸化,提高给色量。

印花均匀的前提是氯化均匀,可用二氯异氯酸钠氯化,它在溶液中能慢慢地水解出次氯酸对毛织物进行氯化反应。二氯异氯酸钠氯化处理浴的pH值为4.5~5.5,浸轧后在堆布箱中停留时间不超过3min,然后充分水洗,脱氯,拉幅烘干。

二、羊毛织物酸性染料直接印花工艺

1. 色浆配方

染料/g	x	甘油/g	10
瓜耳豆胶/g	500	渗透剂/g	10
醋酸/g	20~30	加水合成总量/g	1000
尿素/g	10		

2. 色浆中助剂的作用

(1) 尿素　色浆中加尿素作为润湿剂,帮助染料溶解和促进羊毛膨化,以利于汽蒸时染料扩散。

(2) 甘油　加入甘油有利于汽蒸固着时吸收水分。

3. 工艺流程

呢坯准备→贴坯→调制印花色浆→印花→(烘干)→汽蒸→冷水洗→热水洗(并退浆)→水洗→固色→脱水→烘干→整理

工艺说明如下。

(1) 印花　羊毛织物采用酸性染料印花可印制出艳亮色泽的图案。

(2) 烘干　印花后经烘干再汽蒸得色率较高,线条的清晰度较好,但不宜过分烘干。有些花型精细度要求不高时,或是希望色浆有轻微渗透效果以及固色率较高的染料,也可不经烘干直接汽蒸。

(3) 汽蒸及后处理　汽蒸时织物上的印花色浆含湿要适当,以5%~15%为好。含湿过低效果不良,含湿高得色深而艳,但过高易产生渗化并在洗涤时产生沾色。蒸化前将羊毛先经喷雾适当给湿或在织物之间夹以含湿10%~15%的棉布一起汽蒸可防止蒸化时的蒸汽过热。汽蒸时间依颜色深浅为45~30min。其余后处理同蚕丝直接印花。

三、羊毛织物活性染料直接印花工艺

1. 色浆配方

(1) 一般活性染料

染料/g	x	海藻酸钠糊/g	500
尿素/g	150	防染盐S/g	10
渗透剂/g	10~30	加水合成总量/g	1000
小苏打/g	20		

(2) 毛用活性染料

染料/g	x	醋酸/g	10~30
尿素/g	50	海藻酸钠糊/g	400~600
渗透剂/g	20	加水合成总量/g	1000

2. 工艺流程

呢坯准备→调制印花色浆→印花→烘干→汽蒸→水洗→脱水→烘干→整理

工艺说明如下。

(1) 印花　一般活性染料印花如采用乙烯砜型活性染料,可在中性或弱碱性条件下固色,毛用活性染料印花时,由于染料溶解度比酸性染料好,印浆中不必加染料助溶剂,可直接将固体染料撒入其中。毛用活性染料在80~100℃,pH值为3~5的酸性介质中,羊毛多肽链上的基团形成共价键而获得坚牢又鲜艳的色泽。

(2) 汽蒸　印花后采用汽蒸固色,温度100~105℃,时间10~20min,以防羊毛泛黄。

(3) 其他后处理同蚕丝直接印花。

四、羊毛织物中性染料直接印花工艺

1. 色浆配方

中性染料/g	x	渗透剂/g	20
醋酸/g	30	瓜耳豆胶糊/g	400~600
草酸/g	20	加水合成总量/g	1000
尿素/g	50		

2. 工艺流程

呢坯准备→贴坯→调制色浆→印花→（烘干）→汽蒸→冷水洗→热水洗（并退浆）→水洗→脱水→烘干→整理

工艺说明如下。

（1）印花　羊毛织物采用中性染料印花可印制深色花纹，染色牢度尤其是湿处理牢度良好，鲜艳度优良，对羊毛损伤较低，糊料和助剂选择范围较广。

（2）汽蒸及后处理　同蚕丝织物直接印花。采用阳离子固色剂进行固色处理可进一步提高色牢度。

思考与练习

1. 名词解释：渗透印花、渗化印花、印经印花、浮雕印花
2. 蚕丝织物直接印花用染料如何选择？
3. 常用蚕丝织物直接印花工艺有哪些，各有什么特点？
4. 蚕丝织物拔染印花时如何选择拔染剂？
5. 写出蚕丝织物拔染印花工艺流程及色浆组成。
6. 写出蚕丝织物防染印花工艺流程及色浆组成。
7. 羊毛织物印花前为什么要经过氯化处理？
8. 羊毛织物直接印花工艺有哪些，分析各自的工艺流程、色浆组成、助剂作用。

第十三章　其他纤维及混纺织物印花

第一节　涤纶织物直接印花

涤纶即聚酯纤维，分子中无亲水性基团，因而具有疏水性，它的结晶度和取向度都很高，分子排列紧密，微隙小，染料和其他药剂扩散入纤维内部比较困难，一般纯涤纶织物印花以分散染料为主，也使用涂料印花。以下仅介绍分散染料印花工艺的相关内容。

分散染料是一类结构简单、相对分子量较小、水溶性很低、疏水性较强的非离子型染料。染料依靠分散剂的作用以微小的颗粒状均匀地分散在染液中而染着纤维，因此称为分散染料。按应用性能分类，分散染料可分为低温型（E型）、高温型（S型）和中温型（SE型）。E型相对分子质量小，匀染性、移染性好，升华牢度差，适合高温高压法染色；S型相对分子质量大，匀染性较差，升华牢度好，适合热熔法染色；SE型性能介于前两种之间，固色率受温度影响较小，前两种染色法均适用。

一、分散染料的特性

分散染料色谱齐全，色泽鲜艳，皂洗牢度和摩擦牢度优良，日晒牢度和升华牢度因品种而异。分散染料缺乏深色的品种，多数是混拼商品，近年来分散染料还发展了碱性染色用分散染料、超细纤维染色用分散染料等以适应各种新工艺及新纤维。

二、纯涤纶印花对分散染料的要求

印花时色浆中的电解质会阻碍染料向纤维内部渗透，印花产品又要求白地洁白，因此印花用分散染料的升华牢度及固色率比染色所用染料有更高的要求。分散染料的升华牢度与染料结构和印花浓度有关，同一只分散染料，印花浓度提高，升华牢度降低。升华牢度过低的染料会在热熔固色时沾污白地，而固色率不高的染料又会在后处理水洗时表面浮色沾污白地，因此应根据颜色深度合理选择染料，一般多选用中温型和高温型的染料进行高温热熔固色，低温型的染料较少使用，且只能用高温高压汽蒸法固色。

三、分散染料印花工艺

1. 色浆配方

分散染料/g	x	氧化剂/g	5~10
尿素/g	50~150	原糊/g	y
酸或释酸剂/g	5~10	加温水合成总量/g	1000

2. 色浆调制

首先将分散染料用温水调和，使它充分扩散，在不断搅拌下加入原糊中搅匀，然后加入必要的助剂调和均匀。

3. 色浆中助剂的作用

(1) 尿素 加入尿素可以加速蒸化时染料在纤维上的吸附与扩散，还可防止某些含氨基的分散染料氧化变色。

(2) 氧化剂 含有硝基或偶氮基的分散染料，它们易在汽蒸时被还原而变色，在色浆中加入弱氧化剂如防染盐S等，可防止染料在汽蒸时被破坏变色。

(3) 酸或释酸剂 在色浆中加入酒石酸、磷酸二氢钠等常用的不挥发性酸或释酸剂，将印花色浆的pH值控制在4~4.5之间，可获得良好的印花重现性，同时可预防分散染料在碱性高温下长时间蒸化而引起水解变色。

(4) 原糊 涤纶是疏水性纤维，表面光滑，印制的花纹不易均匀，因此应选用具有良好的黏着性的原糊，使印制的花纹得色均匀、轮廓清晰，可用龙胶糊、CMC糊、淀粉的醚化物和海藻酸钠等原糊，但单独使用不易得到理想的印制效果，实际工艺中常采用混合糊，如海藻酸钠/小麦淀粉混合糊、淀粉醚化物/合成龙胶混合糊等。

4. 工艺流程

白布→印花→烘干→固色→水洗→清洗→水洗→烘干

工艺说明如下。

(1) 印花 由于涤纶的吸湿性差，印花色浆宜调稠一些，以保证花纹清晰。分散染料在制造过程中已加入大量分散剂，温度过高会使分散剂破坏，使分散染料凝聚、溶解更加困难，若过滤不净容易产生色点，因此在分散染料溶解时宜用低于40℃的水。

(2) 固色 涤纶织物用分散染料印花烘干后可采用高温高压汽蒸法、热熔法和常压高温连续蒸化法进行固色。

高温高压汽蒸法固色是在密闭的汽蒸箱内用125~135℃的高温蒸化20~30min，汽蒸箱内的蒸汽过热程度不高，接近于饱和，所以纤维和色浆吸湿较多，溶胀较好，有利于分散染料向纤维内转移，同时又由于高压饱和蒸汽的热含量高，提高织物温度也较迅速，温度较恒定，故利于染料上染，与其他方法相比，固色率较高，适应染料品种范围较广，织物手感良好，适用于易变形的织物，但缺点是不能连续化生产。

热熔法固色是将印花织物通过焙烘机用180~220℃干热空气固色1~1.5min。热熔温度必须严格按印花所用染料的性质进行控制，以防止染料升华时沾污白地并获得较高的固色率。焙烘时间取决于焙烘温度，焙烘温度低则焙烘时间长。由于固色效果不及压力汽蒸法，因此要加入增深促染剂和合理选用印花原糊，以获得较为理想的固着效果。此法适用于升华牢度高的分散染料。因为热熔法是在紧式干热条件下进行固色的，对织物的手感有不良影响，故不适用于弹力涤纶织物和针织涤纶织物。

常压高温汽蒸法固色是在常压下以过热蒸汽为载体，温度为175~180℃汽蒸6~10min。操作连续化，经济效果好。采用高温汽蒸固色比用热风进行热熔固色具有明显的优势，过热蒸汽容易使印花色浆的糊料溶胀，纤维也易膨化，从而有利于分散染料通过浆膜转移到纤维上去，固色率高，此外，过热蒸汽的热容比热空气的大，蒸汽的导热阻力较热空气的小，将使织物的升温较快，且温度稳定。但由于热处理时间短，需要加入增深促染剂以达到压力汽蒸相似的效果。汽蒸时若染料选择不当，有部分染料的升华而易产生白地沾污，另一方面，由于蒸汽温度接近干热，因此原糊的脱糊性比高温高压汽蒸法差。

(3) 清洗 常压高温汽蒸工艺的染料固色率一般比高温高压汽蒸法低，在清洗时染料落色较多，为保证白地不受沾污，可采用还原清洗除去涤纶织物表面上的浮色，还原清洗液可用保险粉 1~2g、36°Bé 烧碱 1mL、非离子表面活性剂 1g 加水合成总量 1kg，在 70~80℃ 处理 15~20min。通过还原清洗既可提高色泽的鲜艳度，也可提高摩擦牢度。

第二节　涤/棉织物单一染料直接印花

涤棉混纺织物由于它具有挺括、滑爽、快干和耐穿等特点，为广大消费者所喜爱。按混纺比例不同可分为以涤成分为主的涤棉（简写为 T/C）和以棉成分为主的低比涤棉（简称 CVC），随着棉成分的增加，透气性也随着提高。

涤纶与棉纤维的物理结构和化学性能有很大不同之处，因此涤棉混纺织物的染整加工比较复杂。合理选用染料对整个印花质量和工艺的顺利进行是一个重要环节。涤/棉织物上所用的染料，必须根据这两种纤维的特性来进行合理选择，涤纶织物印花以分散染料为主，用于棉纤维上印花的染料品种较多，但应考虑到与分散染料的相容性和耐热性等。

涤/棉织物直接印花按采用染料的上染方法可以分成两种，其一是使用一种染料同时上染两种纤维，其二是使用两种染料分别上染两种纤维。

使用一种染料同时上染两种纤维，可以使用的染料有涂料、聚酯士林、缩聚染料、稳定不溶性偶氮染料、可溶性还原染料、混纺染料等。这种方法既可上染棉纤维，又可上染涤纶纤维，但织物两组分的色相往往不能平衡，有棉深涤浅或涤深棉浅现象的产生。染料的选择性强，因此染料选择与色谱往往不能配套，色泽也不够丰满。

一、涤/棉织物印花前处理

1. 前处理工序

涤/棉织物印花，由于印花质量要求高，印花工艺流程长，因而在印花前必须经过烧毛、退浆、碱煮、漂白、丝光、加白、定形去皱和抗静电等工序，使半制品符合印花要求。

2. 半制品要求

半制品的质量要求如下。

（1）织物表面光洁，绒毛要短而齐，以改善成品的起毛起球现象。

（2）退浆要匀净，以免经纱上浆所用的 PVA 浆料去除不净导致印花时的局部防染作用，影响得色匀染度或形成浆斑、碱斑、蜡纱等疵病。

（3）去杂要净而匀，必须将涤纶纺丝过程中上的油剂、棉纤维上的生长期共生物和棉籽杂质等除净，以期达到半制品有较好的毛细管效应和均匀的瞬时毛效。

（4）要经漂白达到一定的白度。涤/棉织物的漂白，最好是先经过亚氯酸钠漂白，再经双氧水漂白（俗称亚-氧双漂工艺）。花布的白地白或白花面积大的一般要求达到漂布的基础白度；花布的白地小或没有白地、白花的图案，则只要求达到染色布的基础白度。

（5）丝光用的浓碱虽对涤纶具有剥蚀减量作用，但它对棉纤维有使其纤维结晶区增加的作用，提高棉纤维吸收染料的能力。丝光还可降低织物的缩水率，增进布面光泽和平整度，改善织物的尺寸稳定性及手感。因此要达到染料对棉组分有较好的上染性能，印花织物必须经过丝光处理。丝光后的织物 pH 值应呈中性，防止它在高温处理时，织物带碱性受高温而损伤。

（6）加白处理。涤/棉的加白处理要分别用涤纶荧光增白剂和棉纤维荧光增白剂来完成（简称涤加白和棉加白），工艺程序视花型和印花工艺的选择，既可在印前也可在印后进行。

如白地很大的涂料白直接印花工艺可在印前加白；棉增白剂 VBL 在高温下会泛黄，因此要放在花布的后整理工序中进行加白。

(7) 织物要平整无折皱。涤/棉织物在前处理各工序中反复经过湿、热的长时间处理，涤纶会发生一定的定形作用，为了消除经向折痕和堆积的无规律的折皱痕迹，为此，应在印花前进行一次去皱定形，对条格花样而言，则应先整纬后定形，使织物有较好的平整度和弹性。

二、涤/棉织物涂料直接印花工艺

涂料用于涤/棉混纺织物的印花所占比重较大。因为涂料对涤纶与棉都没有亲和力。它们是靠黏合剂所形成的薄膜机械地固着在织物的表面上的，免去了两种染料同浆印花的麻烦。虽然黏合剂对两种纤维黏着力不同，但如恰当选择，就能满足印花要求。

1. 色浆配方

(1) 抗渗化专用糊

涂料/g	x	抗渗化糊料/g	800
丙烯酸或聚氨酯黏合剂/g	150～180	合成总量/g	1000

(2) 乳化糊/合成增稠糊

涂料/g	x	合成增稠剂/g	z
丙烯酸黏合剂（自交联型）/g	120～180	柔软剂（有机聚硅氧烷型）/g	20～30
乳化糊 A/g	y	合成总量/g	1000

2. 工艺流程

白布→印花→烘干→焙烘→后整理

工艺说明如下。

(1) 涤/棉织物的涂料印花工艺及操作等与纯棉涂料印花相同。但从实际应用效果看，不论用手工台板网印、布动平版筛网印花、圆网印花或滚筒印花等印花方法来印制，不论作为涂料印花色浆的原糊是乳化糊还是合成增稠糊，涤棉织物上的花纹边缘均会产生不同程度的渗化现象，轮廓不够光洁，在印制精细花型时就会遇到麻烦。采用抗渗化专用糊或在常用乳化糊/合成增稠糊色浆中加入 0.5%～1.0% 的防渗化助剂能有效地防止印花色浆的渗化。块面较大的花型可以采用乳化糊与合成增稠糊拼混的半乳化糊，使糊料的透网性能改善，有利于块面花型的色浆渗透和均匀扩散。

(2) 所用涂料颗粒的细度应在 0.1～1μm 之间，颗粒过大给色量低，印花时易堵网，印花后牢度明显下降。颗粒过小，会发生光的绕射，亮度及色泽鲜艳度下降。由于涤/棉织物在后整理过程中一般需定形整理，以稳定尺寸，因此，所选涂料必须有良好的升华牢度。

(3) 黏合剂的选用要兼顾到成膜的牢度、皮膜的透明度、洁白程度和耐热的稳定性。采用自交联丙烯酸共聚物的水性分散体或聚氨酯为主组分的水性乳液，用量根据涂料用量多少进行调节，尽可能在保证色牢度的前提下减少黏合剂用量，使印制的织物手感良好。

(4) 涂料印花的色浆中加入交联剂 2%～3%，能提高刷洗牢度。使用时，将交联剂加到乳化糊中稀释，然后再加到黏合剂中，并以乳化糊作色浆的冲淡浆，切忌将交联剂最后加到印花色浆中。

(5) 涂料印花时，最后压一只淡水白浆光板花筒，可提高织物上花纹的压透情况，改善印花后的粘搭情况，提高刷洗牢度。

(6) 采用全涂料印花时，印花烘干后可用20g/L的柔软剂EM、10g/L的50%变性三聚氰胺甲醛、3g/L的硫酸铵配制而成的浸轧液浸轧，经140~150℃焙烘可提高刷洗牢度。但不适合涂料与其他染料共同印花。

三、涤/棉织物聚酯士林染料印花工艺

聚酯士林染料是还原染料的特殊品种，能同时上染涤纶与棉纤维，通常采用两相法工艺，即先焙烘使其在涤纶上固色，再浸轧还原液、快速汽蒸使其在棉纤维上固色。

1. 色浆配方

聚酯士林染料/g	x	加水合成总量/g	1000
海藻酸钠糊/g	400~500		

2. 工艺流程

白布→印花→烘干→焙烘→面轧还原液→快速汽蒸→水洗→氧化→水洗→皂洗→水洗→烘干

工艺说明如下。

(1) 聚酯士林染料颗粒的大小要适当，因其在涤纶纤维内扩散速率较慢，上染速率不高，颗粒越细越利于在涤纶纤维上的扩散，但颗粒太细，将影响其在棉纤维上的印花效率，颗粒太粗，则易产生色斑点。

(2) 在温度为200℃下焙烘1~3min。

(3) 还原液采用40~100g/L的雕白粉、80~140mL/L的28.83%烧碱、50g/L的纯碱、50g/L的食盐、200g/L的海藻酸钠糊加水合成总量1000g配制而成，在50~60℃进行面轧。

(4) 面轧后立即进入快速蒸化机在100~102℃蒸化45s，然后进入平洗机用水冲洗，再经过硼酸钠或双氧水氧化，将棉纤维上的还原染料隐色体氧化成还原染料，最后经水洗、皂洗后处理。

四、涤/棉织物分散染料印花工艺

分散染料在涤/棉织物上印花，获得均一色泽的难度比较大。分散染料只上染涤纶，但大多数分散染料易沾染棉纤维，沾染棉的色光往往与热熔进入涤纶的色光有很大的不同。如在涤纶上是带有绿色的荧光黄色，沾染在棉上是棕黄色，造成花纹萎暗，染色牢度降低、白地不白。因此分散染料一般用于涤/棉织物的浅色印花，其用量一般控制在1%以下。印浅色时纤维间"银丝"现象不易察觉，印后分散染料起先只是附着在织物表面上，如不经高温固色能全部被洗除。高温固色时，分散染料经升华进入涤纶，并使黏附在棉纤维上的分散染料同时向涤纶纤维中转移。

1. 色浆配方

分散染料/g	10	海藻酸钠糊/g	400~600
六偏磷酸钠/g	3	加水合成总量/g	1000
防染盐S/g	10		

2. 色浆调制

在调制色浆时先将六偏磷酸钠用热水溶解后冷却至 40℃ 以下加入到分散染料中，再将防染盐 S 用热水溶解后冷却至 40℃ 以下滤入海藻酸钠糊中。温度过高导致分散剂破坏使分散染料凝聚。

3. 工艺流程

白布→印花→烘干→固色→水洗→皂洗→水洗→烘干

工艺说明如下。

（1）分散染料在弱酸性中比较稳定，碱性液会使某些分散染料水解，影响色光。一般色浆的 pH 值控制在 5~5.5，pH 值低于 3 或高于 10，会降低染料在涤纶纤维上的上染率，造成棉纤维的沾色。通常在色浆中加入乳酸或酒石酸以调节 pH 值。

（2）原糊要选用中性和在弱酸性时稳定的海藻酸钠糊。为提高色浆的刮印效果，可同时加入乳化糊，但不宜过多，否则影响花纹的轮廓。某些分散染料遇金属离子容易发生色变，因此调制色浆不宜用铁器。

（3）高温处理时尿素在 130℃ 便熔融、挥发和分解，并与分散染料组成低熔点共溶物，加重对棉纤维的沾色，造成沾色难以洗除，因此色浆中除纯涤纶织物印花外均不加尿素。

（4）固色可采用热熔法（TS 法）、高温高压汽蒸法和常压高温汽蒸法（HTS 法）。

热熔法是将织物通过焙烘机在 165~210℃ 干热固色 1~2min。一般选用升华牢度高的染料，为防止染料升华时沾污白地，同时又要求达到较高的固色率，热熔温度必须严格按印花所用染料的性质进行控制。

高温高压汽蒸法是将织物挂在圆筒蒸箱中在高压下蒸汽汽蒸，使染料固着于涤纶。此法色泽鲜艳，固色温度低（125~135℃），固色率高于热熔法。

常压高温汽蒸法是在常压下 150~180℃ 的过热蒸汽进行汽蒸 4~8min。特别适用于涤/棉印花织物固色，它能使两种纤维在同一过程中固色，给色量较高。

五、涤/棉织物可溶性还原染料印花工艺

可溶性还原染料对棉纤维有亲和力，对涤纶不能上染，只有在染料水解氧化显色后，成为不溶性还原染料（类似于分散染料的性能），才有可能经过热熔上染涤纶纤维。由于各染料的上染性能不同，有的只能沾染在涤纶纤维表面，造成熨烫牢度降低；有的可在助剂的帮助下少量进入纤维，但上染到涤纶纤维上的染料量和得色量要比上染到棉纤维上的染料量少。所以，它在涤/棉织物上主要用来印制浅色花型，其工艺很多，一般多采用亚硝酸钠-酸显色热熔法和亚硝酸钠-尿素热熔法工艺。

（一）亚硝酸钠-酸显色热熔法

1. 色浆配方

可溶性还原染料/g	x	海藻酸钠/淀粉醚混合糊（1:1）/g	500
亚硝酸钠/g	3~20	加热水合成总量/g	1000
纯碱/g	2		

2. 工艺流程

白布→印花→烘干→硫酸浴显色→冷水洗→烘干→焙烘水洗→皂洗→水洗→烘干

工艺说明如下。

（1）印花色浆稳定，适宜于印制浅色花型，织物受损伤程度及泛黄程度较小。

(2) 硫酸浴显色，生成亚硝酸，使可溶性还原染料上染和固着于棉纤维，沾染涤纶纤维。

(3) 冷水洗的目的是洗去织物上所带的酸，但水洗不能过于剧烈，否则涤纶表面所沾染的已显色的母体还原染料会被水洗去而使得色量下降。

(4) 采用190~200℃焙烘2~5min，使部分还原染料转移到涤纶纤维，转移量不大，特别是相对分子质量较大的染料，通常只能环染而不能进入涤纶内部。

(二) 亚硝酸钠-尿素热熔法

1. 色浆配方

可溶性还原染料/g	5~30	海藻酸钠/淀粉醚混合糊(1:1)/g	400~600
尿素/g	50~150		
亚硝酸钠/g	5~20	加水合成总量/g	1000
太古油/松油(2:1)/g	30~50		

2. 色浆中用剂的作用

(1) 尿素　尿素起助溶及促进固色作用。色浆中尿素的用量对给色量影响很大，多数染料随尿素用量增加，给色量增加。尿素用量的增加，还能克服纤维的泛黄和抑制氧化剂对棉纤维的损伤。尿素用量一般控制在15%左右。

(2) 亚硝酸钠　为氧化剂。在高温焙烘时分解生成亚硝酸，使可溶性还原染料分解氧化，氧化后的染料热熔时进入涤纶纤维内部，亚硝酸钠的用量直接影响到印花的表面给色量和色光，亚硝酸钠用量少，给色量降低；但用量过多，给色量也会降低。花纹的色光也随用量不同而异。因此，亚硝酸钠的用量要随染料及花筒雕刻的深浅进行调节。

(3) 太古油与松油(2:1)　前者为表面活性剂，可提高染料的渗透性；后者为消泡剂。它们有助于改善染料向涤纶内部的渗透，或改变有些染料的色光，使之更加艳丽。

(4) 糊料　海藻酸钠糊给色量稍差，但印花轮廓清晰，印花均匀性好，拼用合成龙胶糊可提高给色量，并可提高花色的鲜艳度。

3. 工艺流程

白布→印花→烘干→焙烘→(轧硫酸显色)→水洗→皂洗→水洗→烘干

工艺说明：可溶性还原染料中加入亚硝酸钠和尿素后的色浆呈中性，在高温焙烘时，尿素分解出氰酸，使色浆pH下降到5.6~6，在氧化剂亚硝酸钠的作用下就使可溶性还原染料发色。同时在高温下亚硝酸钠和尿素能形成低熔点共溶物，吸湿性增强，有利于可溶性还原染料的溶解和亚硝酸钠在高温下水解。尿素又可使棉纤维膨化并能助溶染料，有利于染料向涤纶内部扩散和上染棉纤维。通常棉深涤浅，如印中、深色，就会出现"银丝"现象，故一般以印浅色为主。

第三节　涤/棉织物同浆印花

涤/棉织物直接印花按采用染料的上染方法分除使用一种染料同时上染两种纤维外，另一种方法是使用两种染料分别上染两种纤维。两种染料分别上染两种纤维指的是两种染料的同浆印花，目前常用有分散染料与活性染料同浆印花、分散染料与可溶性还原染料同浆印花、活性染料与还原染料同浆印花，以及分散染料与快磺素染料同浆印花等。调节同浆印花色浆中的两种染料用量的比例,可以在两种不同纤维上得到比较接近的色相和深度,从而获得均一丰满的色泽。

一、分散/活性染料同浆印花工艺

分散/活性染料同浆印花的特点是印制的织物色泽鲜艳、色谱全、手感好,可用于涤/棉织物的中、深色花布的印花。印花时,通过热熔使分散染料上染涤纶纤维,再经过汽蒸,使活性染料固着于棉纤维。

(一) 染料的选择要求

分散/活性染料同浆印花是两种染料分别上染不同的纤维,由于染料对纤维的亲和力不同,在纤维上的上染情况就有差异。活性染料上染棉纤维,沾染涤纶纤维,它在涤/棉织物上的色光不如在纯棉织物上的好;分散染料上染涤纶纤维,沾染棉纤维,使色泽灰暗,染色牢度(尤其是湿处理牢度)下降。染料用量过高,固色条件不充分,以及存在阻碍固着的助剂时,沾色就越严重,一旦产生沾染,很难清除,因此印花前要对染料进行筛选。

活性染料应选择色泽鲜艳、牢度好、扩散速率高、固色快、稳定性好、易洗涤性好、对涤纶沾色少、在弱碱性条件下固色的品种。

分散染料应选择在弱碱性条件下固色好、染料的升华牢度高、色泽鲜艳、具有一定的抗碱性、耐还原性及对棉纤维沾色少的品种。分散染料的升华牢度与染料结构、焙烘温度、印花浓度有关。同一只分散染料,焙烘温度和印花浓度提高,升华牢度下降。使用时要兼顾到焙烘温度和印花深度。拼色时,分散染料应选择升华牢度相差不大的,以便于工艺安排。

(二) 印花方法

按活性染料的固色方式不同印花方法可分为一相法和两相法两种。

一相法是指把活性染料和所需碱剂一起加在印花色浆中,经汽蒸使活性染料上染并固着于棉纤维。因色浆中含有碱剂,对分散染料的选择要求高,可选用的范围小,但工艺简单,实际生产应用较多。最常用的是小苏打同浆印花工艺。

两相法是在印花色浆中不加碱剂,印花后先热焙烘固着分散染料,然后再面轧碱液经短蒸使活性染料在棉纤维上固色。印花色浆对分散染料几乎无影响,但后处理轧碱、短蒸和洗涤工艺较难控制,很容易产生花纹渗化以及白地沾色等问题。

(三) 小苏打同浆印花工艺

1. 色浆配方

分散染料/g	1~100	尿素/g	30~50
活性染料/g	1~100	海藻酸钠糊/g	x
防染盐 S/g	10	加水合成总量/g	1000
小苏打/g	10~20		

2. 色浆调制

调浆时,先将活性染料调制成色浆,但液量不能配足,分散染料用40℃左右的2倍量温水调成浆状,然后再加水稀释,临用前滤入到活性染料色浆中。

3. 工艺流程

白布→印花→烘干→焙烘→汽蒸→水洗→皂洗→水洗→烘干

工艺说明如下。

(1) 此法选用小苏打作活性染料固色的碱剂，先经焙烘使分散染料热熔进入涤纶纤维，再经汽蒸使活性染料上染棉纤维。工艺简单，但由于碱剂存在，pH 值升高，易使分散染料色光萎暗，同时高温碱性也会使棉纤维容易泛黄。小苏打用量越多，焙烘温度越高，织物泛黄越严重。故应将小苏打用量控制在下限。

(2) 尿素能抑制高温碱剂下棉的泛黄，提高色泽鲜艳度及给色量，但在高温下会加深两种染料相互沾染的程度，影响鲜艳度及染色牢度，因此印制深色花型时一般只加少量尿素，印中色时可加部分尿素。乙烯砜型活性染料及 M 型活性染料与分散染料同浆印花一般不加或少加尿素。

(3) 涤纶是疏水性纤维，选用糊料对混纺织物要有较高的黏着力。一般选用低聚或中聚海藻酸钠糊，克服涤纶发生色浆渗化的疵病，印花固着后，易洗涤性较好，印制的线条及轮廓较清晰。也可用半乳化糊代替全海藻酸钠糊，可提高给色量，改善色泽鲜艳度得到线条、轮廓光洁的花纹。但黏着力较差，只适宜于印制小花型。

(四) 三氯醋酸钠同浆印花工艺

1. 色浆配方

分散染料/g	x	防染盐 S/g	10
活性染料/g	y	尿素/g	30~100
三氯醋酸钠(1∶1)/g	60~80	海藻酸钠糊/g	200~500
酒石酸(1∶2)/g	6	加水合成总量/g	1000

2. 工艺流程

白布→印花→烘干→焙烘→汽蒸→水洗→皂洗→水洗→烘干

工艺说明如下。

(1) 用碱性更弱的三氯醋酸钠代替小苏打作为碱剂，可克服活性染料色浆中碱剂使分散染料水解和棉织物高温带碱泛黄。三氯醋酸钠只有在高温下分解才会产生碱剂和三氯甲烷，后者是分散染料上染的载体，能提高分散染料的固色率。

(2) 色浆中加入还原性弱的酒石酸，将印花色浆的 pH 值控制在 4~4.5 之间，可获得良好的印花重现性。

(3) 为防止色浆中的分散染料在高温焙烘或汽蒸时受还原性物质的影响分解和色变，可加入较强氧化剂如氯酸钠，但不能过量，否则造成色斑。

(4) 焙烘条件同小苏打法工艺，180~190℃，2~3min，但由于三氯醋酸钠的分解较慢，需延长焙烘后的汽蒸时间（约汽蒸 10min 左右），才能使活性染料获得正常的固色率。

(五) 两相法印花工艺

1. 色浆配方

分散染料/g	x	防染盐 S/g	0~10
活性染料/g	y	海藻酸钠糊(低聚)/g	300~400
尿素/g	10~50	加水合成总量/g	1000

2. 工艺流程

白布→印花→烘干→焙烘→碱固→汽蒸→水洗→皂洗→水洗→烘干

工艺说明如下。

焙烘后的碱固色法有面轧碱液-快速蒸化法、快速浸热碱法和轧碱冷堆法等。

面轧碱液-快速蒸化法是采用 30mL/L 的 30% 烧碱、50g/L 碳酸钾、15~30g/L 食盐、150~200mL/L 淀粉糊浸液浸轧，轧余率尽可能低，否则易沾污地色，使花纹渗化，面轧碱液后直接进入快速蒸化机汽蒸使活性染料固着。

快速浸热碱法是采用 30mL/L 的 30% 烧碱、200g/L 食盐、150g/L 纯碱的浸轧液，在 90~100℃ 快速通过，浸碱时间为 6~8s，轧余率要低，车速要快，并连续平洗，防止分散染料和活性染料溶落并沾污白地。

轧碱冷堆法是浸轧加有食盐和硅酸钠的（pH=11~12）溶液。然后湿布打卷冷堆 3~15h（15~25℃），并且用塑料薄膜将织物包起来，以防边布干燥，堆置后进行平洗，最后烘干。

二、分散/还原染料同浆印花工艺

1. 色浆配方

分散染料/g	x	还原染料/g	y
印花原糊/g	500~600	加温水合成总量/g	1000

2. 工艺流程

白布→印花→烘干→常压高温或焙烘→浸轧碱性还原液→快速汽蒸→冷水溢流冲洗→过氧化氢氧化→皂洗→烘干

工艺说明：分散/还原染料同浆印花主要用于印制中、深色以及对牢度有较高要求的印花织物。还原染料宜采用两步法工艺，其印花色浆中不含碱剂和还原剂，不会影响分散染料，印花后先经焙烘（190~200℃，1.5~2min）或常压高温（178℃，8min）蒸化，使分散染料固着于涤纶纤维上，然后再面轧由烧碱和雕白粉组成的还原液并短蒸（128~130℃，20~30s），进而使还原染料溶解上染棉纤维，还原浴的处理对织物上未固着的分散染料兼有还原清洗作用，再经水洗机冲淋冷水，而后进入（50~60℃）氧化浴中将棉纤维上的还原染料隐色体氧化，回复成不溶性的染料而固着在纤维上，最后水皂洗、烘干。

三、分散/可溶性还原染料同浆印花

1. 色浆处方

可溶性还原染料/g	5~30	硫氰酸铵/g	10~25
分散染料/g	10~60	1% 钒酸铵/g	10
尿素/g	50~80	海藻酸钠糊/g	400~600
氯酸钠/g	5~15	加水合成总量/g	1000
25% 氨水/g	5		

2. 工艺流程

白布→印花→烘干→焙烘→水洗→皂洗→水洗→烘干

工艺说明：氯酸钠是显色的氧化剂，硫氰酸铵是释酸剂，钒酸铵是导氧剂，在焙烘时它们引起染料水解氧化显色，加入尿素可改善氯酸钠及硫氰酸铵在焙烘时造成织物泛黄。此法不宜采用汽蒸工艺，因为高温汽蒸时，印花色浆中的氯酸钠和硫氰酸铵会严重损伤棉纤维。采用 180~190℃ 焙烘 2~3min，温度不宜过高，否则会使可溶性还原染料色萎。

第四节 涤纶织物防染印花

要在涤纶织物地色上获得花纹图案,通常采用防染印花工艺而不采用拔染印花工艺。因为涤纶织物一般采用分散染料染地色,染料扩散进入涤纶内部以后,很难用拔染印花方法将其彻底破坏去除。

一、涤纶防染印花的方法

普通的防染印花均是先印花后染地,涤纶织物的防染印花与之不同,这是由于涤纶是疏水性纤维,黏附色浆的能力差,若先印花再浸染液实施染地,会使色浆在织物上渗化,同时防染剂也会不断进入地色染液而难染得良好的地色。通常有两种防染印花法。

1. 二步法防染印花

此法又称拔染型防染印花,采用先浸轧分散染液或满地印花,低温烘干,并确保不使染料染入纤维,然后再印上能够破坏地色染料的防染色浆,最后经焙烘使分散染料在涤纶织物上固色,花纹处色浆着色进而固色,未印花处地色染料固色。

2. 一步法湿法罩印"防印"印花

此法花色和地色在印花机上一次性完成,在织物上先印防染色浆,随即罩印全满地地色色浆,最后烘干,经焙烘固色。防染效果较好。

二、防染剂的选择

防染剂有物理防染剂和化学防染剂两大类。

1. 物理防染剂

主要是一些填充剂(阿拉伯树胶、结晶胶、钛白粉、硫酸钡等)、吸附剂(活性炭、活性陶土等)和拒水剂(石蜡、金属皂等)。工厂很少使用。

2. 化学防染剂

主要有还原剂(羟甲基亚磺酸盐、氯化亚锡、二氧化硫脲等)、碱剂、染料阻溶剂(阴离子型染料使用的氯化钡、氯化锌、明矾和阳离子树脂等)和供络合的金属盐。按分散染料的结构,有的可被还原剂破坏(还原剂法),有的能和重金属离子络合成分子量较大的络合物(铜盐法),有的可在碱性条件下易水解(碱剂法),从而阻止染料扩散入涤纶纤维。工厂中多用的是化学性防染印花中的还原剂防染印花工艺,也有物理化学两种工艺相结合的综合应用。

三、羟甲基亚磺酸盐防染印花工艺

1. 防白色浆配方

羟甲基亚磺酸盐/g	100~150	涤纶荧光增白剂/g	5
原糊/g	450~600	加水合成总量/g	1000
二甘醇/g	20~70		

2. 色浆中用剂的作用

(1) 羟甲基亚磺酸盐 作为还原剂,在印花处阻止偶氮结构的地色染料上染固色。

(2) 原糊 采用合成龙胶或白糊精和淀粉等的混合糊。

(3) 二甘醇 有助于涤纶的溶胀,提高防白效果。

(4) 涤纶荧光增白剂　增白作用。

3. 工艺流程

白布→浸轧地色染液→烘干→印花→烘干→蒸化→还原清洗→水洗→皂洗→水洗→烘干

工艺说明如下。

(1) 地色染液采用能被防染剂破坏的分散染料、10~20g/L抗泳移剂、1~2g/L润湿剂、10g/L防染剂S组成，再加入助剂调节染液pH值至5.5。

(2) 羟甲基亚磺酸盐是强还原剂型的防染剂，能破坏具有偶氮结构的地色分散染料，其分解产物无色、易于洗去。通常有三类，第一是羟甲基亚磺酸钠（雕白粉），水溶性好，可用于分散染料地色的防白或着色防染印花；第二是碱式羟甲基亚磺酸锌，比雕白粉稳定，难溶于水而溶于弱酸液中，在80~100℃分解，并且有较强的还原能力，可用于调制酸性防染印花色浆；第三是羟甲基亚磺酸锌（德古林），25℃时在水中的溶解度仅为25%，用它能获得良好的防白效果，但有许多分散染料易被其破坏，因此不宜用于分散染料着色防染浆。

(3) 印花后应立即进行170℃左右的常压高温蒸化，蒸化过程中花纹处地色染料遭到破坏，着色染料染入纤维，进而获得精细的花纹轮廓。

(4) 还原清洗液用2~3g/L的保险粉、4~6mL/L的36°Bé烧碱组成，在70℃清洗10min。

(5) 着色防染印花色浆配方在防白浆中加入耐还原剂的分散染料，加入脂肪酸衍生物类固色促进剂，以利于着色分散染料的上染固色，为了防止着色的染料在汽蒸时受剩余还原剂的影响，色浆还须加入一定量防染盐S。

四、氯化亚锡防染印花工艺

1. 分散色防印花色浆配方

耐氯化亚锡的分散染料/g	x	尿素/g	30~50
渗透剂/g	0~20	原糊/g	450~600
氯化亚锡/g	40~60	加水合成总量/g	1000
酒石酸/g	3~5		

2. 工艺流程

白布→浸轧地色染液→烘干→印花→烘干→蒸化→水洗→酸洗→水洗→皂洗→水洗→烘干

工艺说明如下。

(1) 氯化亚锡是强酸性还原剂类防染剂，可用于涤纶织物的防白或着色防染印花。印花方法既可用先浸轧染液或满地印地色，经烘干后再印防染浆的二步法工艺，也可采用在印花机上一步进行的湿法罩印"防印"工艺，地色染料多用分散/活性染料，着色防染印花中着色染料多采用涂料或者分散染料。

(2) 原糊多采用耐酸和耐金属离子的合成龙胶及与醚化淀粉的混合糊。

(3) 氯化亚锡在高温蒸化时易产生盐酸酸雾，会损伤纤维、腐蚀设备，也会影响防白效果，所以一般要在色浆中加入尿素或双氰胺等吸酸剂，与在蒸化过程中产生的氯化氢作用，缓和上述缺点。

(4) 印花烘干后可在圆筒蒸化箱中130℃蒸化20~30min，或在常压下170℃蒸化7~10min。

(5) 采用 19°Bé HCl 20ml/L 在 60~70℃进行酸洗，以洗除锡盐等杂质。

五、金属盐防染印花工艺

1. 色浆配方

(1) 防白印花色浆配方

醋酸铜/g	40~60	合成龙胶/g	400~500
络合催化剂/g	30~40	加水合成总量/g	1000

(2) 着色防染印花色浆配方

不被铜盐络合的染料/g	x	氧化锌(1:1)/g	200
醋酸铜/g	50	防染盐S/g	10
25%氨水/g	50	原糊/g	450~500
疏水性防染剂/g	50	加水合成总量/g	1000

2. 色浆中用剂的作用

(1) 原糊　选用耐重金属离子的合成龙胶、糊精或淀粉醚等。

(2) 醋酸铜　铜盐，醋酸铜的溶解度小，在色浆中加入氨水形成铜氨络合物，以提高其溶解性。氨水的加入还可提高防染浆的pH值至中性以上，有利于增强铜盐和分散染料的络合作用和络合物的稳定性，但氨水过量又会降低铜离子和染料的络合能力。

(3) 疏水性防染剂　从常用的柔软剂中选择，可用石蜡硬脂酸的乳液或脂肪酸的衍生物。

3. 工艺流程

白布→印防染色浆→罩印地色色浆→烘干→蒸化→冷水洗→酸洗→水洗→皂洗→水洗→烘干

工艺说明如下。

(1) 金属盐防染印花是利用一些分散染料能与金属离子形成1:2型的络合物，染料分子成倍增大，使染料对涤纶的亲和力和扩散性大大下降，焙烘时就难以进入涤纶纤维而达到防染的目的。所用的金属盐有铜盐、镍盐、钴盐、铁盐等，其中铜盐的防染效果最好，最常用的是醋酸铜或蚁酸铜。

(2) 采用10~20g/L的酸洗液酸洗，以洗除未络合的金属盐和不溶的金属络合物。

第五节　黏胶纤维织物印花

黏胶纤维是再生纤维素纤维，其基本化学组成是纤维素，与棉、麻纤维相同，但其聚合度、结晶度及大分子的取向度都低于棉纤维。黏胶纤维织物手感柔软、滑爽、具有悬垂性，光泽优良，吸湿性较棉强，是理想的夏季面料。

一、黏胶纤维的特点

黏胶纤维具有皮芯层结构。纤维外层结构紧密，取向度和结晶度都较高，造成染料分子向纤维内扩散比较困难，从而给黏胶纤维织物的印花造成一定麻烦。黏胶纤维吸湿性比棉高，强力低于棉纤维，且其湿态强力只有干态的45%左右，因此黏胶织物在染整加工过程中，必须采用松式设备加工。

二、黏胶织物印花方法

1. 黏胶织物的直接印花方法

黏胶织物的直接印花工艺与棉布直接印花相同。棉布直接印花的各种染料的印花配方用于黏胶织物印花时，由于黏胶的皮层结构紧密，在相同条件下着色率低于棉布。酞菁、稳定不溶性偶氮等相对分子质量较大的染料得色更浅，常产生不匀、皱痕及耐磨性较差等弊病。快磺素黑和活性染料共同印花时快磺素黑在黏胶织物上乌黑度不够。因此要合理选择印花方法。目前黏胶织物上常用的直接印花方法有涂料直接印花、活性染料直接印花、苯胺黑直接印花、冰染料直接印花等。

涂料直接印花工艺简单，但手感略差，色泽不及棉织物丰满。活性染料直接印花常用于中、浅色泽的印花，在印深浓色泽时常以涂料与活性染料共同印花来提高给色量。苯胺黑直接印花可在黏胶上获得唯一满意的乌黑色，常与涂料共同印花，但不宜压印或碰印。冰染料直接印花是黏胶织物印花的主要工艺，常与涂料共同印花，而不常采用单一冰印工艺和冰活工艺。

单一冰印工艺因色酚地色较冰涂工艺更难以洗白，适用于印地色浅蓝色的小花；冰活工艺中活性染料易沾污白地，适用于印活性染料的浅妃色。

2. 黏胶织物的防染印花方法

黏胶织物的防染印花可参考棉织物的防染印花工艺，但通常只是凡拉明地色和苯胺黑地色，可获得浓艳的蓝地色或乌黑的黑地色，酞菁地色在黏胶织物上色泽萎暗，偏绿光，色泽鲜艳度远差于棉布。

采用凡拉明盐 VB 地色时，由于黏胶纤维的渗透性差，在色酚打底时要适当降低打底液中游离碱的含量，在显色液中增加硫酸锌用量，以降低 pH 值，有利于染料渗透，提高染色牢度。

涂料着色防染印花法色浆中防染剂酒石酸用量可多一些，或采用氯化亚锡代替酒石酸，或两者同用，因黏胶纤维比棉纤维耐酸性好，不会导致织物脆损，同时氯化亚锡作为强还原剂对吸附的凡拉明盐 VB 有破坏分解作用，有利于提高花色鲜艳度。显色后加强亚硫酸氢钠洗涤，提高亚硫酸氢钠浓度及洗液温度，以避免因黏胶纤维的强吸附性导致织物吸附变色。

3. 黏胶织物的拔染印花方法

黏胶织物的拔染印花参考棉织物的拔染印花工艺，可采用棉织物拔染印花的冰染料、铜盐直接染料地色外，还可采用耐晒直接染料地色。

黏胶织物吸附性强，被还原剂拔白后的地色染料分解物比棉织物的更难洗除，使地色白度差于棉，因此印花滚筒刻制的深度应稍大，雕白粉用量稍多，还可加入钛白粉作为机械性吸附剂来吸附染料分解产物，以利洗除，并酌情加入咬白剂 W 以助拔。

耐晒直接染料地色比铜盐直接染料地色易拔，但易产生浮雕现象，可在染地前后轧防染盐 S 进行预防。通常在涂料色浆中加入雕白粉作着色拔染，后处理用阳电荷固色剂固色，以保证耐晒直接染料地色的湿处理牢度。

三、黏胶纤维活性染料直接印花工艺

1. 色浆配方

活性染料/g	x	防染盐 S/g	10~30
尿素/g	100~300	小苏打/g	20~80
海藻酸钠糊/g	300~500	加水合成总量/g	1000

2. 工艺流程

浸轧→烘干→印花→烘干→汽蒸→水洗→皂洗→烘干

工艺说明如下。

（1）在前处理时浸轧尿素，印花时增加刮印次数，使黏胶纤维织物在汽蒸过程中吸湿、膨化，以促使染料向纤维内扩散，提高其给色量，从而克服黏胶纤维的皮层结构紧密的影响。

（2）黏胶织物的色浆印透性比棉织物差，铺浆现象较严重，所以雕刻时色与色之间的分线要比棉织物略大些，并应力求避免三层次色浆的重叠印花。导辊要平整，辊筒的间距要小，辊筒与轧辊之间距也要小，并常加用分丝辊筒或弧引辊，布箱里存布量要适当控制，否则容易造成皱纹。

（3）汽蒸条件是100~102℃，7~10min。为提高其给色量，可适当延长黏胶纤维织物的汽蒸时间，增加蒸箱内湿度。

（4）活性染料较难完全与黏胶纤维发生共价键结合，在织物表面形成浮色即水解染料，因此应控制皂洗工艺以免浮色严重沾污白地。

（5）黏胶织物的湿态强度较小，极易断头，要选用少平洗的工艺。冰染料印花要洗除色酚，需多次平洗，且黏胶织物上的色酚又较难去除，因此要通过轧漂白剂次氯酸钠来达到白地的白度要求，后整理上浆时要加用大苏打作脱氯剂来去除残留在织物上的次氯酸钠。

（6）黏胶织物不宜过烘，最好选用热风烘干或红外线烘干。在不沾色和搭色的情况下，最好是湿落布或半干落布，烘缸温度不宜过高。

第六节　锦纶织物直接印花

锦纶学名为聚酰胺纤维，俗称尼龙。聚酰胺纤维品种很多，但其印花产品所占比重并不大，目前纺织行业中使用的主要品种是尼龙6、尼龙66。尼龙6是用己内酰胺聚合纺丝而得，尼龙66是由己二胺和己二酸合成聚己二酰己二胺，经熔体纺丝、拉伸制成。具有近似圆形的截面，并具有很多优良的特性。锦纶在加工中有短纤、普通长丝和强力长丝之分。按光泽分有光、半光和异形（闪光）三种。

一、锦纶纤维的特点

锦纶是一种含有烷烃键的疏水性纤维，同时又含有氨基和羧基等端基的亲水基团，因此它的吸湿性比涤纶高，它的染色性能不及天然纤维，但在合成纤维中属于较易染色的品种。

锦纶的拉伸及回弹性能优良，柔软性好，弹力高，耐热性好，具有优良的干强力，湿强力也较高，吸湿性高于涤纶的10倍，耐磨性能高于棉纤维约10倍，锦纶还具有天然防蛀、防霉性能，适宜作为装饰布的用料。锦纶不溶于汽油、苯、酮等溶剂，但溶于酚类中。耐碱性较好，在室温下用50%的NaOH溶液处理，其强度几乎不变，但当温度升高至60℃以上时，则纤维受到损伤。耐酸性较差，特别是无机酸和强有机酸，在浓盐酸、浓硫酸中会使锦纶分解或完全溶解。在强氧化剂（如过氧化氢、高锰酸钾、次氯酸钠）中会使锦纶分子链断裂、降解，但它对亚氯酸钠有良好的抵抗性。

二、锦纶织物印花用染料选择

用于锦纶织物印花的染料主要有酸性染料、中性染料和直接染料，也可用分散染料。酸性染料中强酸浴染色的酸性染料难以适应印花工艺要求，易沾污白地，故常使用弱酸性浴或中性浴染色的酸性染料，弱酸性染料色泽鲜艳，湿处理牢度较高，色谱较全，能印制深、中、浅色，但匀染性较差，拼色时要选择亲和力和扩散速率基本近似的染料；中性染料可在弱酸性或中性浴中上染锦纶织物，因而可与弱酸性或中性浴染色的酸性染料拼混应用，中性染料的上染率和湿牢度较好，但色泽较暗，匀染性稍差，适用于印制深浓色彩；直接染料主要用于弥补酸性染料、中性染料色谱的不足。阳离子染料在锦纶纤维上的日晒牢度和湿处理牢度均不够理想，只采用个别染料作为点缀色之用。

三、锦纶织物印花前处理

锦纶纤维织物的前处理目的主要是去除纺丝过程中加入的油剂、防静电剂和织造过程中可能加入的浆料，前处理工艺比较简单。但锦纶纤维上的油剂、防静电剂必须去除干净，否则会使织物在印花时，橡胶导带上贴浆不牢而造成对花不良。另一方面，锦纶纤维织物在前处理过程中所产生的折皱痕在印染后加工中不易消除，因此，前处理时一定要严格控制温度，使之逐步上升，否则锦纶纤维织物会发生骤然收缩而造成皱印疵病。机织物印花坯布的前处理应采用平幅设备。

（一）锦纶机织物前处理工艺

1. 前处理退浆工艺配方

碳酸钠/g	2～3	六偏磷酸钠/g	1
洗涤剂或肥皂/g	4～5	加水合成总量/g	1000
渗透剂/g	1～2		

2. 工艺流程

冷水润湿打卷→退浆→皂洗→增白→水洗→上卷

工艺说明如下。

(1) 退浆可采用浴比为1:(2.5～3)，在50℃、70℃、85℃时各取2道，在95～98℃时取4道。

(2) 皂洗用0.5～1g/L的净洗剂在90℃、浴比为1:(2.5～3)时取2道。

(3) 增白用0.1g/L的增白剂VBL在70℃、浴比为1:(2.5～3)时取2道。

（二）锦纶低弹织物前处理工艺

工艺流程：冷水润湿打卷→退浆→煮练→皂洗→水洗→上卷

工艺说明如下。

(1) 退浆用碳酸钠4～5g/L、净洗剂5～10g/L在浴比为1:(2.5～3)、50℃、70℃、90℃时各取1道。

(2) 煮练用碳酸钠3～5g/L、净洗剂5g/L、渗透剂1g/L在浴比为1:(2.5～3)、98℃时取8～10道。

(3) 皂洗用0.5～1g/L的净洗剂在60℃及室温、浴比为1:(2.5～3)时取1道。

(三) 锦纶针织物前处理工艺

锦纶针织物前处理可在松式绳状染色机中进行，但必须严格控制升温速度，否则会由于温度骤然升高而形成难以消失的折皱印，现改在溢流染色机中进行。

前处理时可用碳酸钠 2~3g/L、净洗剂 3g/L、渗透剂 2g/L 在 40℃ 进缸，以 2℃/min 升温到 95℃ 处理 30min 后降温拉缸。

为确保印花后织物上的花型的完整性，锦纶针织物还需要进行浆边、拉幅、定形、切边等工序。

四、锦纶织物印花工艺

1. 色浆配方

酸性染料/g	x	甘油/g	5~10
尿素/g	100	硫酸铵/g	10~20
原糊/g	500~600	加水合成总量/g	1000

2. 色浆调制

调浆时首先用热水将染料调成浆状，冲入沸水加热溶解澄清，倒入原糊中搅拌均匀，再加入尿素和甘油搅拌均匀，最后加入已溶解好的硫酸铵并搅拌均匀。

3. 色浆中用剂的作用

(1) 尿素　尿素是一种吸湿剂，帮助弱酸性染料溶解，且有助于在汽蒸时使锦纶快速吸收蒸汽中的水分而溶胀纤维，有利于染料在纤维上扩散、渗透，加速染料与纤维键合，从而提高给色量和色泽鲜艳度。尿素用量应根据汽蒸条件的不同而异。

(2) 原糊　印花设备和印花方法不同，对糊料的要求也不同。手工热台板印花，由于不存在版与版之间的网框压糊印、渗移化开等疵病，所以可选用成本较低的可溶性淀粉糊，也可以采用醚化淀粉、植物种子胶例如刺槐豆胶、瓜耳豆胶作糊料。平版筛网和圆网印花机印花，由于锦纶织物表面比较光滑，纤维吸湿易伸长，印花后易起泡，使印花难以顺利进行，湿罩湿印花时也很容易发生花型轮廓不清、边圈糊开、块面得色不一、网框印等印花疵病，因此应选择渗透性好、得色量高、含固量较低的糊料，通常用中低聚合度的褐藻酸钠、醚化植物胶、醚化淀粉、白糊精及乳化糊等相互拼混、取长补短以达到预期的印制效果。

(3) 甘油　冬季气温较低时在色浆中加入一定量的甘油，可使印花织物的浆膜保持柔软，防止产生折痕而影响外观，同时甘油的加入有助于染料的溶解和汽蒸时的吸湿，可促使纤维膨化，提高给色量。

(4) 硫酸铵　硫酸铵是释酸剂，使用时可调节色浆 pH 值，提高染料上染锦纶的能力和匀染性，适合弱酸性染料及中性染料上染纤维的要求。有时可用醋酸代替，但用量需加以控制。

4. 工艺流程

拉幅加白预定形→(打卷)→印花→汽蒸→水洗→(固色)→水皂洗→拉幅定形烘

工艺说明如下。

(1) 拉幅预定形　锦纶织物印浆部位易膨胀起泡导致印花处不平或甚至无法继续再印后面的套色。印花前对织物预拉幅处理可使锦纶纵向高度伸直，分子间力牢固，以使其湿溶胀消失，遇湿再不发生溶胀，以便印花顺利进行。拉幅定形浆边时注意织物边道带浆厚薄，太厚，印花时织物边缘内印花色浆增加形成深色，太薄，则不易固定边道，贴布或汽蒸时易发生卷边现象，造成不必要的花纹搭色的疵病。

(2) 汽蒸　织物印花烘干后，可在长环连续蒸化机上以 100～103℃ 连续蒸化 30～40min，促使染料上染纤维，或在星形架圆筒蒸箱内加压挂蒸 30min，可得到较高给色量。汽蒸时，衬布要保持干净，并防止吊挂印和卷边搭色的疵病产生。锦纶针织物在松式长环连续蒸化机汽蒸时，要掌握好进布张力，不使针织物发生卷边。

(3) 水皂洗　水洗可用振荡平洗机平洗，也可在松式绳状洗布机中进行，同时要注意水温、容布量和浴比，以防止织物被擦伤和沾染，先以冷流水洗 20～30min，再经不超过 60℃ 的温水洗，为了更好地洗去浮色，可在 1g/L 的碱性皂洗液中洗涤。

(4) 固色　用弱酸性染料印花的锦纶织物汽蒸水洗后如果牢度不好，可进行固色处理来提高牢度，常用的固色剂是单宁酸和酒石酸，固色后色泽变暗，也可用合成单宁，色光稍鲜艳，固色牢度较差。固色时先用单宁酸 0.2g/L 处理，然后以 0.1g/L 的酒石酸处理，条件均为浴比 1：25，温度 (55±5)℃，时间 20min。

(5) 拉幅定形　针织物经水洗固色开幅后，布边易产生内卷，要用针织物圆盘剥边器或手工剥边，为了保证针织物的平方米克重，还需进行超喂。在热定形机上热定形时，定形温度一般为 160～170℃，时间 20～30s。为了提高锦纶织物的白度，可以在定形的同时用增白剂 DT 进行再一次增白。

五、锦纶与其他纤维混纺织物印花工艺

锦纶与羊毛混纺织物可用酸性染料、中性染料同浆印花；锦纶长丝与黏胶纤维长丝混纺织物或交织物可用酸性染料与直接染料同浆印花。印花色浆配方及印花工艺条件参考酸性染料印花工艺。

第七节　腈纶及混纺织物直接印花

腈纶学名为聚丙烯腈纤维，是以丙烯腈为主单体的三元共聚物，其中第一单体为丙烯腈，普通腈纶产品中丙烯腈的含量为 85% 以上。腈纶的品种繁多，按其共聚时第二单体和第三单体及其配比不同而性质各异，因此，每种纤维的染色和印花特性也各有差异，同时，腈纶的性质也受聚合纺丝时所用溶剂的影响。

一、腈纶纤维织物的特点

腈纶具有蓬松、柔软、质轻、保暖、耐晒等性能，耐酸和耐有机溶剂性良好，对氧化剂较稳定，遇热碱会水解并泛黄，超过玻璃化温度时，上染不易均匀，同时腈纶织物受张力后极易变形，造成永久性折痕，且减少了光泽、失去蓬松性。

二、腈纶及混纺织物印花用染料的选择

腈纶织物主要用阳离子染料印花，也可使用分散染料、还原染料和涂料来进行印花。在腈纶上阳离子染料可获得其他染料所没有的非常浓艳的花色，并且湿处理牢度和摩擦牢度优良、色谱齐全；分散染料色泽柔和，湿处理牢度和升华牢度均比不上阳离子染料，印花轮廓清晰，所以经适当选择，这类染料可以补充阳离子染料的不足，但分散染料对腈纶仅能印得浅色，且染料的递深能力差，所以很少应用。还原染料色泽较深，湿处理牢度和日晒牢度非常好，而摩擦牢度较差，与阳离子染料同印有困难，因为阳离子染料不耐还原剂和碱剂。涂

料印花可印深浓色，但色泽不艳，手感也不好，因此应用也不多。

腈纶与纤维素纤维混纺织物的印花，一般均采用同浆印花，其中纤维素组分可采用活性染料、直接染料、可溶性还原染料、涂料等染料。

三、腈纶及其混纺织物的印花前处理

腈纶不含天然杂质，前处理较简单。腈纶对热较敏感，故应尽量减少反复的热处理，以免织物泛黄、板结。前处理的目的主要是退浆和净洗。退浆的目的是除去织物在织造前上到经纱上的浆料，应避免使用碱退浆工艺，退浆也可以和净洗工艺合并。净洗的目的是除去腈纶纺丝过程中为消除静电效应而加的油剂并进一步洗除织物上的浆料，通常用非离子净洗剂 $1\sim 2$ g/L、HAc $1\sim 2$ mL/L 合成 1L 净洗液，在 60℃ 温度处理 $20\sim 30$ min。漂白可用亚氯酸钠及中性过氧化氢漂白。

四、腈纶及混纺织物印花工艺

（一）阳离子染料印花工艺

1. 色浆配方

阳离子染料/g	x	氯酸钠/g	15
助溶剂（如硫二甘醇）/g	30	原糊/g	$400\sim 600$
冰醋酸/g	$10\sim 15$	加水合成总量/g	1000
酒石酸/g	15		

2. 色浆调制

染料先用助溶剂调成浆状，然后加入醋酸和沸水，将染料充分搅拌与溶解，而后趁热加到偏酸性的印花原糊中。

3. 色浆中用剂的作用

色浆中可用醋酸或硫二甘醇作为助溶剂，可帮助染料溶解，同时还可提高色浆的稳定性并调节 pH 值，但用量不宜过大，以防止花纹渗化。氯酸钠的作用是防止汽蒸时染料被破坏。印花原糊常用合成龙胶糊及其混合糊。

4. 工艺流程

印花→烘干→汽蒸→冷水冲洗→皂洗→水洗→烘干

工艺说明如下。

（1）由于阳离子染料对腈纶的直接性高、扩散较慢，故印花中的蒸化时间较长，通常在 $103\sim 105$℃ 下汽蒸 30min。同时由于腈纶织物在加热下受张力极易变形，汽蒸应采用松式蒸化设备，如星形架圆筒蒸化机或松式长环连续蒸化机等。

（2）皂洗采用 $1.5\sim 2$ g/L 净洗剂在 $50\sim 60$℃ 处理。

（3）在印花色浆中加入 5% 的尿素、硫氰酸铵、卢—萘酚、间苯二酚或罗泼灵诺乐 PFD 等，可促使阳离子染料上染和渗透，从而使汽蒸时间缩短到 10min。

（二）还原染料印花工艺

1. 色浆配方

还原染料/g	x	甘油/g	$0\sim 30$
碳酸钾/g	$50\sim 100$	原糊/g	500
雕白粉/g	$60\sim 100$	加水合成总量/g	1000

2. 工艺流程

印花→烘干→汽蒸→冷水洗→氧化→水洗→皂洗→水洗→烘干

工艺说明如下。

(1) 汽蒸条件为：100~102℃，10~15min。

(2) 某些还原染料在腈纶上固色效果较好，但氧化困难且摩擦牢度差，因此后处理时需用氧化剂如双氧水或过硼酸钠来进行氧化，通常用30%双氧水 30g/L、98%醋酸 3g/L 在90℃处理 20min。

(3) 还原染料既可用于纯腈纶织物印花，又可用于腈纶/棉织物印花，此外，腈纶/棉织物还可采用分散与可溶性还原染料同浆印花。

(三) 阳离子/活性染料同浆印花

1. 色浆配方

(1) 阳离子染料色浆配方

| 阳离子染料/g | x | 合成龙胶糊/g | 500~600 |
| 硫代双乙醇/g | 250 | 加水合成总量/g | 1000 |

(2) 活性染料色浆配方

活性染料/g	x	合成龙胶糊/g	600
尿素/g	50	加水合成总量/g	1000
碳酸钾(或小苏打)/g	10		

2. 工艺流程

白布→印花→烘干→复烘→汽蒸→轧碱→透风→冷水洗→热水洗→皂洗→冷水洗→热水洗→烘干

工艺说明如下。

(1) 活性染料具有阴离子性，与阳离子染料会产生沉淀，两种染料色浆分别调制，临用前拼混在一起。

(2) 活性染料汽蒸固色时需弱碱性条件，可用 100~102℃，汽蒸 20~25min，配合使用的阳离子染料要比较耐碱。

(3) 轧碱液可用纯碱 150g/L、碳酸钾 50g/L、食盐 150g/L、40%烧碱 30ml/L 加水合成总量 1000mL 进行。

思考与练习

1. 简述涤纶织物直接印花的工艺流程、色浆组成、用剂作用。
2. 涤纶织物印花后固色有哪几种方法？各有什么特点？
3. 涤/棉织物单一染料印花工艺有哪些？
4. 涤/棉织物同浆印花的工艺有哪些？
5. 涤纶防染印花方法有哪些？如何选择防染剂？
6. 黏胶织物与棉织物印花的异同点有哪些？
7. 黏胶织物印花时注意哪些事项？
8. 锦纶织物印花用染料如何选择？

9. 锦纶织物印花后如何进行固色处理？
10. 腈纶及混纺织物印花用染料如何选择？
11. 腈纶及混纺织物的印花工艺有哪些？简述各自的色浆组成、工艺流程。
12. 实训题：涤纶织物的分散染料直接印花及拔染印花。
13. 实训题：蚕丝织物和锦纶织物的印花。
14. 实训题：涤/棉混纺织物的分散/活性同浆印花。

第十四章 新型印花

第一节 涂料印花

涂料印花是借助于高分子聚合物（黏合剂），应用不溶于水的有色物质（颜料）在织物上形成坚牢、透明、耐磨的有色薄膜，将涂料机械地固着在织物上的印花方法，又称颜料印花。

涂料印花历史悠久，早期人们在不溶于水的颜料中加入蛋白质、胶类等天然高聚物作黏结材料而把颜料黏附于织物上，但色谱有限且天然黏结材料不耐洗、手感差，因此应用受到限制。随着高分子化学的发展，各种系列黏合剂以及有机合成涂料有了飞速的发展，色谱齐全、色泽鲜艳、坚牢度好的各种涂料相继问世，现代涂料印花的产品具有耐磨、耐挠曲、耐折皱、耐手搓和耐水洗性能，完全符合服用要求。据不完全统计，世界上大约一半产量的印花织物是采用涂料印花工艺印制的。

一、涂料印花特点

1. 涂料印花的优点

涂料印花与其他染料印花相比，具有以下优点。

（1）工艺简单，色浆调制方便，工艺流程短，如采用全涂料印花工艺，印花后经汽蒸或焙烘即可整理为成品，劳动生产率高，节约能源，环境污染小。

（2）色谱齐全，耐洗、耐光、耐氯漂牢度好，色泽鲜艳，印制轮廓清晰。

（3）不受纤维种类的限制，适用于各种纤维材料的织物印花，特别适于涤棉等混纺织物印花。其着色均匀，不会产生闪色现象。

（4）可以和多种染料共同印花，也可以作为防染印花中的着色染料，工艺适应性广，无上染率问题和竞染现象，拼色容易，具有良好的色光的重现性，印花病疵易检查。

（5）可用于特殊印花。如白涂料印花，金、银粉印花，荧光印花，夜光印花等，印出的产品有立体感，增加了花色品种。

2. 涂料印花的缺点

涂料印花还存在一些不足之处。

（1）涂料印花后的产品刷洗和摩擦牢度不好，印花处（尤其是大面积印花）手感较差。

（2）如涂料色浆中黏合剂质量不稳定，在印花时会过早成膜，造成嵌花筒、黏刀口和阻塞筛网网眼等病疵。

（3）大多制备黏合剂的单体有毒，如未除尽，对人体健康有不利影响。

（4）涂料印花的色泽鲜艳度不及相应结构的染料，如涂料大红的色泽不如冰染料的大红，铜酞菁蓝涂料的色光不及在布上生成的铜酞菁蓝染料鲜艳。

（5）色浆易结皮，剩浆利用率低，网印时易造成堵网。如采用乳化糊，由于使用了大量的火油,在印花烘干时易挥发而污染空气。

二、涂料印花各种用剂的作用

涂料印花色浆主要由涂料、黏合剂、交联剂、糊料(乳化糊或合成糊料)等组成。

1. 涂料的结构和性质

涂料是由有机或无机颜料和一定比例的甘油、平平加 O、乳化剂以及水混合研磨制成的一定细度的均匀分散的浆状物。含固量一般在 $14\% \sim 40\%$ 左右,细度大多在 $0.5 \sim 2\mu m$ 之间。颗粒过小,无机颜料及金属粉末研磨过度会使其失去光泽,涂料的鲜艳度降低,但扩散和耐磨、耐洗性能较好。颗粒太大,色泽变暗,着色率下降,刷洗耐磨牢度差。经研磨达到一定细度的涂料在贮存时易引起颗粒间凝聚,一般需要在涂料中加入环己酮或乳化剂等保护胶体。

印花用涂料必须满足以下要求:

(1) 有较高的耐光、耐热和耐气候性能;

(2) 具有耐酸、耐碱、耐有机溶剂、耐氧化剂和常用化学药品的能力;

(3) 具有适当的相对密度和分散性,在色浆中不至于造成上浮或沉淀;

(4) 具有较好的升华牢度和烟熏褪色牢度;

(5) 具有较高的着色含量和遮盖能力,使用较少量的涂料即能印出较浓的颜色,并且在深地色上印出的花纹不与地色造成混色效应。

涂料按化学特征的不同可分为无机颜料及金属粉末、有机颜料及荧光涂料等两大类。

无机颜料有白色的钛白粉如涂料白,黑色的炭黑如涂料黑 FBRN。

金属粉末一般是具有一定细度的铜锌合金粉和铝粉。

有机颜料有分子结构上不具有水溶性基团的偶氮染料、酞菁染料、金属络合染料和还原染料等。黄、深蓝、红、酱涂料为偶氮染料,艳蓝和艳绿涂料为酞菁染料,青莲、金黄大多为还原染料。

荧光涂料是有机涂料中的特殊品种,染料分子中含有荧光发生基团,并由共轭体系贯穿,它们吸收可见光中波长较短的光,反射出较长波长的光,吸收入射光的能量并将一部分能量转为光能,使反射光的数量增加,亮度和强度显著提高,即产生荧光。

2. 黏合剂

涂料本身对纤维没有亲和力,需借助黏合剂固着于纤维表面。黏合剂是一种天然的或合成的高分子化合物,大多由两种或两种以上的单体聚合而成,平均相对分子质量在 10 万左右,目前所使用的黏合剂可由一种或一种以上的高分子化合物所组成,经高温处理可形成透明薄膜。

黏合剂对涂料印花色浆起着重要作用,对印花产品的牢度(摩擦、刷洗)起着决定性作用,并且与涂料色浆的印制性能、产品的手感、牢度、色泽等关系密切。

作为涂料中的黏合剂必须具备一定的要求:

① 印上织物经过适当的处理后,能形成无色透明、黏着力强、耐磨并富有弹性的皮膜,皮膜应不发硬、不发脆,经加热、日光照射不泛黄,耐老化;

② 具有良好的贮存稳定性,室温放置不结皮、不凝聚,具有一定的耐热抗冻性能;

③ 结膜时不能产生有毒的气体,高温结膜速度要快,皮膜不发黏,吸附性要小;

④ 具有较高的化学稳定性,无毒,耐化学药品和有机溶剂;

⑤ 调印花浆不塞网、不沾辊、易于清洗。

用一种黏合剂不能全部满足这些条件，通常用拼混以达到取长补短的目的。

黏合剂在液体中的分散状态有三种。

① 水分散型　这类黏合剂能溶于水或在水中具有良好的分散性，这种高分子溶液是均匀的分散体系，其特点是使用方便，印浆易于制备，成膜速度快，可不必经过焙烘固色，又称为低温型黏合剂。由于黏合剂成膜后久贮、遇高温碱煮及树脂整理过程中，皮膜易泛黄变色，近年来应用比例显著下降。

② 油/水分散型（简称 O/W 型）　这类黏合剂能溶解在火油等碳氢化合物的有机溶剂中作为微小颗粒（内相），在水溶性乳化剂的作用下分散在水（外相）中。其特点是拼色和仿色容易，加水色浆变薄而加油色浆增厚，花筒清洗容易。目前所使用的绝大部分属于此类。

③ 水/油分散型（简称 W/O 型）　这类黏合剂能溶解在有机溶剂（如高沸点的碳化氢）中组成分散相（外相），水被分散在分散剂中成为内相。其特点是印花轮廓特别清晰，能印制特别精细的花纹，花纹的铺展度小，印制大面积花纹时织物手感柔软，加水色浆增厚而加有机溶剂色浆变薄。但花纹的耐磨性能较差，清洗花筒、网版、盛器均需用有机溶剂，有机溶剂耗用量大且有毒、易燃，使用不安全，与其他水溶性染料同印时有困难。这类黏合剂国内很少使用。

用于涂料印花的黏合剂很多，以黏合剂成膜后分子链间的作用来分，可分为两类。第一是非交联型黏合剂（又称非反应性黏合剂），目前常用的主要是丙烯酸酯、丁二烯、醋酸乙烯酯、丙烯腈、苯乙烯等单体的共聚物，可以是两种单体，也可以是两种以上单体的共聚物，这类黏合剂分子中没有能与交联剂和纤维发生交联的基团，成膜时不能互相交联，牢度不好，为提高强度等性能在调色浆时需加入交联剂，产生轻度交联以改变其性能。第二是反应型黏合剂，这类黏合剂有交联型和自交联型两种。交联型黏合剂分子中含有羧基、酰氨基、氨基等反应性基团，能与色浆中加入的交联剂形成网状结构的大分子，结成网状交联的薄膜，使牢度提高。自交联型黏合剂常含有反应性基团，如羟甲基、环氧基等，它们在成膜过程中可以自身交联形成网状大分子结构，也可与纤维素大分子形成共价键结合。自交联型黏合剂在调制色浆时可不加交联剂。

黏合剂的黏着作用机理是在足够高的温度处理下，色浆中的水分、火油等蒸发，使黏合剂乳液粒子互相靠拢产生聚集并在表面张力作用下产生毛细管引力，温度超过其软化点，大分子运动大为增加，毛细管引力有效地克服乳液粒子的抗变形力时，乳液粒子产生变形，进而导致分子的相互纠缠，相邻粒子最终成为一体即黏结成膜。

3. 交联剂

交联剂也称固色剂或架桥剂，是一类分子中至少含有两个反应性基团的化合物，经过适当处理，其反应基团或者与纤维上某些基团如纤维素纤维上的羟基、蛋白质纤维上的氨基等反应形成纤维分子间的交联，或者与黏合剂上的反应基团如羟基、氨基等反应产生交联形成网状结构的黏合剂分子皮膜，或者既与纤维又与黏合剂同时产生交联，使黏合剂与纤维之间通过交联剂交联。交联剂的作用是提高涂料印花的湿处理牢度和摩擦牢度，提高耐热和耐溶剂性能，降低印花时黏合剂的焙烘温度和缩短焙烘时间。

黏合剂、交联剂品种繁多，特性各不相同，通常不同牌号的黏合剂都有相应的交联剂与之配套，涂料印花中是否加交联剂，交联剂的种类、用量、加入的方法和次序、焙烘温度，主要根据黏合剂的性质来决定。在使用前，必须进行系统的工艺试验。如在自交联黏合剂的印花色浆中加入少量交联剂，不但可以提高牢度，而且还可赋予织物光滑的表面。但交联剂不可过量加入，否则黏合剂所形成的皮膜变脆发硬，严重影响花纹处的手感。

4. 增稠剂

涂料印花时为了把颜料、化学助剂等传递到织物上，并获得清晰的花纹图案，印花色浆应具有一定的稠度，这就需要在色浆中加入增稠剂。

涂料印花用增稠剂的要求是具有良好的印花性能，能随意调节印花色浆的稠度和黏度，使印出的花纹轮廓清晰，不渗化，且印花均匀；对黏合剂形成的无色透明皮膜无影响，即对涂料着色无影响，从而确保花色的给色量和色泽鲜艳度；其含固量要低，印花烘干后溶剂挥发，残留在纺织品上的固体少，不影响手感且色牢度好。

乳化糊是主要用于涂料印花的一种增稠剂。它具有给色量高、色泽鲜艳、花纹精细、手感柔软、印透性好、印花均匀、易去除等优点。但也存在着明显的不足，它需耗用大量的火油，造成空气污染且易燃、易爆，运输和使用不安全。近年来，合成增稠剂（即合成糊料）应用于涂料印花，其用量少，增稠效果好，克服了使用乳化糊带来的弊病，印花效果优良，正逐步代替乳化糊，是涂料印花增稠剂应用发展的方向。

(1) 乳化糊常见品种

① 乳化糊 A 浆（俗称 A 帮浆）配方

| 5%合成龙胶/g | 10 | 白火油/g | 70~80 |
| 平平加 O/g | 25 | 加水合成总量/g | 1000 |

白火油为无色透明的石油分馏物，要求沸程为 180~220℃，其中芳香烃和烯烃含量越少越好（不超过 10%），以防止涂料在其中溶解致使橡胶衬布膨化，减少芳香烃对人体皮肤的刺激。平平加 O 属非离子型表面活性剂，在配方中作为乳化剂。合成龙胶为保护胶体，其用量不能太多，否则将影响手感和牢度。

② 乳化糊 N 浆配方

分散剂 N/g	40	白火油/g	700
水/g	约 70	苯并三氮唑/g	0~2
平平加 O/g	60	酒精/g	x
水/g	约 100	合成总量/g	1000
乳化剂 M/g	25		

乳化糊 N 适用于金粉、银粉印花。苯并三氮唑需用酒精溶解后加入糊中，作为抗氧化剂可延缓金粉、银粉在空气中的氧化，使其能较长时间地保持金属光泽。乳化糊 N 用于易分相的黄涂料拼成绿色涂料的印花浆时可不必加苯并三氮唑。乳化剂 M 既作为乳化剂又作为增稠剂，同时也具保护胶体的作用。

③ 乳化糊 MCC 浆配方

平平加 O/g	40	白火油/g	740
尿素/g	60	乳化剂 M/g	30
水/g	130	合成总量/g	1000

乳化糊 MCC 为稠厚的乳化糊，适用于精细线条的印花。

涂料印花所采用的乳化糊均为油/水型的乳化糊,是与油/水型、水分散型黏合剂相配套的。乳化糊的内外相组分决定了涂料印花效果。由于分散相(内相)含量高,则分散相液滴相互产生挤压,不易流动,使乳化糊具有较高的黏度,从而获得良好的涂料印花性能。

(2) 合成增稠剂的种类 涂料印花所用的合成增稠剂大致有两大类,非离子型合成增稠剂和阴离子型增稠剂。

非离子型合成增稠剂适应性好,使用方便,其黏度不受电解质的影响,除涂料印花外,还可用于分散染料印花及防拔染印花。但其增稠效果不及阴离子型合成增稠剂,用量多还会影响色牢度。

阴离子型增稠剂通常需要两种或两种以上的单体共聚而制得,给色量高,用量少,增稠效果好,对印花产品的鲜艳度、手感和牢度等无不良影响,广泛应用于低火油或无火油涂料印花,但其黏度受电解质影响大,因此应用范围受到一定限制,多应用于非离子型助剂加工的涂料印花。

合成增稠剂制糊和调制色浆极为方便,加厚、冲薄调节容易;增稠效果极好,用量为 0.3%～0.6%,含固量很低,印花后不经洗涤,也不会影响织物手感;但吸湿性强,在一般汽蒸中易引起渗化,应采用焙烘固色工艺为好;匀染性较差,可用两种不同性能的合成增稠剂拼混使用。合成增稠剂用于涂料印花时,涂料色泽鲜艳度不及乳化糊好。用于分散染料印花时,由于含固量低,有利于染料的固色,可以提高给色量。但遇电解质后黏度大大降低。因此,分散染料中必须用非离子型分散剂。

5. 其他助剂

(1) 润湿剂 润湿剂可改善涂料印花色浆的流动性能,提高对织物的润湿作用,有利于增强黏着力。还能防止水分的蒸发和嵌印花滚筒或塞网,有利于印花机的清洁。

(2) 催化剂 催化剂受热后能分解或水解出游离酸,提供交联反应所需的pH,加速交联剂的交联,降低印花后的焙烘温度。常用的催化剂有硫酸铵、磷酸铵、硝酸铵等酸性铵盐和氯化镁以及对甲基苯磺酸甲酯等。

(3) 柔软剂 其作用是改善手感,常用聚二甲基硅烷以及其他柔软剂。

(4) 消泡剂 制浆中不断搅拌会产生大量的泡沫,严重影响印制效果,加入消泡剂可使印花轮廓清晰、印制均匀。常用的消泡剂有环氧乙烷-环氧丙烷-三羟基丙烷嵌聚物三硬脂酸酯、消泡剂 SI 等。

(5) 保护胶体 在涂料印花中,有些涂料容易出现"破乳"及分层现象,可加入保护性胶体来改善。保护性胶体一般为水溶性胶,如合成龙胶、PVA 等,它们的加入还可增加黏度,增强黏合剂液滴的机械强度而不易破乳凝结。

三、涂料印花工艺

(一) 丙烯酸酯类黏合剂印花工艺

丙烯酸酯类黏合剂的常用品种有 104 黏合剂、网印黏合剂、HF 黏合剂等。

1. 色浆配方

(1) 一般涂料色浆配方

涂料/g	1～100	交联剂/g	25～30
乳化糊 A/g	x	尿素/g	50
黏合剂/g	250～400	加水合成总量/g	1000

(2) 白涂料色浆配方

白涂料/g	300~400	交联剂/g	30
乳化糊 A/g	x	硫酸铵/g	0~15
黏合剂/g	400	合成总量/g	1000

2. 色浆调制

首先将黏合剂与乳化糊快速搅拌均匀，用量视涂料的浓度而定，为保证印制牢度，黏合剂一般用量都较高，其次将尿素用水溶解后加入涂料中，在快速搅拌下倒入黏合剂，最后加入交联剂。

3. 工艺流程

印花→烘干→固着→汽蒸（焙烘）→拉幅→成品

工艺说明：黏合剂的成膜可用汽蒸法（102~104℃，5min），也可用焙烘法（140~150℃，3~5min），焙烘法固色的牢度比汽蒸法好。皮膜无色透明，不泛黄，可以用于白涂料印花，可加入交联剂增加牢度。在色浆中加入少量硫酸铝（作为酸性催化剂），有利于成膜和印透，但色浆的稳定性将降低。手感较差，如果遇到满地或大块面印花时，可以在色浆中加入少量的柔软剂。

(二) 丁苯乳液-甲壳质黏合剂印花工艺

丁苯乳液-甲壳质黏合剂的品种有黏合剂 BH、黏合剂 707、黏合剂 705、黏合剂 BF 等。

1. 色浆配方

涂料/g	1~100	交联剂/g	25~30
乳化糊 A/g	x	尿素/g	50
黏合剂/g	250~350	加水合成总量/g	1000

2. 色浆调制

首先将黏合剂与乳化糊快速搅拌均匀，尿素作为吸湿剂先用冷水溶解后加入涂料中，然后再将涂料加入黏合剂。交联剂用水冲淡后慢慢加入色浆中调匀，但一定要临用时加入。

3. 工艺流程

印花→烘干→固着→汽蒸，102~104℃，4~5min（或焙烘 135~145℃，3min）→拉幅→成品

(三) 阿克拉明 F 型黏合剂印花法工艺

1. 色浆配方

(1) 10%阿克拉明 FWR 浆配方

阿克拉明 FWR 粉/g	100	加水合成总量/g	1000
98%醋酸/mL	60		

(2) 印花色浆配方

10%阿克拉明 FWR 浆/g	100~200	尿素(1:1)/g	50
乳化糊/g	x	交联剂/g	12~25
阿克拉莫 W/g	100~200	合成总量/g	1000
涂料/g	10~150		

2. 色浆调制

调浆时先放冷水于浆桶中，将阿克拉明FWR粉撒入搅匀，在快速搅拌下，慢慢加入用冷水稀释的醋酸溶液，继续搅拌至溶液呈透明无气泡为止，放置24h呈透明的浆状体后备用。急用时可先将300g酒精（30%）加入水中，再加入阿克拉明FWR粉，搅匀后加入稀释的醋酸放置3~4h后即可使用。

调阿克拉明FWR浆宜用木桶、陶瓷或不锈钢容器，不能用铜制、铁制容器。调浆时应用乳化糊冲淡，再慢慢加入阿克拉莫W，不能将阿克拉明FWR浆液倒入阿克拉莫W中，否则将出现"橡皮筋"现象。为防止因热提早成膜，应在较低温度下制浆，发现絮状物，可快速搅拌后使用。

3. 工艺流程

印花→烘干→固着→（汽蒸，102℃，5~6min）（或焙烘110℃，5min）（或70~80℃、5g/L热烧碱浸轧）→拉幅→成品

工艺说明：阿克拉莫W易泛黄，使皮膜不白，因此不适用于白涂料印花，该黏合剂吸附能力很强，使用涂料应有所选择，避免后处理时涂料沾色而造成色光变化。如色浆泡沫多，可加入消泡剂，如松节油、异辛醇、硅油等。

涂料、黏合剂和交联剂三者之间的用量关系为：

黏合剂总量(g)＝涂料量(g)×2.5＋150(g)

交联剂FH量(g)＝涂料量(g)×0.17＋8(g)

黏合剂总量指10%阿克拉明FWR和阿克拉莫W调成1∶1后的总用量。

第二节 转移印花

转移印花与传统印花方法不同，它是先用印刷方法将合适的染料油墨在特种纸上印刷所要印花的图案，制成转移印花纸（简称转印纸），再将此转移纸印上油墨的一面与被印织物重合，加热加压，使染料或颜料转移到织物上的一种方法。

我国于20世纪70年代末期开始开发纺织品转移印花技术，用热气相法技术将分散染料转印到涤纶织物上。中、小型印刷厂有采用凹版或凸版印刷方法来印制转印纸，也有用圆网印花机来生产转移印花纸，提供涤纶织物转移印花或天然纤维织物转移印花。目前国内的转移印花技术虽从花样精细度、色泽鲜艳度、色位数、艺术性等方面与国外存在一定差距，但技术日趋成熟，根据对转移用染料、转移基纸、花样图案、被印织物等进行精选，差距逐渐缩小。

一、转移印花特点

转移印花工艺和设备与传统印花工艺相比较为简单，操作也很简便，可印制大花回的图案，一般花回尺寸可在1000mm范围内进行调节，成品花型轮廓清晰、图案精细、层次丰富，印花的次品率较低，织物转印后不需进行处理而无污染问题。但转移印花目前限用于玻璃化温度比较明确的合成纤维，例如涤纶、腈纶、三醋酯纤维、尼龙6等，其中涤纶的转印效果最为满意。纯天然纤维或再生纤维可以通过变性处理（如用醋酸酐、冰醋酸变性），连接分散染料的受体（如用羟甲基丙酰胺、聚乙二醇预处理）等方法的特定预处理后，用分散染料升华法来转印，但染色牢度有限，不利于深浓色泽印花，目前用活性染料湿法转移印花来弥补其缺陷。在设计与雕刻制版方面，花样生产周期较长，特别是生产量在10000m以下

时生产总成本比传统印花稍高。

转印纸上的花纹图案转移至织物从理论上有以下四种方法。

(1) **熔融转移** 热压转印纸，使其正面图案上的染料或颜料通过熔融转移到和它紧贴的织物上。

(2) **剥离转移** 将转印纸上含染料或颜料的黏合剂层在热压作用下剥离、黏着在织物上。

(3) **半湿法转移** 织物预先含湿，通过使用有黏性的水溶性介质，在热压下将水溶性染料从纸上转移至织物。

(4) **气相转移** 转印纸上的染料具有挥发性，并对所印织物具有较大的亲和力，在两者接触热压过程中，纸上染料通过气化转移到织物上。这是目前常用的方法，主要对聚酯纤维及其混纺织物印花，可在伸缩性大针织物、弹力织物及毛织物上印花，还可对织物进行双面印花。

二、转移印花用染料的选择

1. 气相转移印花用染料

通常气相转移印花用的染料必须在 150～200℃ 范围内能升华成气体，并且有良好的扩散性，目前主要是用分散染料，其次是阳离子染料，它们应具有下列性能。

(1) 在高温条件下染料有合适的升华性，在拼色时所用染料应具有相近的升华性。

(2) 染料对转印纸的亲和力低，对被印的织物的亲和力高。

(3) 染料在干热条件下在所印织物的纤维中有较好的扩散性。

(4) 染料在所印织物上有良好的干热固色性，具有较高的染色牢度。

2. 湿法转移印花用染料

近年来，棉织物用活性染料转移印花得到广泛研究，这种比较新颖印花方法的基本原理是先将天然纤维织物浸轧碱液，然后与转移印花纸相密合，并施加一定的压力，织物上所带的碱液使转印纸上的油墨（色浆）溶解。由于染料对织物的亲和力比对转印纸的亲和力大，染料转移到织物上，并进入到织物间隙中，在冷堆置过程中，染料逐渐完成吸附、扩散、固色过程。

用于转移印花的活性染料溶解性要好，固色速度要快，水解稳定性要好。大多采用乙烯砜型（KN型）和部分二氯均三嗪型（X型）以及少量的氟氯嘧啶型（F型），或乙烯砜和一氯均三嗪为双活性基的M型，以乙烯砜型活性染料较为理想。

三、转移印花纸的印刷

1. 印刷纸的要求

作为转移印花的纸张，必须具备一定条件。

(1) 要有足够的强度，印制和转移过程中不断裂，经高温高压也不易发脆、泛黄。

(2) 质地紧密，表面光洁平整，无尘埃、无疵点。

(3) 对油墨的亲和力要小，油墨对转印纸有良好的覆盖力。

(4) 有合适的吸湿性，吸湿性太大会造成转印纸变形，吸湿性太小会造成油墨搭色。通常在纸粕中加填料如无机颜料、陶土或二氧化钛，它们填充纸张空隙，还起增重、消光、降低成本的作用。但填料不能过多，以免影响纸张的吸墨性。

2. 印刷方法

花纸的印刷是将含有染料的色墨通过印刷和筛网印花的方法,将选定的图案印到转印纸上的加工过程。目前大多采用印刷方法印制。印刷的方法有凹版印刷(凹印)、平版印刷(平印)、凸版印刷(凸印)和筛网印刷(网印)四种。其中以平印所得花纹最为精细,但色墨层薄,对色墨中的染料要求也高。凹印色墨层厚,经转移后织物得色量高,也能印制较精细的花纹。网印能印制较粗的花纹图案,印制方便。印染厂自行印制转印纸多用凹印和网印的方法。目前国内外市售的转移印花纸大多数采用凹印和凸印的方法。

3. 色墨组成

色墨的组成中含有染料、黏着剂、载色剂等。一般油墨中含有：合适热转移性能的染料,液体黏合剂和水,乙醇、乙二醇、异丙醇、苯或甲苯等溶剂,增稠剂如乙基纤维素、聚醋酸乙烯、聚丙烯酸类树脂和树胶等。

载色剂的作用是将染料均匀分布在色墨中,并以印制的方法将染料转移到转印纸上。载色剂应具有价廉、无毒、不易燃烧的性能。用水作为载色剂最好,但用纤维素组成的转印纸时会发生纤维膨胀、精细花纹变形且不利高速生产。选用有机溶剂类载色剂,纸张变形小,可印制精细花纹,并具有合适的挥发度,有利于高速生产,但成本较高且易燃烧,使用时要严格注意。也可选用油类载色剂,如高沸点油等,但高沸点油会使染料向转印纸深处扩散,从而影响转印纸上的染料向织物上转移的量。

黏着剂可控制色墨的黏度,用量过少不能保证色墨黏度,转印纸效果不好；过多则会使染料由转印向织物转移的速度减慢,残留在转印纸上的染料太多。

目前采用的油墨有水溶性油墨、醇溶性油墨和油溶性油墨之分。水溶性油墨以海藻酸钠或醚化皂荚胶作为黏合剂,可掺用一些聚丙烯酸酯类黏合剂,制成印刷油墨。醇溶性油墨由溶解于适当醇类中的黏合剂与染料调制而成,如以正丁醇和异丙醇溶解的乙基纤维作为黏合剂。调制时,染料与正丁醇(1:3)研磨,而后与乙基纤维素的异丙醇溶液制成油墨。油溶性油墨用油溶性的树脂(如间苯二甲酸醇酸树脂)、碳酸钙和染料在三辊研磨机中研磨而成。

凹版印刷可用醇溶性和水溶性油墨,平版印刷可用油溶性油墨,凸版印刷、筛网印花可用醇溶性和水溶性油墨。

4. 印刷纸的选择

不同的转移方法对转印纸的要求有所不同,一些公司已开发出专门的转印纸。

印刷纸可采用机器轧光漂白牛皮纸、轻度填料纸(木浆中加入少量松香、硫酸铝、滑石粉)、涂层纸(基纸光面涂聚氨酯)、防水纸、防油纸、纸版纸等,此外金属箔(铝箔)也可应用。

用醇性油墨不同方法印刷时,可选用含木浆及双面涂淀粉浆,经轧光且重量为 $60\sim80g/m^2$ 的牛皮纸,双面上浆可防止纸张两面应力差异而造成纸边卷起。用水性油墨不同方法印刷时,需选用有一定的吸水性能的纸张以使印刷油墨能较快地干燥。

目前市售有两种热传递转印纸,一种为有黏合剂纸,适用于涤纶,黏合剂的存在可减少织物与转印纸间的滑动。一种为无黏合剂纸,适用于对耐热敏感的纤维如再生纤维、腈纶以防止纤维泛黄。

四、转移印花工艺

(一)气相转移印花工艺

1. 油墨配方(以凹印为例)

(1) 水性油墨配方

染料/g	50~200	水/g	200~400
黏合剂/g	400	合成总量/g	1000

(2) 醇性油墨配方

染料/g	150	或乙醇/g	760
乙基纤维素/g	40	乙二醇/g	50
异丙醇/g	810	合成总量/g	1000

(3) 油性油墨配方

染料/g	150	1号矿物油/mL	90
萜烯树脂/g	115	苛化钙/g	360
失水苹果酸酐树脂/g	115	超沸点油/mL	15
蓖麻油/mL	50	合成总量/g	1000
烷基苯/g	105		

2. 油墨调制

染料用三辊磨料机、球磨机、砂磨机、胶体研磨机充分磨细，将染料与载色剂混合，使染料均匀而微细地分布在载色剂中。但染料过细会在增加染料粒子在油墨中的溶解度同时增加染料的絮凝作用而导致在贮藏过程中结晶。

3. 工艺流程

染料调制成的色墨→印刷转移纸→热转移→印花成品

(二) 湿法转移印花用染料

1. 油墨配方

乙烯砜型活性染料/g	5~100	醚化淀粉＋乳化糊/g	300~400
尿素/g	30~150	加水合成总量/g	1000

2. 色浆配制方法等与常规印花工艺相似。

第三节　数码喷射印花

数码喷射印花又称喷墨印花，是利用喷嘴进行喷射墨水（染液）来完成织物印花的一种新工艺。它是随着计算机技术不断发展而逐渐形成一种集机械、计算机、电子信息技术为一体的高新技术产物。

纺织品的喷墨印花始于20世纪70年代，是近年来在国际上流行的一种全新的纺织品印花方式，是继凹凸版印花和丝网印花后的又一次织物印花技术革命。它彻底铲除了在传统织物印花工艺过程中出现的高能耗、高强度、高污染等，以及低精度、低效率、低收益等不利于企业生存与发展的制约因素。

数码喷射印花系统是通过各种数字化手段，将经过技术处理的图像输入计算机，再通过计算机分色系统编辑后，由专用软件驱动芯片，通过对其喷印系统的控制，将专用染液（如活性染料、分散染料、酸性染料以及颜料）施加外力，使染液通过喷嘴直接喷印到各种织物上，形成一个个色点。数字技术控制着喷嘴喷与不喷，喷何种颜色以及 x、y 方向的移动，保证在织物上形成相应的准确图像和颜色。

一、数码喷射印花的特点

1. 数码喷射印花的优点

与传统的印花工艺相比，数码喷射印花具有以下优势。

（1）印花流程大大简化，无需分色、描稿、制版和配色调浆等工序，直接按花样喷墨打样。

（2）图案设计及修改极为方便，通过网络能看到最终面料的图案效果，能生产出用传统印花方法难以印制出的颜色渐变过渡、云纹层次丰满、对花精度极高及图像逼真的照片效果。

（3）打样过程中颜色由计算机自动记录其颜色数据，批量生产时颜色数据按打样数据配置。有效保证打样与批量生产的一致性。适应小批量、多品种生产和打样，可按需要进行软性生产，一些小批量产品可以做到当天交货，符合市场的快速反应要求。

（4）按需喷墨，几乎没有染液的浪费和残液的排放，整个生产过程的噪声较小，是一种清洁生产工艺，耗能极低，生产过程耗水量大大减少，利于环保。

（5）从分色到打样全为计算机自动控制，操作简易，占地只有传统印花方式的1/10。

（6）色彩丰富，能表现多达1670万种颜色，而传统印花仅能印制十几种颜色。适用范围广，棉、麻、丝、毛、化纤、针织、毛巾等织物均适用。

2. 数码喷射印花的缺点

目前数码喷射印花还存在一些不足之处。

（1）设备的有效利用率较低。用好数码喷射印花机，需要熟练掌握计算机软件的应用、机台硬件的操作，熟知印染原理，具有一定的美学基础，熟练操作者少。

（2）生产成本高。染液作为中心消耗材料采用进口的染液，成本特高。

（3）喷射印花速度与常规筛网印花相比差距甚大，阻碍大量推广应用。

二、数码喷射印花的原理

织物油墨喷射系统，按形成墨滴的方式不同，大致分为两种类型：按需喷射系统（DOD）和连续喷射系统（CIJ）。DOD喷印设备在计算机打印领域占优势，而CIJ喷印设备则广泛应用于工业界。CAD（电脑印花分色系统）和校样系统两者各有利弊，均适用于织物喷射印花。

1. CIJ油墨喷射系统

连续喷射式是通过对印墨施以高频振荡压力，使印墨从喷嘴中喷出形成均匀连续的微滴流。在喷嘴处设有一个与图形光电转换信号同步变化的电场。喷出的液滴在充电电场中有选择地带电，当液滴流继续通过偏转电场时，带电的液滴在电场的作用下偏转，不带电的液滴继续保持直线飞行状态。直线飞行的液滴不能到达待印基质而被集液器回收。带电的液滴喷射到待印基质上。

2. DOD油墨喷射系统

按需喷射式是当需要印花时，系统对喷嘴内的色墨施加高频机械力，电磁式热冲击，使之形成微小的液滴从喷嘴喷出，由计算机控制喷射到设定的花纹处。DOD油墨喷射系统有两种形式，一种是依靠热脉动产生墨滴，由计算机一根根控制加热电阻丝至规定高温，致使油墨汽化后从喷嘴中喷出，这时油墨小滴又自"贮存器"中吸满，这种喷墨方式又称热喷墨技术，优点为喷嘴装配成本低，缺点是喷嘴的高故障率导致可靠性差，限制其速度的提高。另一种是压电式喷射系统，即由计算机控制在压电材料上强加一个电位，使压电材料在电场方向上产生压缩，在垂直方向上产生膨胀，从而使墨滴喷出，可印制高清晰度图案（可达1440dpi），打印头寿命比热喷墨系统长。

三、数码喷射印花油墨的选择

数码喷射印花基本上采用C、M、Y、K四色加专色就可达到印制各种花色图案的要求。目前也有采用以原色组合的基础上，选择8～10种染液，即在四色的基础上增加了橙色、浅品红、浅蓝、深蓝等专色，加大其色域，有利颜色的重现性。

用于纺织品喷墨印花的印墨配方或色浆组成必须符合严格的物理和化学标准，具有特定的性能，才能形成最佳的液滴，得到图像清晰、色泽鲜艳的花型。其基本性能要求如下。

1. 表面张力

油墨的表面张力决定着液滴的形成，也影响液滴对织物的润湿和渗透。表面张力太大，色料不易形成小的微滴，并可能出现较长的断裂长度或断裂成"拖尾巴"状微滴，直接影响图案的质量，表面张力太低，会导致液滴不稳定，甚至形成"卫星状"生成溅射点，影响图案。油墨的表面张力必须低于纤维的表面张力。对CIJ印花机推荐的表面张力范围为40～60mN/m，对DOD热喷射印花机通常在40～50mN/m。

2. 黏度

与传统的印花相比，用于喷射印花的油墨应具有非常低的黏度。黏度高，会使喷射的液滴呈拉丝状，使喷射速度降低而不能击中被印基质。黏度太小则易使液滴破碎。黏度也会影响喷射速度，甚至液滴不能喷射到被印织物的相同点上。一般在CIJ中的油墨黏度为2～10mPa·s，在DOD技术中的油墨黏度为10～30mPa·s。

3. 粒径

喷嘴的孔径很小，大而不规则的粒子会导致微滴形成困难和稳定性下降，最终导致喷嘴堵塞。通常采用平均粒径和最大粒径两种参数表示印墨的颗粒尺寸，要求在高剪切（如搅拌、高速通过喷嘴）和不同温度下，粒径仍保持不变或很小改变。用于CIJ印花机的油墨粒径平均值应小于$0.5\mu m$，最大值不超过$1\mu m$。

4. 电导率

在CIJ中，油墨微滴是依靠带电荷产生偏转的，要求油墨微滴的电导率在$750\Omega^{-1}$以上。

5. 油墨的纯度和浓度

喷射印花油墨中染料浓度要求比纸张喷墨打印机用的墨水高3～5倍，而且要求很好的稳定性和合格的各项染色牢度。

数码喷射打印机所用墨水分为水基墨、油溶墨和固定墨三大类。水基墨又分为染料型、乳液型和颜料型。纺织品喷墨印花机常用水基墨，它是由着色剂（染料）、水（离子交换水）、水溶性有机溶剂、助剂（分散剂、消泡剂、渗透剂、保湿剂、金属络合剂）和增稠剂等组成。水溶性有机溶剂通常是醇类化合物，它可以提高染料的溶解性及墨水的稳定性，使其有合适的表面张力和黏度。着色剂是一些水溶性染料，要求具有良好的稳定性、色彩还原性、耐光性及一定的耐水性，还要保证印制有较高的光密度，良好的耐摩擦、耐洗、耐光牢度。合理选择染料是数码喷射印花的重要内容。

四、数码喷射印花工艺

（一）着色油墨

喷墨印花着色剂分为两大类，即水溶性的染料和有机颜料。染料着色剂的优点是色谱齐全、着色鲜艳，稳定性好，不易堵塞喷头，打印质量好。有机颜料的优点是耐光牢度和耐水牢度好，但存在得色强度低、色彩不鲜艳、图案不清晰、成本较高的缺点。

（1）**活性染料**　如目前应用的有一氯均三嗪型活性染料等。

（2）**酸性染料**　如目前应用的有用酸性染料10份、硫二甘醇23份、三甘醇单甲醚16份、氯化钾0.05份、水51份组成墨水。

（3）**分散染料**　如目前应用的有先将萘磺酸甲醛缩合物（分散剂）20份、二甘醇10份、原染料15份、去离子水55份研磨后过滤制成分散染料分散液；再将分散染料分散液40份、二甘醇11份、硫二甘醇24份、去离子水25份共同混合制成分散染料印花油墨。

（4）**有机颜料**　颜料不溶于水，在用颜料着色剂配成水基型印墨时，通常是将颜料磨成细粉，将其用表面活性剂或聚合物分散剂分散、悬浮在水中制成水基型印墨。但配成的印墨稳定性不好，在水中易聚集，印制图案不清晰，易于堵塞喷头。

（二）工艺流程

织物前处理→印前烘干→喷墨印花→印后烘干→汽蒸→水洗→皂洗→烘干

工艺说明如下。

1. 织物前处理

数码喷射印花的织物除了常规前处理外，还需做特殊的预处理。因常规染料印花色浆中除染料外，还需加入糊料和助剂以防渗化，喷射印花若加入糊料和助剂，就容易堵塞喷嘴，因此用于数码喷射印花的练漂半制品，需增加一道预处理工序→织物浸轧上浆。

（1）**活性染料喷印纤维素纤维织物前处理**　常规印花时活性染料和碱剂等添加剂是调在一起制成色浆进行印花的，喷墨印花由于严格的染料浓度要求和连续对油墨所需的严格的传导性技术要求，所用的化学品（碱剂、尿素和海藻酸钠糊等）均不能加到油墨中，可在印花之前预先浸轧这些化学品，轧余率为75%～80%，可用中聚合度海藻酸钠糊100～150g、尿素100g、碳酸钠25～30g、间硝基苯磺酸钠10g等加水合成总量为1000g浸轧液配方进行，当喷印织物为黏胶纤维、天丝时，尿素用量可提高到150～200g/L。

（2）**分散染料喷印涤纶织物前处理**　分散染料喷印涤纶织物应先浸轧海藻酸钠，可用中聚合度海藻酸钠糊100～150g加水合成总量1000g的浸轧液配方进行。

（3）**酸性染料喷印丝绸、锦纶织物前处理**　丝绸织物用酸性染料喷印前可用尿素150g、低聚合度海藻酸钠糊或醚化植物胶糊200g、酒石酸50g等加水合成总量为1000g浸轧液浸轧。锦纶织物用酸性染料喷印前可用尿素100g、低聚合度海藻酸钠糊或醚化淀粉糊200～250g、硫酸铵20g等加水合成总量为1000g浸轧液浸轧。轧余率为75%～80%。

织物前处理浸轧液中的糊料能抑制喷射到织物上染液的扩散性能，保证印花图案的清晰光洁度。随着糊料的用量提高，对喷印的线条光洁度有利，但会增加后处理水洗时的困难。

2. 喷印前数字图像处理

数字图像处理过程为：原稿→扫描输入→花样修整→分色→配色变换→喷印

用扫描仪、数码相机等输入设备输入设计图案；利用图像处理软件对图像进行必要的放大、缩小、编辑、修改；利用现有的分色软件，对要求打样的花样按印制工艺进行套色分色；根据染料在不同织物上的上染性不同，选择配色方法配色，进入喷印软件，选择正确的光栅化处理器（RIP）和颜色管理喷印，喷印过程中光栅化处理器会将喷印数据转换为光栅化的图像或网点，使喷射印花机能够将图案在织物上显现出来。优良的印花图像应该是图像清晰、色彩层次调和。

3. 汽蒸

喷墨印花后进行汽蒸固色。所喷印的织物和采用染料的不同，它们的固色条件也就不同。

（1）活性染料　汽蒸温度为102℃，汽蒸时间随织物不同而有所变化，纤维素纤维或以纤维素纤维为主的混纺织物10~12min，蚕丝或以其为主的混纺织物30~35min，纤维素纤维的毛巾类织物或针织物30min。

（2）分散染料　对纯涤纶织物，汽蒸温度为180℃，汽蒸时间8min。

（3）酸性染料　汽蒸温度为102℃，汽蒸时间为40min。

4. 水皂洗

由于织物中存在糊料和未固着的染料，因此需经水洗、皂洗处理。

（1）活性染料　对纤维素纤维织物或以纤维素纤维为主的混纺织物，在水洗后用3g/L的净洗剂在90℃下洗2~3min。对真丝或以真丝为主的混纺织物，在水洗后用中性净洗剂或用3g/L家用洗洁净在80℃洗2~3min，再冷水洗，在室温固色5~6min固色柔软。

（2）分散染料　对纯涤纶织物或以涤纶为主的混纺织物，在高温常压汽蒸固色后，先用冷水洗、温水洗，再在2g/L保险粉、2g/L氢氧化钠、3g/L净洗剂的还原清洗液中清洗5~10min后，用温水及冷水净洗。

（3）酸性染料　对于真丝绸、锦纶织物或以此类纤维为主的混纺织物，在冷水洗后，用中性白地防污剂或3g/L家用洗洁净进行常温皂洗，再冷水洗后，用5g/L酸性染料固色剂在40~50℃处理10min进行固色柔软。

思考与练习

1. 名词解释：涂料印花、转移印花、喷墨印花。
2. 分析涂料印花主要优、缺点及在织物印花中的应用范围。
3. 涂料印花对黏合剂有何要求？
4. 常用的黏合剂在水中的分散形态及对印花工艺的影响如何？
5. 常用的黏合剂有哪两类？并从结构及性能上加以比较。
6. 交联剂在涂料印花中的作用是什么？
7. 简述乳化糊的特点及制备方法。
8. 涂料印花色浆通常由哪些组分所组成？试述各组分的作用，并设计其印花工艺流程。
9. 花纹图案从转印纸转移至织物上的方法有哪几种？
10. 转移印花用染料如何选择？各自的工艺是什么？
11. 转移印花色墨的类型及特点是什么？
12. 分析数码喷射印花的优缺点。
13. 实训题：涤纶织物的涂料印花。
14. 实训题：涤纶织物的分散染料转移印花。

第十五章 特种印花

印花织物以其五彩缤纷、绚丽夺目的外观，美化了人民的生活，深受人们的喜爱。如何使印花织物上不仅产生美丽的图案花纹，而且使图案产生各种特殊艺术的效果，在人们的视觉上形成一种真切而醒目的感觉，既可增加织物的附加值，又可使织物具有装饰性和审美情趣，是未来发展的方向。特种印花是指用一些特殊的方法来印制特殊效果的花纹。如烂花印花、泡泡纱印花、发泡印花和静电植绒印花等，本章介绍几种常见的特种印花。

第一节 烂花印花

烂花印花织物通常由两种化学性质不同的纤维组成，其中一种纤维能被某一化学药剂（腐蚀剂）侵蚀除去，而另一种纤维不受影响。利用各种纤维对某一化学药剂的稳定性不同，在混纺或交织物上印上含有这一化学药剂的色浆，经过适当的后处理，使花型部位不耐化学药剂的纤维发生反应被除去，从而形成具有特殊风格的凹凸有致和半透明网眼视觉双重效果的花型图案。

20世纪60年代我国开始用以高强低伸的涤纶长丝为芯外覆一层棉纤维纺成包芯纱织造成坯布进行烂花印花，后又发展了采用涤棉混纺织物烂花成半透明状作为服装面料，锦棉混纺烂花针织外衣、锦黏混纺烂花针织内衣、涤纶与醋酯纤维混纺的烂花服装面料和衣片印花等，产品不但具有强度高、弹性好，而且具有挺括美观、透气性好、穿着舒适、易洗快干、免烫等特点。目前常见的烂花印花织物有烂花丝绒织物和烂花涤/棉织物两种。常用的化学药剂为酸剂。

烂花丝绒的坯布是真丝或锦纶与再生纤维素纤维的交织物，其底纹是蚕丝或锦纶丝织的乔其纱，绒毛是黏胶丝，在这种织物上印上酸或酸性物质，经过干热处理，酸便能将黏胶绒毛侵蚀，经水解而除去，而蚕丝或锦纶丝耐酸，不被破坏，经充分水洗，便留下底布，形成烂花丝绒。

烂花涤棉是对涤/棉或棉包涤纱所织的织物，用酸性浆印花，经过处理，让印花部位的棉组分水解或炭化去除，涤纶耐酸而保留。这类涤/棉烂花织物的混纺比例不同，织物的凹凸效果不同。

烂花印花织物的前处理与一般织物要求一样。若印浆中加入可上染底纹的染料，则经过一系列处理后，便可获得色彩艳丽的烂花印花织物。所用染料应在酸性介质中不受影响。

烂花织物印制加工的生产方式，以平版筛网印花方法较适合于多种花型变化，在生产设备上，除个别企业有专用设备外，大部分则结合本企业的现有设备，利用手工热台板、布动式平版筛网印花机来进行生产。

一、烂花原理

各种纤维对酸、碱的稳定性不同，棉、麻、黏胶等纤维素纤维耐碱性较好，但在高温、长时间的无机酸中会逐渐水解,苷键断裂,生成聚合度比较低的水解纤维素,进一步水解成为纤维二糖,当苷键全部断裂,生成葡萄糖,最后炭化而被清除;羊毛、蚕丝等蛋白质纤维耐酸性较好,但遇碱发生肽键的水解,分子链断裂而强力下降;锦纶、涤纶、腈纶、聚氨酯等合成纤维对酸、碱都比较稳定。利用合成纤维与天然纤维对化学药剂(腐蚀剂)的稳定性不同,在它们的混纺或交织物上通过适当的酸处理,除去花纹处不耐腐蚀剂的纤维,制成烂花印花织物。

二、烂花腐蚀剂

烂花织物用酸处理以烂去天然纤维部分,盐酸和硫酸都是强酸,都能使纤维素纤维催化水解。盐酸挥发性强,易游移,烂花轮廓不清,"搭开"严重,不宜采用。一般常用硫酸、硫酸铁、三氯化铝、硫酸氢钠或硫酸铝制成烂花浆。在实际生产中,涤/棉织物以硫酸作为腐蚀剂较多,而黏胶纤维的腐蚀剂则选用硫酸铝。硫酸氢钠作为腐蚀剂,要严格控制焙烘着色烂花时的温度和时间,否则容易发生烂花不净和色差,或炭化过度,造成涤纶着色的同时,已黏附有难以除尽的焦屑,影响产品的外观质量。烂花效果主要取决于腐蚀剂的用量。

三、涤棉混纺及涤棉包芯纱织物烂花印花工艺

(一) 硫酸法

1. 色浆配方

| 96%硫酸/mL | 30~33 | 50%白糊精/g | 500 |
| 乳化糊 A/g | 400 | 加水合成总量/g | 1000 |

2. 色浆中助剂的作用

(1) 硫酸 作为烂花印花色浆中的腐蚀剂决定着烂花印花的质量。生产中除了直接用硫酸外,还可用通过加热能产生硫酸的物质,如硫酸氢钠、硫酸铝、硫酸铁等。硫酸氢钠、硫酸铁的腐蚀性比硫酸铝强,且对涤纶纤维的泛黄影响比较大,所以常用比较安全的硫酸铝。

(2) 白糊精 作为印花用糊料,具有较好的透网性、抱水性、渗透性、易洗涤性及耐酸性,在常温或高温下,不会沾污涤纶纤维。乳化糊 A 的加入,主要是改善糊料的印制性能。

3. 工艺流程

印花→烘干→焙烘或汽蒸→水洗→皂洗→水洗→烘干

工艺说明如下。

(1) 印花 印花的半制品不宜贮存,要尽快进行热处理,一般不需要烘干。因烘干后的吸湿使热处理温度分布不均匀,从而导致腐蚀不均匀,形成局部炭化不良。如果印花处已经吸湿,则一定要烘干后进行热处理。

(2) 烘干等热处理 烘干温度为 60~70℃,焙烘用 140℃ 处理 3min 或用 180~190℃ 处理 30s,汽蒸时用 95~97℃ 处理 3min±30s。焙烘温度要严格控制,太低则炭化作用不充分,棉纤维残留在织物上很难去除干净,造成烂花处涤纶丝不透明,花纹轮廓不明显;太高则炭化严重,棉纤维呈深棕色或黑色焦屑而黏附在涤纶纤维上,水洗难以去除,影响涤纶长丝光泽,织物手感硬。一般要求焙烘后烂花印花处呈黄棕色为宜。

(3) 水洗 采用常规水洗工序,但为使织物洗除干净,应在水洗前用揉搓、敲打、刷洗

等机械方法预先去除部分炭化纤维。

（二）硫酸氢钠法

1. 色浆配方

硫酸氢钠/g	80	甘油/g	50
糊料/g	450~690	水/g	50~290
消泡剂/g	10	合成总量/g	1000
非离子型表面活性剂/g	20		

2. 工艺流程

印花→烘干→焙烘→水洗→皂洗→水洗→烘干

工艺说明：焙烘用145℃处理5min。其他同硫酸法。

（三）着色烂花印花

1. 烂花色浆配方

（1）烂花和印花分步进行配方

醋酸钠/g	50~100	1:1白糊精/g	940~880
硫酸氢钠/g	10~20	合成总量/g	1000

（2）烂花和印花同时进行配方

糊料/g	500	分散染料/g	x
分散剂/g	20	合成总量/g	1000
硫酸铝/g	200		

2. 工艺流程

烂花和印花分步进行流程：一般印花→烘干→皂洗→烘干→烂花印花→焙烘→拉幅→洗水→烘干

烂花和印花同步进行流程：同硫酸氢钠法。

工艺说明如下。

（1）着色烂花印花是在除去纤维素纤维的同时，使余下的纤维染上颜色，利用分散染料在涤纶上的着色和在棉纤维上的沾色，形成各种色泽的夹花，烂去棉部分即可得到色泽鲜艳、形式别致的花型图案。

（2）着色印花色浆同一般印花色浆。加工时可先染色或印花后再进行烂花，也可先进行烂花再染色或印花。如需上浆，可选用聚乙烯醇和柔软剂VS及荧光增白剂。

（3）着色烂花印花的热处理温度要比一般烂花的热处理温度高。

（4）烂花后可通过柔软整理时加入抗静电剂，以减少静电现象。

（5）着色烂花浆中的分散染料必须能耐强酸，但色浆的pH值不能过低，否则会使分散染料中的某些扩散剂凝聚。分散染料必须在酸浆制成后，用水化开再过滤到酸浆中，以免产生色点。

四、真丝或锦纶与人造纤维的交织物的烂花印花工艺

1. 色浆配方

可溶性淀粉/g	500	加水合成总量/g	1000
三氯化铝/g	55		

2. 工艺流程

烂花印花→焙烘→干蒸化→水洗→固色退浆→去毛→整理

工艺说明如下。

(1) 印花后的织物进入汽蒸箱或焙烘房时布面一定要平整，否则会造成炭化不匀。焙烘用 130~140℃处理，干蒸用压力为 78.45kPa、温度为 110℃处理 50min，然后绳状水洗 20~25min，在 45~48℃时固色退浆 20~30min。炭化温度和时间不足，烂花部位会产生炭化不净，呈不透明的白色，不易洗净，炭化时温度偏高，烂花部位呈黑棕色，其残渣黏附在涤纶上很难去除。炭化后的织物要及时透风、抖动，使热量迅速扩散，以防止酸剂产生热腐蚀，影响织物的强力。

(2) 平版筛网印花时，印花刮刀的形式应选用大圆口，往复刮印两次，尽量刮足酸浆，保证烂花的酸浆均匀地渗透到织物内部。圆网印花时选择较好的网坯，镍网以 80 目为宜，严格按照工艺操作要求，绝不能急烘、过烘，以保证镍网的强度。

第二节 泡泡纱的印制

泡泡纱是指表面局部有凹凸状泡泡的织物。它具有良好的透气性和舒适性，可作为儿童服装、贴身衣物的面料或窗帘、台布、床罩等装饰用布。

泡泡纱的加工方法有机织法和印花法两种。机织法只能加工条形泡泡纱，它采用地经和纱支较粗的起泡经两种不同的经轴，起泡经的送经速度比地经快 30% 左右，织成凹凸状泡泡纱坯布，再经松式染整加工而成。印花法可加工花型泡泡纱，它是利用物理或化学的方法对织物进行处理，使织物表面局部收缩，形成局部有凹凸状泡泡的织物。物理方法是将两种不同收缩率的纤维交织，通过处理使其中一种发生收缩，另一种不发生收缩或收缩较小而形成凹凸状的泡泡。如间隔织造的高收缩涤纶与普通涤纶热处理后，高收缩涤纶收缩而普通涤纶形成凹凸状的泡泡；化学方法是通过化学处理使织物上的一部分纱线收缩，另一部分纱线随之形成凹凸不平的泡泡。如涤纶和棉间隔织造的织物浸轧冷浓烧碱溶液后，棉纤维收缩，涤纶则形成凹凸不平的泡泡。

一、纯棉泡泡纱印制

利用棉纤维遇浓烧碱会收缩的特性，用印花方法进行加工。通常有两种生产方法。

(一) 单辊筒印花机印花法

用刻有直线条花纹的印花辊筒在单辊筒印花机上印上各种相同或不同间距的浓烧碱，然后松式透风烘干，印花处棉纤维因浓烧碱的作用而发生急剧收缩，而未印烧碱处棉纤维只得随收缩纤维发生卷缩，从而形成凹凸不平的泡泡，最后采取无张力和振动式充分水洗，烘干。这种方法可印制条形泡泡纱。

1. 碱浆配方

35%~50%烧碱/mL	600	合成总量/g	1000
印染胶(1:1)/g	400		

2. 工艺流程

印花→烘干→堆置→水洗→酸洗→水洗→烘干

工艺说明如下。

(1) 用纯净的固体烧碱加水溶解成40%的溶液,加热约至80℃,在单辊筒印花机上保持55~60℃轧印泡泡纱。

(2) 印花加工中不能有张力,以防棉纤维发生丝光而不能形成泡泡,平洗时采用松式设备,以防把泡泡拉平。

(3) 进布需保持适当温度,在高速度下吸收碱液,棉纤维紧急收缩,没有烧碱部分的棉布被挤成泡泡,然后用清水洗净,脱水及烘干。

(二) 防碱浆印花法

在棉织物上印上含有耐强碱的拒水剂的印浆,然后烘干,并进一步浸轧浓烧碱溶液,随后使织物处于无张力状态下进行后处理。印花处有拒水剂使浓烧碱溶液不容易进入,棉纤维不发生碱缩,未印花处棉纤维因浓烧碱溶液的作用而发生急剧收缩,从而在织物上形成凹凸不平的泡泡,这种方法可印制各种色彩的花型泡泡纱。

1. 防碱浆配方

聚乙烯醇/g	130	催化剂/g	10~20
淀粉糊/g	150	合成总量/g	1000
脲醛树脂/g	70~80		

2. 工艺流程

印花→烘干→摩擦轧光→浸轧→放置→水洗→酸洗→水洗→烘干

工艺说明:烘干时先用110℃处理1min,再用150℃热风烘4min,浸轧时用400g/L的氢氧化钠处理,轧余率为100%,然后在无张力状态下堆置30min,在绳洗机上用冷热水充分洗涤,再用5g/L的醋酸中和后水洗烘干。

泡泡纱印花可在漂白织物、染色织物、印花织物上进行。在有色织物上印制泡泡纱,应注意选用的染料必须耐氢氧化钠、又不发生色变。

二、合成纤维泡泡纱的印制

1. 涤纶泡泡纱印花浆配方

间甲酚/g	200	龙胶(1:1)/g	74
锌盐雕白粉/g	50	树胶(1:2)/g	296
非离子表面活性N/g	40	合成总量/g	1000
印染胶(1:1)/g	340		

其中间甲酚是纤维膨化剂,雕白粉可消除间甲酚造成的色泽。印后水洗即可。

2. 腈纶泡泡纱印花浆配方

| 二甲基酰胺/g | 350 | CMC/g | 70 |
| 硫二甘醇/g | 100 | 加水合成总量/g | 1000 |

印花后于40~50℃在室内悬挂2~3h后,再经水洗干燥即可。

第三节 发光印花

利用发光固体印制到织物上,产生特殊光泽的视觉效果,这种发光印花包括"夜光印花"、"钻石印花"、"珠光印花"、"金粉银粉印花"等。

一、夜光印花

光致发光材料能在有光的条件下吸收光能并将其贮存起来,然后在无光的环境中通过释放贮存的能量而发光,不但具有夜晚继续发光的功能,而且通过科学配伍,可以在夜晚发出与白天不同波长的光,从而产生昼夜变色的特殊效果。

夜光印花就是利用黏合剂将含有蓄光物质的材料(光致发光材料),通过印花的手段固着在纺织品上。将变色夜光系列印花浆与常规印花浆共印,配合图案设计,印花后的织物在黑暗中以及在灯光频繁变换的环境中能产生各种晶莹发亮的动态图案花纹和色彩。这种随着外界光的变化而产生忽隐忽现晶莹图案花纹的织物称为夜光印花织物。适用于舞会、晚会等场所中使用的服装、背景布、装饰物的图案以及煤矿工作服、夜间警示标志等,丰富了人们的生活。

(一) 发光原理

光是一种电磁波,具有一定的能量,它的吸收和发射是微粒(分子、原子或离子)体系在不同状态能量级间跃迁的结果。蓄光物质受外界作用后,原子核外电子被激发,并从较低的能级轨道跃迁到较高的能级轨道上,原子处于很不稳定的激发态,需要通过内部碰撞或其他作用,以各种不同的形式如光能(荧光或夜光)、热能、化学能(光化作用)和分解能(物质发生分解)等释放出所吸收的能量,核外电子又从较高的能级轨道返回较低的能级轨道,分子或原子则由激发态再回到稳定的低能态。根据激发光的方式可分为光致发光、电致发光、射线发光、摩擦发光、化学发光和生物发光等。目前能用于纺织品的一般有光致发光和射线发光两种,射线发光是利用微量的放射性元素产生 β 射线激发发光,出于安全难以被人们所接受。光致发光的激发源一般是日光及人工光,较安全实用。

(二) 光致发光材料

发光材料也叫固体蓄光物质,是夜光印花浆的主要组分。发光材料有纯材料和组合材料两种。纯发光材料既是基质本身,也是发光材料。这类材料数目不多,最典型的是稀土元素的化合物。实际广泛使用的是组合材料,采用通过组合的变化改变发光材料的光谱、余辉和效率等性能。余辉是离开激发源后发光的延续时间。不同的发光材料,余辉差别很大。如硫化物复合体主要为高纯度的硫化锌或硫化镁中掺入铜和钴或铜和锰等金属,掺入铜后的发射光谱的波长范围变得很宽,产生蓝、绿两个谱带,掺入钴后发光体增加一个高热释光峰,延长余辉时间,增大蓄光能力,但如在衰减期遇到红外线时余晖会大大减弱。

蓄光物质的颗粒细度不能太高,颗粒越细小,蓄光能力越弱,发光效果越差。稀土金属盐的发光材料的颗粒小于 $5\mu m$ 即不能发光。

一般光致发光固体在日光和大气中能产生变化,如不采取保护处理,它在开放性的织物表面很快会失效。第一级保护处理采用硅酸钾形成层膜包围,使其不与空气接触,用于密封状态;对于要经反复洗涤、摩擦和晾晒的不能密封的纺织品,还需采用透明度强的高分子物质进行第二级保护处理,可使发光寿命超过 1250 天。

(三) 夜光印花工艺

1. 印花浆配方

发光材料(粉状)/g	150~250	交联剂/g	20
黏合剂和增稠剂/g	720~820	合成总量/g	1000
荧光涂料/g	10		

2. 色浆中助剂的作用

（1）黏合剂　黏合剂决定夜光印花色浆在织物上的牢度。用于发光材料的黏合剂，油性浆比水性浆好，特别是稀土金属盐类蓄光物质很容易水解，选用油性浆能获得稳定的发光效果。常用固含量比一般涂料印花黏合剂略高的聚丙烯酸酯类为主的黏合剂。要求黏合剂在高温焙烘时不泛黄，以免影响夜光度；成膜后要有良好的透明度，膜的弹性和手感应满足要求。

（2）增稠剂　增稠剂作为印花糊料能使夜光印花色浆具有特定的流变性、触变性、黏着力和可塑性，要求有良好的相容性、稳定性。

（3）交联剂　交联剂与黏合剂发生反应形成立体网状结构，增强黏合剂的成膜牢度，提高夜光印花色浆在织物上的摩擦及刷洗牢度。加入过多或过早，会导致夜光浆不稳定，印花性能下降，并易造成塞网，织物手感发硬，因此应注意控制加入量和加入时间，一般在临用前加入。

（4）涂料　在夜光色浆中加入少量的一般涂料或荧光涂料，如荧光黄、荧光绿等，可使印在织物上的夜光色浆在自然光环境中也能呈现出鲜艳的色彩，但拼入的涂料色泽不能对发光材料所发出的亮光的颜色有干扰，拼入不能太多，涂料色拼入的量越多，对夜光度的影响也越大。

3. 工艺流程

印花→烘干→焙烘→水洗→烘干

工艺说明如下。

（1）印花布地色以浅色为宜，如白色、浅黄、浅绿、浅蓝等，其中白色的夜间发光效果最好。在红色、棕色、黑色等深色地布上印花，由于夜光色相与这些深色地布的色相有冲突，会产生消色作用，影响夜间发光的亮度。

（2）发光材料本身的原子结构会随外界光能或其他条件的变化而变化，所以一般发光材料都不耐强电解质，不耐铅、镉、钴等重金属离子，甚至在水中放置时间较长也会造成无机盐的部分溶解，使晶体结构受到破坏，失去发光性能。因此要在夜光印花浆中加入保护剂以确保发光材料的稳定性。

（3）夜光浆与一般染料或涂料同印时不能相互叠印，应先印一般浆再印夜光浆，否则叠印处会产生遮光和消光作用，阻碍发光性能，影响夜光度。

（4）印花设备可采用圆网、平网和手工台板印花机。网目选用60～80目，网目过高，发光效果不明显，且易造成塞网。车速为40～50m/min，使织物表面有足够的夜光浆。

（5）烘干温度为100℃，焙烘用150℃处理3min或用170℃处理2min。

二、钻石印花

天然金刚石的光芒华丽，其不同寻常光泽效果是金银粉印花、珍珠印花所不能比拟的，但价格昂贵。钻石印花是一种人工仿天然金刚钻石光芒的印花。根据钻石印花的发光特性，最能显现它的魅力的是涂色表面呈不平的织物，这类织物的无花部分对光线呈吸收或漫反射，这样可以扩大有花与无花部分的反差，视觉效果更为突出。

（一）钻石印花材料

钻石印花材料选用一种成本较低，来源充足的具有近似天然金刚钻石光芒的物质，称作微型反射体。外观与"银粉"相似，但微观图像为扁平体，造型整齐、表面光滑呈镜面体。在日光下，它具有类似金刚石一样的定向反射性、分光性及FLOP效应（又称光的畸变性、双色效应或异色效应）。FLOP效应能随着光源或观察角的改变，其色泽的深度及亮度也不断发生变化。

微型反射体颗粒直径过大会影响印花手感和牢度,颗粒过小导致光芒降低甚至消失。选择扁平镜面体、粒径为 $100\mu m$ 的微型反射体较为合适。

微型反射体在大气中容易氧化失去功能,同时不耐酸和碱,需要采取二级保护措施,第一级保护用不饱和的长链脂肪酸膜抑制表面氧化,第二级保护用多元共聚的高分子物质,这种保护膜不仅透明度高,强度好,而且较为柔软,同时采取交联型连接剂使保护膜与织物连接,并采用具有控制效果的物质调整微型反射体、保护膜和织物三者之间的遇水变化幅度。

(二) 钻石印花工艺

1. 钻石印花浆配方

钻石印花 S 浆/g	10	催化剂 U/g	20
钻石印花 F 浆/g	60	着色涂料或染料/g	x
固着剂 M/g	10	渗透剂 JFC/g	适量

2. 色浆中各种用剂的作用

(1) 钻石印花 S 浆,主要成分为微型反射体、保护剂和稀释剂。

(2) 钻石印花 F 浆,主要成分为保护剂和连接剂。

(3) 固色剂 M,主要作用为控制、调整和固着。

(4) 催化剂 U,印花色浆应随用随配,不能久贮。不能添加其他助剂,如果黏度不合适,只能用水或水/油乳化糊调节,以免影响光泽。

(5) 印制涤纶或涤/棉织物,可以用分散染料代替着色涂料,着色效果会更好。

3. 工艺流程

印花→干燥→焙烘→(汽蒸→水洗,与活性染料同印时用)

工艺说明如下。

(1) 用焙烘机或热定形机在 165℃处理 3min,或在 180℃处理 1min。

(2) 网印时筛网目数控制在 60 目左右并用"冷台板",否则容易堵网。滚筒印花时,应先印染料或涂料浆,后印钻石印花浆。

三、珠光印花

光线射入天然珍珠表面时会发生多次的透射、反射,反射光相互干涉连贯,形成一条似彩虹状的光芒,在视觉中产生一种闪烁的色泽。古代曾用珍珠细粉绘制在纺织品上,但不能产生珍珠光泽。近代的珠光印花主要采用晶面微粒印制在织物上,产生珍珠特有的光泽。

(一) 珠光印花材料

珠光印花材料主要是珠光粉,品种有天然珠光粉、人造珠光粉、钛膜珠光粉等。

天然珠光粉是从鱼类鳞片中提取出来的,它的主要成分为 2-氨基-6-羟基嘌呤,也称鸟烘素,它的晶粒微小,每克中含有 80 多亿个这样的结晶,结晶体纯净无色,因此反射光线能力很强,印制在织物上有一定的持久性。但它的耐热稳定性差,价格也昂贵。

人造珠光粉指在碱或醋酸铅的水溶液中通入二氧化碳制得有一定晶体完整性和表面光滑度的碱式碳酸铅晶体,要严格控制温度、pH 值、二氧化碳通入速度等工艺条件,才能得到闪光性优良的珠光粉。它的耐热稳定性和耐光稳定性一般,但与化学品的相容性较差,制成色浆后放置时间不能太长,以防损坏晶体,影响光泽。

钛膜珠光粉是用天然云母投入硫酸钛酸性溶液中，加温后硫酸钛水解生成水合二氧化钛在酸性条件下逐渐凝聚，并沉积附着在云母微粒上，具有锐钛型晶体结构，其折射率为2.5，有很好的闪光效果。它耐酸、耐碱、耐高温，与其他化学品相容性好，制成的印花浆稳定。其颗粒均匀，分散性好，印花后色牢度也好。

（二）珠光印花工艺

1. 珠光印花浆配方

	一般珠光浆	彩色珠光浆		一般珠光浆	彩色珠光浆
珠光粉/g	100~150	150~300	色涂料/g	—	2~10
渗透剂/g	10	10	黏合糊/g	x	x
尿素/g	20	20	合成总量/g	1000	1000

2. 工艺流程

印花→烘干→焙烘

工艺说明如下。

（1）人造珠光粉的印制工艺宜在平网印花机上进行，筛网目数以60~80目为宜，刮印2次，台板不可加温。印花烘干后，经150℃焙烘2min即完成。

（2）钛膜珠光粉在印花时可单独使用，也可与涂料或染料相拼成为彩色珠光印花浆。但色涂料用量应适当控制，以免影响闪光效果。

四、金粉和银粉印花

黄金一直是至高无上、无比尊贵的象征，它不仅具有豪华的独特光芒，而且不受大气的侵袭。人们远在中世纪时期就开始在纺织品上使用纯金粉印花，但价格昂贵，难以广泛应用。银粉印花也有类似的问题。

（一）铜锌合金粉印花工艺

1. 色浆配方

金粉/g	150~250	扩散剂/g	10~20
黏合剂/g	400~600	消泡剂/g	2~3
抗氧剂/g	3~5	增稠剂/g	x
润湿剂/g	20~40	合成总量/g	1000

2. 色浆中用剂的作用

（1）金粉　根据金粉的光泽和操作的难易选用细度为200~400目的金粉，颗粒越细，透网性越好，呈现红光，但光泽较暗，颗粒越粗，呈现青光，光泽较亮，但透网性差，易堵塞筛网孔。金粉的用量应适当控制，用量太少，露地严重，随着金粉用量的增加，图案的金属光泽也随之增加，但用量过多，牢度下降，容易落粉。

（2）黏合剂　选用高含量的黏合剂在保证光泽和手感的前提下，适当提高用量，增加固着牢度，同时控制金粉印花浆的黏度，保证印制效果。

（3）抗氧剂　加入抗氧剂可降低金粉在空气中的氧化速度，防止其表面生成氧化物而使光泽变暗或失去光泽。常用的抗氧剂可分为有机类（如苯并二氮唑、对甲氨基苯酚）和无机类（如亚硫酸钠）。

（4）渗透剂　渗透剂有助于提高印花后的花纹亮度，常用的有扩散剂NNO、渗透

JFC 等。

另外,色浆中还需加入润湿剂、消泡剂等。

3. 工艺流程

印花→烘干→焙烘→拉幅→轧光

工艺说明如下。

(1) 铜锌合金粉的晶体颗粒印花时留存在织物表面,不易向织物内部渗透,容易引起压浆疵病,在与涂料或其他染料共同印花时,金粉印花浆应排在最后,以防压浆使金粉印花块面受损。

(2) 金粉印花后,焙烘采用130℃处理3min,再进行轧光处理,以增加金属光泽,减少摩擦,防止外来磨损使"金粉"脱落。

(二) 晶体包覆材料金粉印花工艺

铜锌合金粉印制的织物在穿着服用过程中接触空气、高温、紫外线及其他介质后,图案氧化发黑、发暗甚至完全失去金光色泽,在与某些活性染料共同印花时,接触部分会产生综合反应,导致色变。

新型金光印花浆由晶体包覆材料制成。核心为特殊的晶体,外包增光层、钛膜层和金属光泽沉积层,每层有序排列以保证其特殊的光泽和色泽,不能混淆。光芒决定于钛膜层,黄金一样的光泽则由最外层特殊化合物沉积所致。这种晶体包覆材料制成的金粉印花浆,具有很好的耐气候、耐高温性能,即使是长期暴露在空气中也不会失去金光光泽,产品的手感也比铜锌合金粉的好。

目前也有选用具有高折射率的特殊片状高分子材料上采用微胶囊技术涂覆一层二氧化钛或氧化铁等薄膜,结合特效低温黏合剂和高效增稠剂科学配伍而成金光印花浆,图案不易氧化而保持长久的金光色泽。光照后产生干涉现象呈现出各种不同色相的柔和缎面到辉煌闪烁的珠光光泽,达到美观、豪华、高雅、迷人的特殊效果。罩印能力强,能遮盖各类地色,印花后无需后序高温焙烘,大大节省能源,特别适合中小型丝网印刷企业使用。

(三) 银粉印花

纯银洁白亮丽但价格昂贵,长期接触空气色光会渐渐暗淡。目前所用的银粉有铝粉和云钛银光粉两类。

铝粉与铜锌合金粉印花一样,颗粒需经适宜的研磨,色浆中也需加防氧化剂以防铝粉长期暴露空气中失去"银光"。

云钛银光粉与珠光粉相似,将钛膜包覆时的温度继续提高,比云母钛珠光粉包覆时的温度高得多,二氧化钛膜的结晶形式改变,包覆后的折射率可达到2~7,能获得像白银一样的光芒。如果改变包覆的钛膜层的厚度,将会选择吸收不同颜色的波长同时反射出各种色泽光芒,衍生出黄、红、蓝、绿等各种色泽的银光品种。云母包覆体银光印花浆与化学品的相容性很好,印制到织物上后非常稳定,各项牢度优良,并能保持长久的银色光芒。

第四节 发泡印花

发泡印花是指在织物上印上含有发泡剂和热塑性树脂乳液的色浆,印花后经烘干和高温焙烘使发泡剂分解,释放出大量的气体,使热塑性树脂层膨胀,形成三维空间立体花型,并借助于树脂将涂料固着在织物上,获得着色和发泡的立体效果的一种特殊印花方法。

发泡印花工艺简单,印制效果新颖别致,不受纤维种类、织物组织和印花设备的限制,广泛地应用于纯棉、纯涤纶和涤黏混纺织物,既可用于服装面料,又可做装饰产品。永久的彩色立体浮雕图案,能经受一般洗涤和摩擦,手感柔软,产品质量较稳定,给人以高档化、艺术化之感,故深受广大消费者的青睐。

一、发泡印花的方法

发泡印花有物理发泡法和化学发泡法两大类。

1. 物理发泡法

物理发泡法是利用微胶囊技术,将微胶囊分散在丙烯酸酯系列的黏合剂中组成发泡印花浆。微胶囊中贮有低沸点的低级烃类有机溶剂,沸点在 10~70℃,囊壁由偏氯乙烯与丙烯腈共聚,当温度升高(110~140℃)时,囊中的有机溶剂迅速汽化,产生足够的压力,促使热塑性的囊壁膨胀,微囊直径扩大到原来的 3~5 倍并相互挤压,形成不规则的重叠分布,在冷却至室温后仍保持发泡后的状态,因而具有绒绣的效果,也称为起绒印花。发泡温度低,放出的气体无味,安全无毒。

2. 化学发泡法

化学发泡法主要有两种,一种是在热塑性树脂中加入发泡剂,在热处理(185℃焙烘1~3min)时,发泡剂分解产生气体在热塑性树脂中形成微泡而成立体状微泡体,发泡成品具有柔软的手感、良好的弹性及一定的耐洗性。另一种是利用聚氨酯树脂的异氰酸酯端基与水反应生成氢气,使聚氨酯形成微泡体,生成的氢气速度可用溶剂的浓度来调节,浓度小,生成的氢气速度快,微隙大,微隙均匀性小。最后回收织物上的溶剂。采用化学发泡法印出的织物能经受一般的洗涤和摩擦。

二、热塑性树脂化学发泡印花工艺

(一)塑料发泡印花法

1. 印花配方

(1) 上浆配方

六偏磷酸钠/g	10	加冷水合成总量/g	1000
4%合成龙胶/g	200		

(2) 发泡剂配方

硬脂酸锌/g	30	苯二甲酸二丁酯/g	150
硬脂酸钡/g	85	苯二甲酸二辛酯/g	150
硬脂酸铅/g	85	合成总量/g	800
偶氮二甲酰胺/g	300		

(3) 印花色浆配方

涂料/g	20~50	苯二甲酸二辛酯/g	200
发泡剂/g	100	聚氯乙烯粉状树脂/g	480
苯二甲酸二丁酯/g	200	合成总量/g	1000~1030

2. 调制方法

(1) 上浆配方调制时,先用冷水溶解六偏磷酸钠,再将合成龙胶加入到溶液中即可。

(2) 发泡剂调制时，先将苯二甲酸二丁酯、苯二甲酸二辛酯加入到硬脂酸盐和偶氮二甲酰胺的混合物中，再在研磨器里研磨 3h 以上至无固体颗粒后待用。

(3) 印花色浆调浆时，先将苯二甲酸二丁酯和苯二甲酸二辛酯加到聚氯乙烯粉状树脂中混合，然后在混合物中加入发泡剂，最后加入涂料待用。

3. 色浆中各用剂的作用

色浆由高聚物、溶剂、乳化剂、发泡剂、增稠剂和涂料组成，主要包括聚合物乳液和发泡剂。筛网印花后，经烘干、焙烘，图案花纹即发泡变厚，呈现立体状态。

(1) 热塑性树脂　发泡印花色浆中的热塑性树脂可用改性的聚苯乙烯，也可用聚氯乙烯、聚丙烯酸酯，聚苯乙烯有较高的发泡率，但有脆性，耐热性差，必须经过改性降低玻璃化温度，使手感柔软，提高流变性。使用时，把它们溶于有机溶剂中，制成乳胶、乳液或溶液。

(2) 发泡剂　发泡剂可形成泡沫结构，具有易渗入织物和促进泡沫及时破裂的作用，能在高温下分解并产生大量的无毒气体。常用的发泡剂有偶氮二甲酰胺和偶氮二异丁腈，它们不溶于水，可溶于溶剂或制成乳液，在 180~200℃ 焙烘时均能分解成氮气。使用时要求与其他活性剂及印花助剂有良好的相容性。

(3) 涂料黏合剂　涂料黏合剂是一种能稳定泡沫的成膜剂，可使气泡包裹、发泡过程顺利进行，使发泡印花色浆有柔软的手感和良好的弹性。一般用二甲基苯磺酸钠或其他阴离子型表面活性剂。

(4) 着色剂　常用涂料、分散染料、部分还原染料作为着色剂，要求相容性好，高温时色泽的鲜艳度和牢度不受影响。

4. 工艺流程

织物上浆→印花→烘干→焙烘发泡→冷却→水皂洗→烘干→成品

工艺说明如下。

(1) 织物上浆在 85℃ 温度下二浸二轧处理，轧余率为 70%~80%，再用 100℃ 温度烘干。

(2) 织物发泡印花一定要在充分干燥后再焙烘发泡，否则影响发泡效果。焙烘温度和时间根据发泡剂的种类和色浆组成来确定，一般控制在 130~190℃，2~5min。

(3) 后处理皂洗可用肥皂 5g/L、纯碱 2g/L、增白剂 1g/L 在 90℃ 中进行。

(二) 聚合物乳液发泡印花

1. 色浆配方

聚苯乙烯乳液/g	200~250	发泡剂 W-400/g	200~300
丙烯酸酯乳液/g	400~450	着色剂/g	适量
尿素/g	适量	合成总量/g	1000
三羟聚醚/g	适量		

2. 工艺流程

印花→烘干→焙烘发泡或热压发泡→整理→成品

工艺说明如下。

(1) 间歇发泡采用手工台板筛网印花，网目 100~120 目，印花后烘干或晾干，再经压力 8.8~9.8MPa、20℃ 下平板压烫 3~4s 发泡。

（2）连续发泡采用平网印花机，网目70～90目。印花后80℃左右热风烘干，再经温度180～190℃高温焙烘1～3min发泡。

第五节　微胶囊印花

微胶囊技术就是将细小的液滴或固体微粒包裹于高分子薄膜中，制成直径很小（500μm以下）的微胶囊，固着到织物上的技术。微胶囊由囊心和囊膜两部分组成，其外形呈球形、肾形、谷粒形或其他形状。20世纪80年代我国引进和推广微胶囊应用技术，其节水、节能的环保型染整技术在纺织品加工方面的应用日益广泛，如多色微点印花用的微囊染料，起绒印花用的易汽化微囊体，香水印花用的香精微囊以及变色印花用的液晶微囊等。

微胶囊根据不同要求可分为封闭型、释放型和半封闭型三种类型。起绒印花用的微囊是封闭型的，高温发泡后的膨化球体不会破裂或变形，具有较好的强度和韧性，通常采用偏氯乙烯和丙烯腈共聚物制成。香味印花采用半透析的外膜制成半封闭型的微囊，要求控制释香速度以使香味持久。多色微点印花采用释放型微囊，在特定条件下使外膜破裂释放染料，或在芯中加入膨胀剂，依靠本身的力量释放染料。

一、微胶囊染料的性能

微胶囊染料或涂料是指芯材（内芯）为单颗粒状或多颗粒状的染料或颜料的微胶囊，壁材（胶膜）为各种天然或合成高分子物质如明胶、丙烯酸酯类、合成龙胶、聚乙烯醇等。胶囊形状为球形或多面体，直径一般在10～200μm之间，颗粒过大造成堵版，过小使雪花点效果不明显。囊壁应具有亲水性，否则经汽蒸胶膜破裂时会影响内芯染料的上染和雪花点边缘的清晰度。胶膜应具有一定的机械强度以防印花过程中过早破裂，可通过压力、温度、pH值变化或内芯加入膨胀剂等方法控制胶膜破裂，以能承受调配色浆时的搅拌和印花刮刀的压力为佳。内芯根据应用对象可选择分散染料、酸性染料、阳离子染料、还原染料、活性染料、油溶性染料以及颜料。

工厂使用的微囊染料，除购买成品以外，也可自行制造，其制造工艺并不十分复杂，可降低生产成本，随用随做，产品质量稳定。制造方法有相分离法、界面聚合法、扩散交换法、喷雾干燥法等。

微胶囊染料或涂料可以单独调制色浆印花，也可与一般印花色浆调在一起使用，获得双重效果。

二、微胶囊相分离制造法

工厂应用相分离法制造较多。相分离法的制备原理是对溶解在水中的外膜材料用适当的方法引起相分离，使它包覆在内芯材料的外面，成为微囊。引起外膜物质相分离的方法有：通过控制pH值或加入能引起相分离作用的物质等。

（一）控制pH值法

1. 制备配方

染料/g	4～20	10%盐酸	pH=4左右,形成微囊
3%明胶液/g	40～100	37%甲醛	总量的3%
3%合成龙胶液/g	30～100	10%NaOH	调节pH=7～8
扩散剂NNO/g	1～2		

2. 调制方法

把明胶、扩散剂 NNO、染料同时混合在水中，边搅拌边加入盐酸至有粒子形成为止，再加入合成龙胶以防明胶与扩散剂 NNO 结成块。微囊形成后加入甲醛搅拌并用冰冷却到 0℃，继续搅拌 30min。最后用 NaOH 溶液调节 pH 值至 7～8，静置后备用。微囊大小可根据合成龙胶用量及加酸速度控制，微囊大些则龙胶减量加酸减慢。如果加酸后形成的微囊不符合要求，可用碱液将它调成原来的分散状态，再加酸重新制备。制得的微囊染料经放置分为两层，使用前将上层清液弃去。

3. 制备原理

明胶、扩散剂 NNO 和染料加入水中，分散染料吸附带负电荷的扩散剂 NNO 呈悬浮状，明胶分子在溶液呈中性或碱性时带负电荷，和水形成胶体溶液。明胶是高分子两性电解质，能随溶液 pH 值的变化呈现不同的电离状态。当在溶液中加酸，pH 值降至它的等电点以下时，明胶由原来带负电荷转为带正电荷，随后与吸附在染料颗粒表面的带负电荷扩散剂 NNO 作用，不再溶于水，而从液相中分离出来形成外相，生成固体而包覆在染料颗粒外面，形成外膜。这样便形成了微囊染料。

（二）加入能引起相分离作用的物质

1. 制备配方

染料/g	3～5	10%食盐水/g	50
10%PVA 液/g	3～5	10%单宁溶液/mL	5～10
水/mL	15～45	10%硼砂溶液/g	10
20%CMC 液/g	50		

2. 调制方法

把 PVA 和染料同时放入水中调匀，边搅拌边加入 CMC 形成微囊，此时整个体系黏度增大，加入食盐水进行稀释，再加入能增加机械强度的单宁硼砂溶液搅拌一会儿后用冷水冲洗，最后过滤备用。

用水稀释会使 PVA 分子重新成为胶体进入液相而使胶囊破裂。

3. 制备原理

聚乙烯醇 PVA 中含有亲水基团—OH，能单独溶解在水中形成稳定胶体溶液，在加入能起相分离作用的物质羧甲基纤维素钠盐 CMC 时，CMC 亲水能力远大于 PVA，使 PVA 的水化膜被削弱破坏，同时 CMC 在水中解离出钠离子使 PVA 的双电层变薄，两者作用结果使 PVA 分子从液相析出而成为固相，在染料颗粒表面凝聚成膜。在 PVA 自液相析出凝聚成膜的过程中，CMC 有很大一部分被包覆进去，和染料颗粒一起成为内芯物。

三、微胶囊印花类型

（一）多色微粒子的印花

多色微粒子的印花是将微囊化的染料配制成色浆进行印花烘干后，经高温（汽蒸或焙烘）使微囊中的染料向纤维转移，发生吸附、扩散并固着。织物会呈现出独特的多色微细的雪花颗粒状颜色。采用分散、酸性、阳离子和活性等染料应用于涤纶、棉、腈纶、锦纶和羊毛等产品的印花。工艺简单，印花效果新奇，并有很好的重现性。若用于双面多色微点印花也可得到新颖独特的印花效果。

1. 内芯为活性染料

(1) 色浆配方

微囊染料(3~5色)/g	20~40	防染盐 S/g	2
尿素/g	5	酒石酸/g	适量
海藻酸钠糊/g	50~85	合成总量/g	1000

(2) 工艺流程

印花→烘干→汽蒸→水洗→（氧化）→皂洗→水洗→烘干

2. 内芯为酸性染料

(1) 色浆配方

微囊染料(3~5色)/g	10	草酸/g	10
10%天然橡胶乳液/g	200	合成总量/g	1000
1.2%醋酸/g	30		

(2) 工艺流程

印花→热风烘干（80℃）→汽蒸（100℃，30min）→热水洗（80℃）→热风烘干（100℃）

(二) 微胶囊转移印花

微胶囊转移印花是将染料和溶剂制成微胶囊加工成转移印花纸。转移印花时通过一定的温度、压力、时间，使微胶囊破裂，染料转移到织物上并固着在纤维上。溶剂染色温度低、匀染性好、上染速度快，成本低，加工方便，并可调节转移的次数和得色深度。

1. 分散染料有机溶剂微胶囊转移印花

将分散染料的三氯乙烯溶液的微胶囊制成转移印花纸。转移印花时，在压力作用下，微胶囊破裂，染料随有机溶剂转移到织物上，在60℃烘干后，用170℃焙烘1min使染料固着在纤维上。

2. 活性染料水溶液微胶囊转移印花

(1) A胶囊配方

活性染料/g	30	海藻酸钠/g	40
尿素/g	50	加水合成总量/g	1000
防染盐 S/g	10		

(2) B胶囊配方

氢氧化钠/g	10	聚乙烯醇/g	20
碳酸钾/g	20	加水合成总量/g	1000

(3) 工艺流程

转移印花→室温存放→轻洗→烘干

工艺说明：将A、B芯材密封于聚酰胺中形成胶囊，等量混合制成转移印花纸。转移印花时，在压力作用下，两种微胶囊破裂，染料色浆与碱剂溶液混合，转移并上染到织物上，室温存放30~60min，在一定条件下染料固着在纤维上。

(三) 微胶囊静电印花

微胶囊静电印花是将染料制成具有高介电性能的微胶囊，借助于垂直于筛网和织物的静电场的作用或静电印刷术，使高介电性能的微胶囊染料沉积和固着在织物上，达到印花的目的。工艺简单，精细度高，不需要进行后处理，可获得常法不能得到的效果。

微胶囊芯材是由高介电常数液体、染料及助剂制成的溶液或悬浮体。高介电常数液体如水及醇类（乙醇、丙醇、乙二醇及其混合物），不会引起壁材微小膨胀，染料根据纤维成分选择分散染料、活性染料、酸性染料及硫化染料等。

微胶囊壁材是非水溶性、高比电阻、能形成薄膜的高分子化合物，主要有天然树脂如松香及其衍生物；合成树脂如乙烯基树脂、非热固性酚醛树脂、聚酯树脂、聚酰胺树脂等。

1. 分散染料微胶囊静电印花

（1）染料液体配方

分散染料/g	300	加水合成总量/g	1000
分散剂/g	250		

（2）芯材液体配方

染料液体/g	50	羧甲基纤维素/g	19.5
尿素/g	25	氯酸钠/g	0.5
硫酸铵/g	5	加水合成总量/g	1000

（3）工艺操作　将芯材液体密封于聚酰胺中形成微胶囊，通过静电印刷法沉积在聚酯织物上，在200~210℃之间，干热处理1min使染料固着。

2. 活性染料微胶囊静电印花

将A、B胶囊（与微胶囊转移印花相同）等量混合通过印花筛网，以静电方法沉积在棉织物上，经一对加压的轧辊轧压，堆置30~60min，使染料固着。

（四）染料微胶囊的非水系印花

染料微胶囊的非水系印花是指在印花全过程中无水印花。方法有两种：一种是用有机溶剂等介质代替水制成微胶囊，通过一定的方法，使微胶囊中的染料转移到纤维或织物上发生上染和固着，即转移印花。另一种是不用溶剂，在制成染料微胶囊后，通过染料升华，发生气相转移和固着。如磁性染料微胶囊在磁力场作用下使磁性染料微胶囊先吸附到纤维或织物表面，然后通过加热升华，使染料对纤维上染并固着在纤维上，残留的微胶囊通过物理方法使其从织物上分离下来，完成整个印花过程。

（五）颜料微胶囊着色剂印花

颜料微胶囊着色剂印花是由颜料、有机溶剂、黏合剂组成芯材和壁材制成微胶囊印花，可用于各种纤维织物的印花。

（六）变色染料微胶囊印花

变色染料微胶囊印花是将变色染料制成微胶囊形式的印花。变色染料是一些在受到光、热、湿以及压力等因素作用颜色会发生可逆或不可逆变化的染料。变色方法可分为热敏变色、光敏变色和湿敏变色。

（七）香气微胶囊印花

早期的织物将香精直接处理到织物上进行香味整理，技术简单，留香时间非常短。通过选用合适的高沸点的有机溶剂作为定香剂延缓香精的释放，可延长留香时间，但仍不能满足纺织业的要求。香气印花的关键是提高香味印花质量、延缓香气释放、延长使用时间。香气微胶囊印花能达到这个要求，它是将香精微胶囊化，通过控制微胶囊的密闭性能，从而控制香精的释放速率。一方面,少量香精通过囊壁而缓慢释放;另一方面,通过摩擦、挤压等作用,使香精从微胶囊中逐步释放出来,从而使印花织物的留香时间大大延长。

香气微胶囊有两种形式,一种是开孔型,在囊壁上有许多微孔不断释放香气,释放速度随着温度的升高而加快;另一种是封闭型,脆性的微胶囊的壁材在受压或摩擦作用下破裂而释放出香气。

长效香味(微胶囊)印花浆的香型,包括各种水果香、植物花草香、海风、森林、原野等自然香味,配合花型图案,可使服装具有双重的仿真性能,满足不同织物的手感要求及功能要求。印花浆可根据图案色泽添加适量的涂料。

四、涤纶及涤棉织物微胶囊染料印花工艺

(一)纯涤纶织物微胶囊染料印花工艺

1. 印花色浆配方

分散性微胶囊染料/g	x	防染盐 S/g	30
淀粉浆/g	700	加水合成总量/g	1000

2. 工艺流程

印花→烘干→高温汽蒸(140℃)→汽蒸(100℃)→水洗→皂洗→水洗→烘干

(二)涤/棉织物微胶囊染料印花工艺

色浆同一般印花配方。

微胶囊染料的印花色浆应多加原糊,加大色浆黏度,以防止微胶囊染料发生沉淀。色浆 pH 值应控制在 5.5~6 之间为宜。

思考与练习

1. 名词解释:烂花印花、夜光印花、钻石印花、珠光印花、发泡印花。
2. 烂花印花常用的腐蚀剂有哪些?
3. 涤棉包芯纱织物烂花印花时对焙烘温度有什么要求?分析原因。
4. 简述泡泡纱的加工方法。
5. 纯棉泡泡纱印花方法有哪几种?各自的适用范围是什么?
6. 简述夜光印花的发光原理。
7. 珠光印花有哪些材料?
8. 金粉印花易出现什么问题?如何解决?
9. 简述发泡印花的方法及印花效果。
10. 微胶囊染料的制造方法有哪几种?
11. 工厂常用的微胶囊染料相分离法制备原理及方法是什么?
12. 微胶囊印花的类型有哪些?各有什么效果?

第十六章　绒面、针织物和成衣印花

凡表面上具有绒毛的织物统称为绒面织物。常见的有起绒绒布、灯芯绒、棉平绒（包括仿平绒织物）、磨毛麂皮绒和静电植绒等。其中后两种一般不作为印花织物而以作为外衣或工业和艺术上应用为主，棉平绒印花也不多。针织物是成圈组织，具有良好的弹性、柔软性、吸水性、穿着舒适性，结构疏松，容易变形。成衣印花包括衣片、半成衣和成衫印花。与织物印花相比，成衣印花具有批量小、适应市场灵活、交货期快、具有个性化的优点。

第一节　绒布印花

起绒织物的热传导性较小，保温良好，手感柔软，广泛应用于晨衣、睡衣、衬绒里子布、童装以及某些工业产品特别是光学器械的外套等。织物的原坯多由粗支纱织成，所用原棉级别较低，生产快，经过印染加工后，使低档的品种成为较高档产品。近年来随着化纤不断发展，增加了化纤起绒产品，丰富了绒布品种，提高了绒布强力，并扩大了使用范围。

一、绒布印花工艺

1. 色浆配方

棉绒布印花色浆配方基本和一般棉布印花色浆配方相同。

2. 常用工艺特点

棉绒布印花目前常用的工艺是涂料工艺、拉活工艺，有时也采用冰涂工艺。

（1）涂料工艺用于中、浅色花型，能保证线条光洁，白地洁白，绒毛整齐，并有工艺线路短、占用机台少等优点，各项牢度也能达到要求。但面积较大的深色花型，摩擦牢度较差。

（2）拉活工艺是指活性染料与稳定不溶性偶氮染料同印，此工艺机印方便，色谱齐全，水洗及摩擦牢度较好，色泽变化较多，是主要的棉绒布印花工艺。对于某些活性染料浓度高而湿烫牢度差的问题，可采取浸轧固着剂 ED 等措施来解决。

（3）冰涂工艺是指不溶性偶氮染料与涂料共印，该工艺色谱不全且操作繁复，在配色中有大块面艳亮大红、艳橘、深蓝、深紫等情况时采用。

在绒布印花中，防印工艺、防拔工艺也有所采用。

3. 绒布印花工艺流程

半制品起毛→洗浮毛→烘干→印前上轻浆加白（或上浆打底）→印花→烘干→蒸化→平洗→加白拉幅

工艺说明如下。

（1）为确保绒布绒毛质量，半制品起绒前要求去掉浆料、棉籽壳及果胶等杂质，使织物具有一定的白度和毛效，又要保持适当含蜡量使起绒容易，因此前处理一般采用的是重退浆轻煮练，适当漂白工艺。拉绒要求短、密、匀，毛长时容易引起印花拖刀，刮色不清及倒毛，使精细花纹模糊。

（2）洗浮毛的目的是洗除附着在绒毛上的短纤毛和柔软剂，有助于增加印浆对织物的渗透并减少短纤毛所造成的传色及拖浆等疵病。

（3）织物经拉绒洗绒后，布面蓬松，如用于印花，很易造成露底、断线、轮廓不清、图案变形、嵌印花滚筒等疵病，所以印花前要通过上浆（兼增白）使绒布半成品形成光洁的平面，以保证印制的顺利进行。上浆增白可用淀粉浆 12～15g 或海藻酸钠 10～15g、增白剂 VBL3g、上蓝液 2mL，加水合成总量为 1000g，上增白剂利于白地（花）洁白，并使花色鲜艳。

印前也可以上浆打底，用活性染料染浅地色或色酚 AS 打底，然后用色基色盐印花。活性浅地色和印花花纹一同蒸化固色。

（4）绒布印花可用滚筒直接印花，满地印花时忌用网纹，否则易嵌毛嵌浆。印花滚筒雕刻深度要根据花型而定，由于织物表面有绒毛和渗透性较差的原因，印花滚筒深度要比一般平布深 1～2 丝，使印浆稍多，利于印制。印花滚筒上加装刮刀，可将滚筒上黏附的短纤毛全部铲除，以免产生印疵。印花滚筒表面光洁度要求较高，一般需经抛光处理，特别是涂料印花时。花筒排列也可打破一般织物印花时先深后浅的规律。由于绒布经过起毛，纱线松弛，受花筒轧压后，表面残浆量少。花筒可以排成先浅后深，这对防止传色也很有利。

（5）绒布印花后的平洗次数要少，尤其是双面织物经多次平洗易脱毛，使绒毛稀疏不匀，甚至露出底板，布面色泽呈紊乱现象，严重时要降等，所以应力求减少平洗次数，或争取一次平洗就能达到洗净效果。选择涂料印花，只需汽蒸，不需平洗，可获得绒条清晰、轮廓光洁的效果。

平洗时还要注意进布时绒毛倒顺问题。逆毛冲洗后会引起花纹轮廓模糊，影响整个花纹质量。在平洗加工时严格根据上浆机加工时绒毛顺逆位置进行翻布调整，可防止因加工顺序而造成绒毛倒毛。若上浆后的绒布加工工序为单数，第一次平洗不翻布；若上浆后绒布的加工工序为双数，第一次平洗必须翻布，以防倒毛。第二次平洗必须全部翻布后方可进行。

（6）在绒布加工中各机台必须保持较小张力，以防止布幅收缩过大，确保拉幅前布幅在规定落布门幅上。起绒布的质地比较松软，最容易产生纬斜，印前的纬斜不能超过标准，应在关键机台安装整纬装置。皂洗落布不要太干以利拉幅，落布纬斜和花斜均不得大于落布幅宽的 5%。

二、绒布花色起绒印花工艺

1. 局部起绒原理

绒布花色起绒是指局部有毛的一种新型印花绒布，也称局部起绒印花绒布，由于这种绒布具有高低不平和强烈的立体效应感觉，所以又叫做凹凸印花绒布。根据花型的布局，使地和花交错起绒，具有静电植绒的风格，花型或其他图案显示出立体感觉，美观别致，独具一格。

局部起绒原理是利用印花涂料色浆中含固量较高的热固性树脂，印花后经汽蒸或焙烘在纤维表面成膜封闭，或在不溶性偶氮染料中添加涂料黏合剂成膜封闭的办法，使起绒机的钢丝针不易刺进棉布表面，致使印有涂料色浆处不起绒，无涂料色浆处能拉起绒毛，从而获得凹凸的起绒印花绒布。

2. 色浆配方

(1) 不起绒涂料印浆配方

涂料/g	x	乳化糊 A/g	y
黏合剂/mL	400~500	加水合成总量/g	1000
交联剂 EH/mL	30~50		

(2) 不起绒不溶性偶氮染料印浆配方

淀粉糊/g	400	醋酸钠/g	9
冰/g	x	黏合剂/mL	500
色盐/g	y	加水合成总量/g	1000
98%醋酸/mL	0~15		

(3) 起绒前轧柔软剂配方

| 柔软剂 101/g | 10 | 加水合成总量/g | 1000 |
| 增白剂 VBL/g | 3 | | |

3. 色浆调制

为使不要起绒的花纹不起绒，关键是选用涂料或者选用不溶性偶氮染料。不起绒不溶性偶氮染料配制时，先在浆桶中放入淀粉糊，加适量冰，滤入预先重氮化了的色盐，搅拌均匀，边搅拌边加入溶解好的醋酸钠中和，加水到规定量的一半，在临用前加入黏合剂，加水到规定量。黏合剂加入时色浆显著增厚，经充分搅拌后，黏度适中，即可使用。

4. 工艺流程

半制品加白→印花→汽蒸（焙烘）→平洗→起绒

工艺说明如下。

(1) 坯布的选用组织不同，起绒立体感的效果也不同。花色起绒绒布所用的坯布品种规格有 20×10、40×42、20×10、40×50、20×10 的平纹织物。半制品加白同绒布印花。

(2) 花型结构以块面为主，不用线条和散密小点，以免起毛后，这种精细花型被绒毛淹没或花型轮廓模糊不清。花样套色以 2~4 套为主，不宜太多，相邻两色应设计成一起一伏。花型布局时起绒毛花型的面积占据太多，凸的效果就差；不起绒花型的面积占据太多，手感发硬，失去绒布的特点。因此不起绒与起绒花型的面积比以 1:1、2:3、3:2 较好，凹凸的层次，要凸中有凹，凹中有凸。

(3) 绒布花色起绒印花的关键是要求不需要起绒的地方在起绒机上不起绒，其工艺流程和一般印花绒布不同，一般印花绒布是先起绒，后洗绒、轧浆、印花；而花色起绒绒布则先印花，再后处理轧柔软剂，最后再起绒，可省去洗绒、轧浆两道工序，但多了一道轧柔软剂处理。

(4) 花式起绒试验表明在开始起绒和每道起绒都重拉可使花型绒毛显著凸起，立体感强。但有时重拉会使不起绒花型被拉起绒，而在开始时采取轻拉，则起绒花型绒毛浮薄，以后再重拉很难补救。

第二节　灯芯绒织物印花

灯芯绒又称棉条绒，包括绒组织和地组织两个部分。绒组织主要是由绒纬（或绒经）组成，可借机械方法加以切断，然后通过刷绒加工使绒毛竖起来，排列在织物表面，形成灯芯状的绒条。按每英寸内所含有的条子数划分为细条、特细条、中条和粗条。

灯芯绒具有手感柔软、绒条清晰、圆润如灯芯状的特点，在服用穿着时绒毛与外界接触摩擦，地组织很少触及，使用寿命比一般棉织物长。通常作为男女老少在春、秋、冬季的外衣面料，但特细条可用作内衣，特阔条可用作家具等装饰布。此外，还有斜条灯芯绒，以改善一般灯芯条的直条单纯感，以及采用合纤混纺或交织的灯芯绒，各种花纹的提花灯芯绒等。

一、灯芯绒织物花型设计与选择

根据织物的特点，灯芯绒布印花一般不宜印制精细花型，否则印花后绒条竖立，花型将起变化而模糊不清。花型常用几何图形，花型排列不宜过于整齐，也不宜采用四方形排列小花，否则绒条竖立抱合处、印于两条绒条之间的花纹与印在一条中心而搭着左右两条的花纹将有不同的外观，造成条花。

二、灯芯绒织物印花方式的选择

印花方式优先考虑使用直接印花，其次考虑采用直接印花和防印结合或能否用防印代替拔印，最后才考虑采用拔印工艺，尽量使工艺简便、成本降低。

对于不宜采用涂料印制的花样，尽可能用价格较低的其他染料，如把大面积的涂料改用价格低的活性染料直接印花，或者把全涂防染改为活性印花等，以降低染化料费用。对需染地的花样，应尽可能在花筒雕刻方面进行配合，改为直接印花以缩短工艺流程，还应注意先进的新染料、新助剂和新工艺的应用。

三、灯芯绒织物印花工艺

1. 工艺流程

坯布缝头→割绒前处理→割绒→泡碱退浆→烘干→刷绒→烧毛→煮练及漂白→印花→烘干→拉幅→刷绒→上浆整理→成品检验→码布、开剪、定等→包装

2. 工艺说明

（1）割绒前织物需要进行碱处理，割绒后的织物上含有的碱、浆料等物质必须去除以利于刷绒。泡碱退浆可使绒毛初步松解，布身柔软，有利于染料的吸收。泡碱退浆在连续生产中一般在平洗机上进行，也可在平幅或绳状松式煮练机上进行。织物分别以80℃热水和冷水洗涤后，落布于存布箱保温堆放30~60min，然后再用冷热水洗后轧水烘干。如果布身带浆较多，则可采用酶退浆。

（2）刷绒前烘干不宜过度，一般回潮率在10%~12%时易于起绒毛，回潮率过高，则易产生平板刷绒时的板刷印。

（3）刷绒在往复平板式刷绒机或皮带式刷绒机上进行，使棉纤维竖立起来自然抱合成绒条，并刷除不受组织点约束的短纤维，使卷曲的长绒伸直，便于烧平烧齐。为提高绒条刷绒效果，在刷绒机进布处加装一对绒面喷蒸汽装置或小型单环蒸箱，以提高织物温度并吸收少量水分（以10%~12%为宜），使绒毛变得柔软滋润。在机身中部加装1~2只烘筒烘干织物，使刷起的绒毛失去水分，冷却而定形。

（4）烧毛使成品绒面光洁，条路清晰。采用铜板烧毛机或气体烧毛机，为烧尽浮毛，可在烧毛机进布处各加装一对鬃毛刷辊，使倒伏的浮毛再度竖起，以便烧除。

（5）煮练与漂白过程与一般棉织物基本相同。要注意的是灯芯绒还要去除留在绒面上的焦毛，汽蒸煮练过程中须防止绒面上产生不同程度的折皱印。

（6）灯芯绒印花可采用滚筒印花机印花，为适应小批量、多品种、多套色的需要，也可

采用平网或圆网印花。要求坯布绒毛倒顺一致,严格掌握顺毛印花,否则经整理后绒毛紊乱而影响成品的外观质量。调制印花色浆时应采用渗透性良好、印后易被洗除的糊料,因为绒面织物较厚,糊料的渗透性差时容易造成露底,特别是绒条底缝露白,尽可能少用或不用淀粉浆而使用合成龙胶或海藻酸钠糊。

(7)灯芯绒经练漂、印花加工后,绒条受压而瘪平,手感粗硬,光泽差,需进行后整理工序改善绒面质量,拉幅使织物达到成品幅宽的要求,轻度后刷绒使绒毛竖立,背面上浆以固着绒毛,上光使绒毛更柔软并改善色泽。

第三节 针织物印花

针织物具有良好的弹性,稍加张力织物就会过度伸长,导致单位面积质量下降,缩水率过大,花型不准,印花前必须充分回缩,织物形态稳定后,所印制花纹形态才能稳定。因此,针织物印花过程要求在张力小的设备上进行。

按针织物的纤维原料不同来分,有棉针织物、涤纶针织物、腈纶针织物等,各类针织物印花性能和同类机织物相同。

针织物不仅可布匹印花,还可以衣片印花,所用机械和机织物不同。

一、针织物前处理要求

针织坯布的前处理一般在专门的针织漂染厂进行,练漂加工应均匀、透彻、无纬斜、破洞等。另外,由于针织坯布布面常有许多棉结存在,印花时棉结黏在花网上,造成印花"白点"疵病,故在前处理加工时,应将坯布正面(即印花面)置于圆筒状的外侧,这样棉结在加工过程中逐步脱落,从而减轻印花时的"白点"。

二、针织物印花机械的选择

1. 滚筒印花机

滚筒印花机印花张力较大,只适合一套色针织物连续印花,套色多时对花不准。

2. 平网印花机

平网印花机械分为手工平网印花机、机械平网印花机、转盘印花机。

手工平网印花机采用无张力操作,可印制匹织物,也可印制衣片,适应小批量、多品种生产,但不能印宽幅织物,劳动强度高。

机械平网印花机又分为成衣印花机和织物印花机。织物平网印花机采用电脑程序控制,包括行进周期、导带监控、刮浆器功能、热塑黏着、洗带装置等都是自动控制操作,工作幅度宽。

转盘印花机适用于运动衫、运动衣、内衣等成衣印花。

3. 圆网印花机

圆网印花机适用于各种平幅织物,如经编针织物连续印花,工作幅度宽,印制套数多。

三、针织物印花工艺

(一)涂料印花工艺

1. 色浆配方

涂料/g	x	黏合剂/g	400~500
尿素/g	50	交联剂/g	15~25
乳化糊 A/g	200	加水合成总量/g	1000

2. 工艺流程

印花→烘干→固着

工艺说明如下。

(1) 涂料印花适用于各种纤维织物，由于针织物手感柔软，织物受张力易变形。因此要求黏合剂结膜手感好、结膜容易。可用阿克拉明 F 型黏合剂，黏合剂 BH、707 或其他一些低温型黏合剂。

(2) 交联剂要先用乳化糊或水冲淡再加入黏合剂浆中，以防色浆局部交联。印花时交联剂要少加、晚加，以免影响印制和织物手感。

(3) 用 100℃悬挂式汽蒸固色 5~7min，也可用 120~130℃焙烘 1.5~2min 固色，以使黏合剂、交联剂充分交联，提高牢度。

(二) 分散染料对涤纶针织物印花工艺

1. 色浆配方

分散染料/g	x	氧化剂/g	5~10
尿素/g	50~150	原糊/g	500
酸或释酸剂/g	5~10	加水合成总量/g	1000

2. 色浆中用剂的作用

(1) 尿素　尿素作为染料助溶剂对分散染料印涤纶有增深作用，其他类型增深剂有载体类、溶剂类、活性剂类等，一些增深剂对染料有选择性，目前常用尿素。

(2) 酸或释酸剂　在色浆中加入不挥发性酸或释酸剂，如酒石酸、磷酸二氢铵等，以控制印花色浆的 pH 值，防止分散染料在 pH 值高时发生水解和还原分解而使染料变色。

(3) 氧化剂　色浆中氧化剂常用 $NaClO_3$，在用合成糊时可不加，它主要防止海藻酸钠糊在高温时还原破坏染料。

(4) 原糊　色浆中的原糊要求与染料相容，一般分散染料中的分散剂为扩散剂 NNO，可用阴荷性的海藻酸钠糊或合成糊。合成糊含固量低，利于染料转移进入纤维，能印深浓色。

3. 工艺流程

织物前处理→预定形→印花→烘干→固色→还原清洗→水皂洗→脱水→烘干

工艺说明如下。

(1) 分散染料对涤纶针织物印花的固色方法有三种，常压饱和蒸汽汽蒸法（100℃，30~45min）给色量很低，只适用于个别浅色印花；高温高压汽蒸（高压，130℃，30min）适应染料范围广，染料向纤维转移较充分，但一些染料对碱水解及还原性物质较敏感。常压高温汽蒸（170~180℃蒸汽，5~10min）染料适应范围也较广。但染料转移程度没有高温高压法好。

(2) 其余同机织物分散染料印花。

(三) 锦纶针织物印花工艺

1. 色浆配方

染料/g	x	硫酸铵(1:2)/g	50~60
助溶剂/g	约 100	$NaClO_3$(1:2)/g	20
海藻酸钠糊/g	500	加水合成总量/g	1000

2. 色浆中助剂的作用

(1) 染料　锦纶针织物用酸性染料印花，色泽鲜艳，色谱全。

(2) 助溶剂　助溶作用，色浆中的助溶剂可用甘油、古来辛 A、硫脲等。

(3) 硫酸铵　色浆中硫酸铵为释酸剂，以控制印花色浆的 pH 值，提高印花织物得色量。

(4) $NaClO_3$　$NaClO_3$ 为氧化剂，可防止染料被还原剂破坏。

3. 工艺流程

印花烘干→汽蒸→固色→水洗→脱水→烘干

工艺说明如下。

(1) 汽蒸　要求在 100℃ 温度下用松式设备汽蒸 30~40min。

(2) 固色　固色时先在 55℃ 条件下的柠檬酸 2%（o.w.f.）、H_2SO_4 0.6%（o.w.f.）液中保温处理 20min，再在吐酒石 0.4%（o.w.f.）液中用相同温度保温处理 20min。浴比均为 1:2。

(四) 腈纶针织物印花工艺

1. 色浆配方

阳离子染料/g	x	$NaClO_3$/g	1
98%冰醋酸/mL	15	龙胶糊/g	400~500
尿素/g	15	加水合成总量/g	1000
古来辛 A/g	10		

2. 工艺流程

印花→烘干→汽蒸→冷水洗→热水洗→净洗剂清洗→热水洗→冷水洗→烘干

工艺说明如下。

(1) 腈纶针织物主要是装饰布，除用涂料印花外，还可用还原染料、分散染料、阳离子染料印花。

(2) 在阳离子染料色浆中加入尿素，可促使阳离子染料上染和渗透，从而缩短汽蒸时间。

(3) 汽蒸条件为 100℃，30~45min，或 130℃，15min。

第四节　成 衣 印 花

成衣印花中衣片印花是主要的印花品种，半成衣印花是先将一部分衣片缝制成半成品，但仍可铺平，便于将其平整地贴在台板上进行手工印花，成衫印花需套在特制的台板上印制胸前和后背两个部位。印花原理与织物印花基本相同。

一、成衣印花方式

成衣印花工艺方式取决于成衣所用的纤维材料，一般优先考虑用涂料印花，其特点是色谱较全、设备简单、适用范围广、印制花纹清晰，但涂料印花不能印制深浓色，只能印制浅、中色，印制大面积花纹时手感较差。棉织物和针织物衣片如用涂料印花使手感不良，可采用快色素、快胺素、快磺素及可溶性还原染料印花，所得色泽艳丽，染色牢度好，而且手感柔软。毛织物衣片或羊毛衫可采用酸性染料、中性染料和活性染料印花,对手感要求不高时可采用涂料印花。真丝衣片可用酸性染料、直接染料、活性染料和中性染料印花。涤纶衣片可采用分散染料印花。涤/棉、涤/腈、涤/黏衣片常用涂料印花。

二、成衣印花设备

成衣印花大都采用台板式平网印花,也有采用机械化程度较高、适用于大批量的转盘式平网印花机,但投资成本较高。

1. 印花台板

台板是成衣印花的主要设备,有冷台板和热台板两种。前者不能加热,后者要在台板下面用蒸汽加热,使台板板面温度加热到40~50℃。台面由铁板制成,要求绝对平整。台板的长度根据厂房而定,一般为10~30m,宽度一般为110~160m。

铁制台面底层是双面绒布(或呢毯),上覆人造革以增加其弹性,使印制的花型清晰。台板两侧装有固定好并钻有对花槽眼的三角铁,供筛框对花钉使用。印花前先在人造革上涂上一层黏合剂,再将衣片平整地贴在人造革上。热台板印花时用黏合剂,会因黏性过大而容易将衣片上的纱头、绒屑头黏在涂层上,因此有些工厂(特别是印羊毛衫的工厂)还是用贴布浆,每印一次后用水洗去贴布浆,再重新刮贴布浆。

2. 转盘式平网印花机

转盘式平网印花机的数个台板等距离地安装在一个旋转的圆柱周围,台板用铁板制成,上面覆毛毯和人造革,或浇上橡胶,可以升降的筛网安装在同心圆柱上。印花时花版顺圆柱下降并压在衣片上用刮刀刮浆后上升,转柱转动角度让下个衣片处于待印状态,如此重复。刮浆次数和刮刀角度可以调节。转盘式平网印花机一般为3~6套色。印花尺寸为400~500mm^2,框架最大尺寸约600~700mm^2。适用于印制花纹套色数较少和面积较小的织物,如毛巾、手帕和衣片等。

3. 刮刀

刮刀是印花的主要工具之一,由木材、橡胶板或铝合金制成,一般多使用木制刮刀,刮刀上装有手柄,刮刀厚度约2cm,长度一般比印花筛框宽度小5cm,刀口的形状有大圆口、小圆口和快口3种。大圆口刮刀适用于花纹面积大的花型,它可使印浆量多且刮浆均匀;小圆口刮刀适用于一般花型;快口刮刀适用于细线条花纹,收浆效果较好。

三、成衣印花工艺

(一)涤纶衣片印花

1. 色浆配方

分散染料/g	x	酸或释酸剂/g	5~10
氧化剂/g	5~10	加水合成总量/g	1000
原糊/g	600~700		

2. 工艺流程

印花→烘干→汽蒸→洗涤→烘干→熨烫

工艺说明如下。

(1)长丝涤纶绸、短纤维的仿毛织物以及涤纶针织物等纯涤纶的衣片印花工艺与一般涤纶织物印花基本相同,可用分散染料印花,也可使用涂料印花,涤/棉、涤/黏、涤/腈、涤/

麻、涤/丝等的涤纶混纺织物一般使用涂料印花。由于黏合剂对涤纶的黏着力较差，纯涤纶上的涂料印花的色牢度（特别是刷洗牢度）比混纺织物差。

(2) 汽蒸条件为 130～135℃，30～40min，其他同涤纶印花。

（二）棉和人造棉衣片的印花

1. 色浆配方

快色素染料/g	40～100	海藻酸钠/g	400～500
35%烧碱/g	15～20	15%中性红矾液/g	0～50
太古油/g	20～50	加水合成总量/g	1000

2. 工艺流程

印花→显色→水洗→皂洗→烘干→整烫

工艺说明如下。

(1) 棉和人造棉衣片的印花可用快色素、快胺素、活性染料、可溶性染料和快磺素等，也可用涂料印花。

(2) 染料品种不同，印花色浆与工艺也不相同。棉和人造棉衣片的印花工艺与同染料的棉纤维相同。

(3) 快色素染料印花可悬挂在空气中 24～48h 进行显色，用肥皂 3g/L，Na_2CO_3 2g/L 的皂洗液在 90℃温度下皂洗 2～3min。

（三）蚕丝成衣印花

1. 色浆配方

| 染料/g | x | 尿素/g | 50 |
| 原糊/g | 500～600 | 加水合成总量/g | 1000 |

2. 工艺流程

印花→烘干→汽蒸→冷流水洗涤→固色→热水洗涤→烘干→整烫

工艺流程如下。

(1) 蚕丝成衣印花常用弱酸性染料、中性染料以及直接染料，有时也用白涂料。

(2) 汽蒸条件为 100～102℃，40～60min，用 4g/L 固色剂 C 在 40℃温度下固色 10min，固色浴比 1:30。

（四）羊毛衫及毛织物衣片印花

1. 色浆配方

染料/g	20～50	助剂/g	30
尿素/g	50	释酸剂/g	30～50
原糊/g	600～700	加水合成总量/g	1000

2. 工艺流程

印花→烘干→汽蒸→冷流水洗涤→温水洗→热水洗→烘干→整烫

工艺说明如下。

(1) 毛织物的印花常用的染料有弱酸性染料、毛用活性染料、中性染料等。

(2) 印制深色羊毛制品需要经过氯化预处理，目的是改变羊毛的鳞片结构，提高其润湿性能、溶胀性能和染料的上染性能，缩短印花后的蒸化时间。氯化预处理速度过快，容易造成色泽的不均匀,也容易造成羊毛衫泛黄和手感粗糙等疵病,因此印浅色花纹一般不经过氯化处理。

(3) 羊毛衫氯化处理一般是在有效氯浓度为 0.018~0.3g/L 的漂白粉和 1.4~1.5g/L 的盐酸溶液中处理 10~20s。

(4) 汽蒸时要求湿度大、时间长,可用圆形蒸箱在 102~104℃汽蒸 40~60min。如汽蒸时湿度低,则效果较差;若湿度高,则得色深而艳。汽蒸后用冷流水把浮色洗除,防止白地沾污。

(五) 涂料印花

1. 色浆配方

涂料/g	x	合成增稠剂/g	500~600
尿素/g	50	加水合成总量/g	1000
自交联型黏合剂/g	250~400		

2. 工艺流程

印花→烘干→汽蒸或焙烘

工艺说明如下:

(1) 涂料印花色谱齐全,适用于各种纤维材料。白涂料印花后还能产生特殊的风格。衣片涂料印花后可以不经过任何后处理,悬挂一昼夜即可缝制,操作过程十分简单。

(2) 焙烘条件为 150℃,3~5min。

思考与练习

1. 绒布印花的常用工艺有哪些?各自有什么特点?
2. 绒布印花生产中应注意哪些事项?
3. 什么是绒布花色起绒?其原理是什么?
4. 写出灯芯绒织物印花的工艺流程,简述其工艺特点。
5. 针织物印花工艺有哪些?各有什么特点?
6. 常见成衣印花及汽蒸的设备有哪些?
7. 成衣印花工艺有哪些?

第十七章 印花工艺操作

第一节 印花设备

目前纺织品常规的印花设备有平网印花机、圆网印花机、滚筒印花机和转移印花机等，国内也有一些小厂仍沿用自动化程度较低的手工印花设备。印花机的分类如表17-1。

表17-1 印花机的分类

印花机				
	滚筒印花机	放射式	单面印花	
			双面印花	
		立式		
		斜式		
	筛网印花机	平网印花机	手工平网印花机	
			半自动平网印花机	网动式
				布动式
			全自动平网印花机	间歇式进出布
				连续式进出布
		圆网印花机	圆网式印花机	卧式
				立式 单面印花
				立式 双面印花
				放射式
	转移印花机	平板热压机(间歇式)		
		连续转移印花机(滚筒式)		
		真空连续转移印花机		
	数码喷射印花机	热脉冲式喷射印花机		
		压电脉冲式印花机		

一、滚筒印花机

滚筒印花机有多种形式，现使用最多的是放射式滚筒印花机，通常与其他单元机和通用装置组成印花联合机，如图17-1滚筒印花联合机所示，由进布装置、印花机车头、烘燥机、出布装置、传动设备等主要部分组成。目前滚筒印花机已逐渐被平网、圆网印花机所代替。

二、平网印花机

平网印花机是用平面框式筛网在长而直的台面上印制花纹的一类设备，可分为手工、半自动和全自动三种形式，现使用较多的是自动平网印花机，如图17-2所示，一般为联合机，由进布装置、印花烘燥及出布装置等组成，实现自动进布、织物自动粘贴在环形导带上、筛

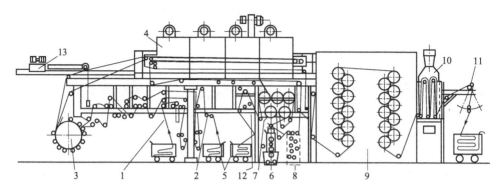

图 17-1 滚筒印花机示意图

1—花布进布；2—衬布进布；3—印花机车头；4—花布烘燥；
5—衬布容布箱；6—三辊立式轧车；7—衬布烘燥；8—衬布洗刷；
9—两柱烘筒烘燥；10—吹风装置；11—花布落布装置；12—衬布落布装置；13—花筒吊车

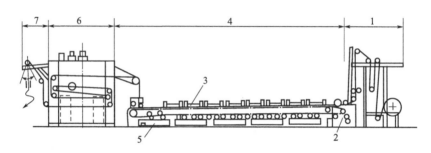

图 17-2 布动式平网印花机示意图

1—进布装置；2—导带上浆置；3—筛网框架；4—筛网印花部分；
5—导带水洗装置；6—烘干设备；7—出布装置

框自动升降、自动刮印、自动烘干和出布，减轻了劳动强度，提高了生产效率。

三、圆网印花机

圆网印花机是使用连续回转的无接缝圆筒筛网进行印花的一种筛网印花，按圆网排列方式可分为立式、卧式和放射式三种，在我国卧式圆网印花机应用最广泛，如图 17-3 所示，与其他单元组成联合机使用，由进布装置、圆网印花部分、气垫式热风烘燥部分及出布装置组成。

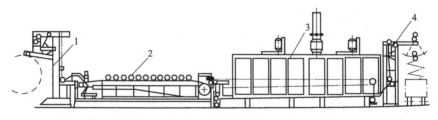

图 17-3 圆网印花机

1—进布装置；2—圆网印花部分；3—气垫式热风烘燥部分；4—出布装置

四、转移印花机

转移印花机设备类型较多，常见如图 17-4 所示。平板热压式是间歇式设备，织物与转移纸正面相贴热板压一定时间后升起即完成一次操作。连续式转移印花机可通过机器上的旋转加热滚筒进行连续生产。真空连续转移印花机利用真空造成的负压使染料升华而向织物转移的连续生产。

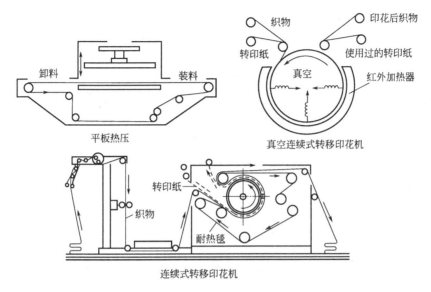

图 17-4　转移印花机示意图

五、数码喷射印花机

数码喷射印花机一般采用滚筒喷印方式，也有部分平板式喷印。如图 17-5 所示。按照墨水液滴喷射原理可分为热脉冲式和压电脉冲式两种，目前以压电式使用较为普遍。打印时，每秒钟每种颜色形成几十万个微点，在计算机软件控制下，微点进入电场，带电的产生偏转返回颜色容器，未电离的微点射向织物产生图案。

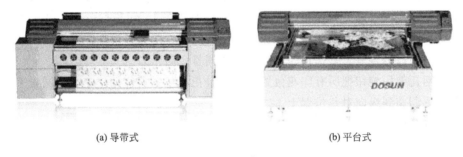

(a) 导带式　　　　　　　　(b) 平台式

图 17-5　数码喷射印花机

第二节　印花运转操作

一、平网印花运转操作

1. 运转前的准备

(1) 进行全机的清洁工作。

(2) 根据产品情况确定穿布道数和连接好导布带。

(3) 调整上胶幅度和厚度，使织物平整地粘贴在导带上。

(4) 调整清洗装置。

（5）调整对花装置，按照平网花回长度精确控制橡胶导带的运行距离。

（6）开启热风烘燥机，进行烘房加温。

（7）按照工艺单要求，磨好刮刀刀口，配好色浆桶。

（8）将白布与进布导带末端连接好，推上上胶机构，开车试行。

2. 运转中的操作

（1）开机运行，印花织物平整地粘贴在印花循环导带上，并随导带一起运行和停止，印花导带按花回大小精确控制和调整运行距离及暂停位置。当织物和导带暂停时，制成花版的筛网框架自动下降压在布面上进行刮印，完毕后上升脱离布面以便织物和导带运行。

（2）当印完一个周期后，引花布进入烘房烘燥。

（3）运行中注意进布的位置和张力是否适宜，注意刮刀动程、形状、角度、压力及刮印次数等是否适当，对花及检控器位置是否准确，并及时调整。

3. 停机操作

（1）印花将结束时，将白布尾端接上导布带，当白布尾端进入第一套色位时，放下上胶机构并进行清洗。

（2）按程序按下刮印按钮使刮刀逐一停止动作，依次取下刮刀、印花网框及浆桶进行清洗。

（3）花布进入烘房后，将对花系统关闭，让导带单独运转，以清洗导带表面的污浆。

（4）全机停车，将网框架保留在升起位置。停止加热，根据烘房情形切断风机电源。

（5）进行全机检查及清洁，做好交接工作。

二、圆网印花运转操作

1. 运转前的准备

（1）做好进布部分的准备工作，将贴布浆小车推入放在印花机的弧形电热板下面定位，调节浆槽位置，使橡胶刮刀和印花导带之间的距离保持在1mm左右；让浆泵连续运转而把贴布浆喷射到印花导带上。开动按钮让弧形电热板加热、印花导带加热及调节压力辊气缸压力，使印花织物通过各装置紧贴在印花导带上并调整经向张力。

（2）圆网托架用旋钮把所有印花位置的横向对花调整在零位上。主动圆网托架用旋钮把所有印花位置调整到纵向对花位置上。

（3）检查圆网上胶部分，并在冲洗机上充分冲洗圆网，按色号排列次序将圆网固定在托架上。

（4）装刮浆刀并调整好位置，进行色浆供给准备，装液面控测器，并将海绵、抹布及清水送到印花机旁。

（5）导带引进印花白布。

（6）开风机，烘房加热。

（7）试开全机，检查运作情况。

2. 运转中的操作

（1）按下电钮让每只圆网转动。

（2）按下电钮让橡胶导带寸行速度行进，并进行对花。

（3）升高印花导带，降低印花刮刀，进入圆网印花位置。

（4）将给浆泵处于自动位置上，按对花程序进行纵向和横向移动，调整刮刀压力，在正常的工作状态下提高印花机车速至所要求的速度。

（5）织物由进布装置进入印花装置，紧密平整地贴在涂有贴布浆或热塑胶的导带上，色浆经给浆泵通过刮刀刀架进入圆网，由刮刀挤压透过网孔而涂在织物印花处，再进入烘干设备烘干。

（6）导带在机下循环，在机下水洗，并经刮刀刮去水滴。

（7）运行中经常检查印制效果，及时调整对花位置和刮刀压力，控制进布和出布的张力。

3. 停机操作

（1）减慢车带，送浆泵从自动转为手动位置，停止泵的转动。

（2）将导布缝接在印花坯布布尾上并引入全机中。

（3）移除色浆桶，关闭电热板、加热器。

（4）升起印花刮刀脱开印花位置，下降印花导带与圆网脱离，并停止印花导带的运行及圆网的旋转。

（5）卸下送浆管、圆网、刮刀等部件并进行清洗。

（6）开动胶毯进行水洗，用海绵清洁托架和全机台各装置。

（7）停止全机运转。

（8）关闭热源、水源、总气阀，关闭电源总开关。

三、滚筒印花运转操作

1. 运转前的准备

（1）清除导布辊、紧布器、扩幅及烘筒表面上积存的纤维尘埃杂物等，清洁全机。

（2）检查安全装置是否齐全，检查油位情况，做适当的全机加油。

（3）全面检查机器的供电、供汽、供水状况。

（4）认真检查练漂半制品的情况，核对滚筒排列次序和印花色浆与工艺单上所附大样是否一致。

（5）将印花滚筒按工艺要求装上机座并调节好位置，注意对好各花筒的对花十字线，从第一个花筒开始，逐个复合对花记号。

（6）装好刮刀并加以校正。

（7）装好给浆装置后进行校正，并在核对印花色浆编号后分别将色浆注入浆盘。

（8）穿好棉衬布和练漂半制品的导布带，并检查全机穿头引带状况（白布及衬布的进出）。

（9）调整橡胶布、衬布和白布的表面平整度和张力。

（10）打开烘筒直接排汽阀，开启单独电动机进行空车运转以排出烘筒内积存的空气和冷凝水。再开启进汽阀，至放汽阀中有蒸汽溢出时关闭放汽阀，加大总进汽阀预热烘筒。

（11）试开全机，检查传动情况。

2. 运转中的操作

（1）先开慢车，用衬布进行初步对花，色浆有无错误，花筒有无疵病，对花是否正确。

（2）在衬布上贴上一块长度大于花筒圆周长度的白布进行印花试样，注意印制效果并及时调节。

（3）检查样布合格后，将印花坯布入机印花，在符合质量要求后开快车印花。

（4）运行时注意相关部件的啮合和润滑状况，注意各种仪表指示状况，如有异常情况应停车检查修理，不可与运转中的机件接触以确保安全。

（5）运行时注意管道畅通及烘燥机内的滴水情况，注意落布的烘干程度，同时注意进出布匹的缝头状态和平整程度。

3. 停机操作

（1）关闭蒸汽，开放冷凝器上的排水阀，切断电源。

（2）拆卸浆盘、刮浆刀和花筒并进行清洗，放于规定位置，做好全机的清洁工作。

（3）履行交班时的各项工作。

思考与练习

1. 滚筒印花机的类型有哪些？最常用的是哪种类型？
2. 平网印花机的类型有哪些？最常用的是哪种类型？
3. 圆网印花机的类型有哪些？最常用的是哪种类型？
4. 常见的转移印花机类型有哪些？
5. 简述平网印花机的运转操作过程。
6. 简述圆网印花机的运转操作过程。
7. 简述滚筒印花机的运转操作过程。

第四篇 印花后处理

- 第十八章 蒸化
- 第十九章 水皂洗
- 第二十章 印花常见疵病

第十八章 蒸　化

第一节　蒸化原理

纺织品印花后，除了冰染料和可溶性还原染料外，一般染料都要进行蒸化。蒸化又称汽蒸，是将印有色浆的纺织品在充满蒸汽的蒸箱（蒸化室）中汽蒸，使染料扩散或固着在纤维上的工序。

一、蒸化的目的

蒸化的目的是使印花纺织品完成纤维和色浆膜的吸湿和升温，加速染料的还原及在纤维上的溶解，使染料扩散进入纤维内部并固着于纤维上。

二、蒸化固色原理

在蒸化过程中，由于织物进入蒸箱中表面温度较低，所以当蒸汽和织物及印花色浆膜接触时，蒸汽立即在织物表面及印花色浆膜处冷凝，使印花色浆膜吸收水分而膨润。随之蒸汽冷凝时释放潜热，使织物受蒸汽潜热作用温度迅速上升，湿度也随之上升。与此同时，纤维吸湿膨化、色浆吸水后加速染料和化学药剂的充分溶解，有利于化学作用的产生，促使染料由色浆向纤维转移、向纤维内部扩散进而产生固色。

蒸化的工艺条件随染料和纤维的性质而不同。影响色浆吸湿量的主要因素是蒸化机内的温度和相对湿度。

三、蒸汽在蒸化过程中的作用

蒸汽在汽蒸过程中起着十分重要的作用，它既传递热量又传递水分，是决定花纹轮廓清晰度、色泽鲜艳度、染料固着程度和色牢度的关键因素。

染料的性质和加工对象的不同汽蒸方式也不相同。如还原染料需在排除空气条件下，用饱和蒸汽汽蒸，属还原汽蒸；涤纶织物用分散染料印花在常压下用160～180℃过热蒸汽连续汽蒸，称为常压高温汽蒸；涤纶织物用分散染料印花在密闭的汽蒸箱内用125～135℃的过热程度不高、接近于饱和的蒸汽汽蒸，称为高温高压汽蒸；两相法印花工艺中，印有色浆的织物经浸轧化学药剂后用128～130℃过热蒸汽在30s内完成汽蒸工序，称为快速短蒸。

汽蒸时根据加工织物的具体要求确定采用饱和蒸汽或过热蒸汽两种不同的蒸汽状态。饱和蒸汽又分干饱和蒸汽和湿饱和蒸汽两种。干饱和蒸汽是指蒸汽中不含液态水的蒸汽，即所有液态水全部蒸发成为沸点温度相同的蒸汽。湿饱和蒸汽是指干蒸汽中掺杂有和蒸汽同温度的呈细雾状的液态水的蒸汽。过热蒸汽是将干饱和蒸汽进一步加热，蒸汽温度大于相应压力下水的沸点温度，它一般不含有液态水，其特点是蒸汽中温度高而湿度低。

第二节 蒸化设备

早期汽蒸较多采用间歇式圆筒蒸箱和连续式还原蒸化机对织物进行汽蒸，目前连续式长环蒸化机成为主要的汽蒸设备。

一、还原蒸化机

还原蒸化机由进布架、蒸箱（蒸化室）、落布架三个部分组成，设备结构示意图如图18-1所示。

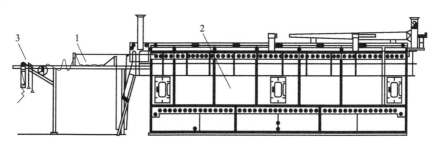

图 18-1　还原蒸化机结构示意图
1—进布架；2—蒸箱；3—落布架

蒸箱（蒸化室）是蒸化机的主体机构，是不锈钢板制成的长方形箱体，外包超细玻璃纤维棉保温，顶部采用盘香管蒸汽间接加热。多孔假底下面装有间接蒸汽加热装置。装有直接蒸汽管，它除开机时供给蒸汽外，并可作排除箱内空气之用。箱室底有一多孔假层，上铺麻布，以防止由假底下面的水滴飞溅到加工的织物上，造成水滴疵布。多孔假底层下面为积水处，借助直接蒸汽加热使积水沸腾，热蒸汽通过假底层供应给箱体内的湿度，使成为饱和蒸汽。从而有利于纤维的膨化、助剂的溶解、染料的渗透及化学作用的产生。

还原蒸化机适宜于大批量织物的连续化生产，但它耗汽量大，生产品种有限。

二、圆筒蒸化机

它是间歇式的蒸化设备，适用于小批量的纺织品印花，既有常压型又有高温高压型，织物通常以星形架悬挂，又称为星形架蒸化设备。蒸化室主要为圆筒式，也有钟罩式等。设备结构示意图如图18-2所示。

蒸箱外包绝热保温材料层，箱内加热有夹层汽入管、米字形管入口和底层汽入口等，根据织物品种和工艺要求选择启闭不同的入汽口控制蒸化条件，蒸箱外装有温度表、压力表和安全阀等以利于操作。

采用高温高压圆筒蒸化机，先将印花织物由吊架装进蒸箱筒内，再合上盖件由传递机构锁紧，打开蒸汽阀门，经过减压阀进入管道到蒸箱内筒分多道均匀喷出，另一道管道进入内筒进汽加温，根据印花工艺要求，蒸汽经减压阀控制一定的压力，调整电极压力表，提供讯号。开放疏水阀，进行疏水。蒸化工序完成之后，关闭进汽阀，打开排气阀，开动传动机构把蒸件打开，吊出印花织物。

三、连续式长环蒸化机

连续式长环蒸化机是目前较为先进的汽蒸设备，目前品种较多，有国产设备也有进口设备。

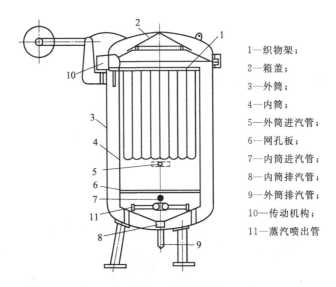

图 18-2　圆筒蒸箱示意图

1—织物架；2—箱盖；3—外筒；4—内筒；5—外筒进汽管；6—网孔板；7—内筒进汽管；8—内筒排汽管；9—外筒排汽管；10—传动机构；11—蒸汽喷出管

1. 国产长环蒸化机

蒸箱是用含铜特殊钢制作，箱内部所有表面涂有牢固的防蚀保护层，整个箱体采用汽密封形式，外部采用岩棉加防锈铝板的隔热的方式。蒸汽由机台两侧匀称地送入箱内，对于用空气作为介质的固色工艺，使用调节空气补给器的专用部件，蒸汽通过热交换器或电加热器达到所需要的介质温度。蒸汽给湿装置对蒸箱给湿是染料固色的很重要的措施，来自供汽装置的蒸汽，借助于自动控制的水泵，通过给蒸箱喷雾的调节，将蒸箱调到饱和状态，温度调节器调到比参考温度低 1 摄氏度的位置，也可直接使用饱和蒸汽发生器供汽，它可提供几乎无压力的干饱和蒸汽，它可将不同压力状态的过饱和蒸汽进行完全饱和。在饱和蒸汽发生器里装有冷凝水和分配环，蒸汽均匀分散地从底部向上吹，而冷凝水所产生的蒸汽就补给了过热的蒸汽。设备结构示意图如图 18-3 所示。

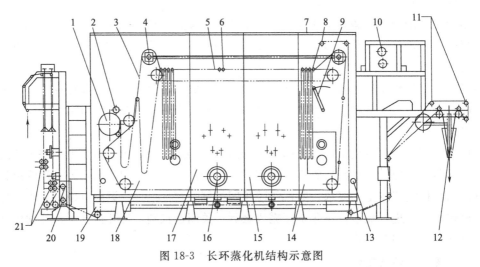

图 18-3　长环蒸化机结构示意图

1—喂布辊；2—蒸汽吹管；3—环形管；4—出水测量管；5—进水管；6—挂布辊；7—箱顶；8—牵引辊；9—控制杆；10—主传动；11—落布辊；12—落布斗；13—转向杆；14—出布区；15—中间区；16—空气强制循环风机；17—中间区；18—进布区；19—气封装置；20—进布辊；21—电动吸边器

2. Arioli 连续长环蒸化机

意大利阿里奥利（Arioli）公司的连续长环蒸化机，主要用于棉织物、部分合成纤维及其混纺织物印花后的连续汽蒸固着之用。它既可以进行常温汽蒸，也可以进行常压高温汽蒸。设备结构示意图如图 18-4 所示。

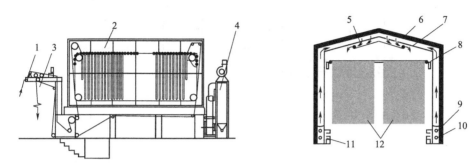

图 18-4　Arioli 连续式长环蒸化机结构示意图

1—进布架；2—无底钟罩式长环蒸化室；3—同端落布；4—过热蒸汽发生器；
5—防水挡板；6—保温层；7—夹层板；8—悬挂轨道；9—间接蒸汽加热管；
10—直接蒸汽加热管；11—狭缝吸风口；12—织物

Arioli 连续长环蒸化机由平幅进布、悬挂式长环汽蒸箱（前部有给湿预热室）、同端落布三个部分组成。它的特点是织物加工处于无张力状态悬挂在箱内，有三种汽蒸方式：热蒸汽和热空气汽蒸，它适用于各类织物印花后的汽蒸。由于它的汽蒸箱底部是敞开的，所以又称无底蒸化机。

汽蒸箱是连续式长环蒸化机的主体部分。蒸箱顶盖为不锈钢制成的人字形空心顶板，隔层内装置间接蒸汽管保温，饱和蒸汽通入导汽板底部水槽内，使软水汽化上升至顶板中间圆孔内进入汽蒸箱（使用过热蒸化时，导汽板底部水放掉），产生湿饱和蒸汽。蒸箱四壁由双层不锈钢制成，在夹层壁的下部可储放软水，中间有间接蒸汽管保温，直接蒸汽管加热，所形成的蒸汽从双层壁中间上升，当上升到顶部后，从顶部夹板中间的圆孔喷出，再经过防水滴的挡板自上而下进入汽蒸室内，不断翻腾。蒸箱底部四周开有 1mm 不锈钢薄板制成长方形的特殊吸风口，由离心风机将室内逸出的废汽抽出。采用饱和蒸汽时，由于吸风口上部湿度较高而形成雾，与下部不成雾的空气形成明显界面。蒸箱两侧设有饱和蒸汽给湿装置。由于采取顶部向下喷汽，蒸箱下沿口排汽形式，确保了蒸箱内温度的均匀，不致造成冷凝滴水现象，满足了蒸化机在工艺上的要求。

3. Babcock 连续式有底长环蒸化机

德国巴布科克公司的 Babcock 连续式有底长环蒸化机，用于各种印花织物的汽蒸，也可作为涂料印花及树脂功能性整理后的焙烘。设备结构示意图如图 18-5 所示。

Babcock 连续长环蒸化机由进布装置、成环装置、出布装置三个部分组成。

蒸箱采用合金材料制成，顶板及前后左右箱板均为夹层式，在箱顶及织物进出口封口部位均设有加热系统，确保箱顶不结雾，无水滴落下。蒸汽由箱体顶部进入，由于蒸汽的比例小而空气的比例大，故蒸箱内蒸汽在箱体上部，空气则被蒸汽置换下沉，在箱体底部设有排气装置，及时将空气排出，保证箱体内始终保持无空气存在状态，从而确保印花后汽蒸的质量。

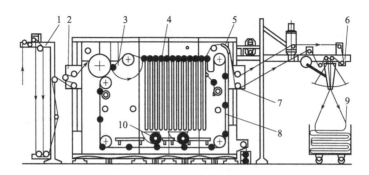

图 18-5 连续式长环蒸化机结构示意图

1—进布装置；2—进布封口；3—成环装置；4—自转导辊；5—扩幅板；6—出布装置；
7—出布封口；8—导辊传动链；9—织物；10—循环风机

进入蒸化机的织物，根据要求调节为 1.25～2.5m 长度的环，织物成环装置在无张力的情况下，利用织物自身重量下垂成环，在进入蒸箱过程中，织物印花面始终保持不与挂布辊接触，在汽蒸过程中，挂布辊不断缓慢地转动，以便更换织物与其接触部位，有效地防止了织物印痕。

饱和蒸汽汽蒸时，将蒸汽通入蒸汽饱和器成为饱和蒸汽，从两侧进入箱体，沿箱体夹层上升到箱体顶部，再从顶部将饱和蒸汽吹向已成环的织物，织物在蒸汽作用下，吸热及吸湿完成汽蒸。由风扇形成的循环系统以蒸汽流向按织物运动方向流动，确保对织物进行汽蒸。

过热蒸汽汽蒸时，安装在各循环风道中的间接式热交换器将饱和蒸汽进一步加热成为过热蒸汽，并达到温度控制器上所设定的温度。间接式热交换器采用导热油或电加热，散热器安装在风扇上方，达到常压高温的目的。

焙烘时，由空气代替蒸汽在箱体内循环运行，安装在汽蒸箱底板中的空气阀打开，靠虹吸作用从冷凝水排出口进入，经加热器加热后送入蒸箱内对织物进行焙烘。

四、快速蒸化机

还原染料和活性染料经两相法印花后采用快速蒸化机使染料固着于纤维，经过快速蒸化机后，一般连接一台平幅皂洗机。设备结构示意图如图 18-6 所示。

快速蒸化机由进布装置、卧式两辊轧车、快速汽蒸箱和出布装置四个部分组成。

高效快速蒸化机的进布装置由紧布器、电动吸边器和进布导辊等组成。

卧式两辊轧车轧余率在 40%～80% 之间，它可以通过轧车压力在 0～30Pa 之间进行调整的优质轧辊和压力系统来控制，并可根据工艺要求采用浸轧或面轧。轧车下面的残液收集槽、工作槽和高位供应槽，形成了整个自动控制的闭路系统

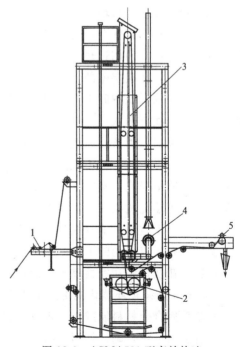

图 18-6 ASMA781 型高效快速蒸化机结构示意图

1—进布装置；2—卧式两辊轧车；3—快速汽蒸箱
4—排汽通道；5—出布装置

（化学药剂配制—供应补加—收集—回送到供应槽）。

快速汽蒸箱的箱体由不锈钢制成，由聚氨酯材料制成的泡沫填充绝热层保温，中间有分隔墙板保证温度和适当湿度的蒸汽得以均匀分布。箱顶和隔墙板两边设有四根喷汽管，经蒸汽加热器加热后的蒸汽由此进入蒸箱内，使箱内温度维持在 128～130℃，箱体中部有温度显示器，实施温度自动控制。为了防止冷凝水滴，间接加热的箱顶板呈 30°倾向安装。箱内蒸汽过热器用电热管加热达到工艺所需要的温度。蒸汽由顶部向下喷射，室内形成正压，抽排风机从汽蒸箱底部将箱内空气和剩余蒸汽经排风管抽排至室外。为保证汽蒸箱内蒸汽的质量，在汽蒸箱外部通过管道连接游离空气检测装置进行检测。

出布装置由张力调节架和落布架组成，大多数工厂在张力调节架后都连接一台平幅皂洗机，组成一台高效快速汽蒸-水洗皂洗联合机。

思考与练习

1. 蒸化的原理是什么？
2. 常见的蒸化设备有哪些？各有什么特点？
3. 为什么大多数染料必须经过蒸化才能固色？

第十九章 水 皂 洗

第一节 水皂洗原理

织物经印花后，除采用全涂料印花工艺外，几乎所有印花工艺在汽蒸后要进行水洗、皂洗处理。

一、水皂洗的目的

水皂洗的目的是洗去蒸化后织物上的色浆糊料、残剩的染料和化学药剂等物质，同时还原染料和不溶性偶氮染料等还需要经过皂煮才能获得预期的色泽和染色牢度。

二、水皂洗的原理

整个水洗过程是通过扩散和液交换来完成的。在印花织物后处理净洗过程中，织物上的印花色浆经过汽蒸固色后，其残留的染料和化学药剂等物质经润湿、膨松、溶解，逐渐扩散于洗液中，并在新鲜洗液的不断置换下从织物上洗去，不让残剩染料重新沾染织物。未固着在织物上的色浆向水中扩散时，其浓度梯度与清洗液的相对运动有关，与洗液的喷淋及液体与织物的挤压有关。从机械设备来考虑，可以采用多次浸轧，延长润湿交换时间，增强轧压、喷淋，借物理和机械作用来提高交换机会。为了节约用水，可采用逆流、激流、振荡、刷洗以及低水位等措施来提高净洗效果。

织物在短时间内达到净洗的最有效的方法是提高污物的扩散系数。影响扩散系数的主要因素之一是温度。提高温度可使洗液中污物分子的活动能增大，纤维表面边界层中的污物浓度降低，纤维表面边界层的饱和状态遭到破坏，因此纤维上的污物进入洗液的数量和速度就增加，扩散系数提高。同时，由于温度提高，水的表面张力和黏度降低，可加速织物上糊料的膨化分离。因此水洗槽及织物进出口采用封闭形式（或加罩），达到降低能耗、防止蒸汽外逸的目的，从而提高水洗效率。

第二节 水皂洗设备

一般水皂洗工艺根据加工织物品种的不同需要，可采用绳状水洗和平幅水洗，从操作上来说又可分为间歇式和连续式两种。目前的印花后处理水洗机还是以平幅洗涤形式最为普遍，当然也有采用绳状水洗和先平幅水洗后绳状水洗相结合的净洗设备。由于水洗工序用水量较大。另外考虑到各种织物本身的性能，要求所使用的水洗机具有高效、节能、低张力等特点。

高效水洗机的组成特点是在浸轧、透风膨化部分尽可能延长印花织物湿态膨化时间，再以多冲淋相结合，使织物表面浮色及糊料大部分除去，同时配置大流量喷淋水洗箱，利用循环泵的水压强制洗涤液穿透织物间隙的方法来提高水洗效率。其后配置低水位平洗槽和高效蒸洗箱或延长洗涤时间的松式皂煮箱等措施。

一、高效平幅皂洗机

高效平幅皂洗机由进布架、浸渍、透风膨化、冷水冲淋、大流量喷淋水洗、水洗槽、松式皂蒸箱（或高效蒸洗箱）、烘燥机组成，该设备的结构示意图见图19-1所示。

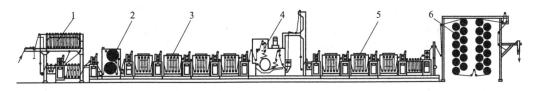

图 19-1　高效平幅皂洗机结构示意图
1—喷淋膨化装置；2—大流量喷淋槽；3—水洗槽；4—松式皂蒸箱；
5—高效蒸洗箱；6—烘燥装置

喷淋膨化装置使织物经浸渍、透风膨化、冷水直冲直放，以便将织物表面未固着的浮色及糊料大部分去除。糊料去除率约在70%，未固着染料洗净率约在55%，这样为进一步去净打下基础。

在大流量的喷淋槽或六辊洗液喷淋水洗箱中，经过滤后的洗液用泵循环，使洗液呈瀑布状冲向紧贴于网状辊上织物，冲洗效果好，其糊料去除率约为20%，未固着染料洗净率约为25%，也就是说，已经去除了80%以上的糊料和未固着的染料。

浮色和杂质基本去净的织物再经松式皂蒸箱皂煮3min左右，有利于花色鲜艳度和染色牢度的提高。

采用交流电动机变频调速、多单元同步传动代替直流电动机分二级多单元同步传动，可适应不同规格的织物净洗处理。

二、松式绳状水洗联合机

松式绳状水洗联合机供纯棉、涤棉及其混纺织物印花后绳状水洗之用。该设备的结构示意图见图19-2所示。

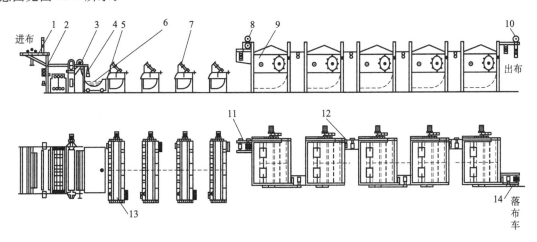

图 19-2　松式绳状水洗联合机结构示意图
1—平幅进布架；2—对中装置；3—八角辊；4—喷淋管；5—溢水口；6—存水式J型箱；
7—分段加压水洗机4台；8—进布装置；9—绳状水洗机5台；10—出布装置；
11—小轧辊、多角辊主动进布装置；12—主动小轧辊拖布装置（共4套）；
13—绳状水洗机（5辊加压）；14—小轧辊、多角辊摆动出布装置

设备流程为：平幅进布架→红外线开幅对中装置→高效蒸洗浸渍槽（上三下四）→二辊轧车→六角轮平幅落布→J型容布槽（双喷淋装置）→绳状导布器→大容量绳洗机（四组）→绳状压水导布器→绳状水洗机（五组）→出布装置→十一单元变频同步电柜

先进的红外对中装置起到了良好的开幅效果，避免了布边卷边现象的发生，又能平整对中上布。高效蒸洗浸渍槽采用不锈钢板、$\phi 150$导布辊、机械密封轴承座，加上三支强喷淋装置，更适用于水洗工艺要求。J型容布槽采用双面强喷淋装置，并可移动槽体，使工艺更为灵活。大容量绳洗机采用单气缸单加压，压力可根据工艺调整，水槽分五格，进行S形倒流工艺，使之增强水洗效果并节约用水，最后一格又采用循环水泵，清水回用，使工艺更为灵活、节约。四组绳洗起到了二十浸二十轧的最佳工艺需求。绳状水洗机分为四组，八个分体水槽，水位、水温均为单独自动控制，采用加热管使加热时间缩短为6min，保温温差为±2℃，全槽网型隔板，使绳状织物有序浸泡在热水中，再经提布导布辊，配合椭圆形辊甩布于槽体体壁，增强水洗效果，每箱之间加压水式同步装置有效地控制了全机同步张力问题。全机电柜采用四门可拆装式国标型柜体，三菱变频器使全机调试同步，蜂鸣式故障报警系统直接反映了每个单元的运转是否正常，便于及时发现问题，避免造成不必要的损失。每单元机之间增设了急停与微调装置，使操作更为简易化和人性化。

思考与练习

1. 水皂洗的目的是什么？
2. 水皂洗的原理是什么？
3. 常见的水皂洗设备有哪些？各自有什么特点？

第二十章　印花常见疵病

第一节　平网印花常见疵病及防止

一、平网印花疵病产生形式

平版筛网印花织物在生产过程中有两种形式的印花疵病，一是在平版筛网印花机上直接产生的疵病；二是织物原坯本身的织造疵点和印花前处理不当而造成的疵病。

二、平网印花常见疵病及防止措施

常见的疵病及防止措施如下。

1. 塞网（堵版）

花网网眼部分被堵，不能露浆，产生花样轮廓不清，断茎，泥点不全等疵病称塞网。

防止措施如下。

（1）选择遮盖力强的墨汁描稿。

（2）花版感光后充分冲洗。印花前认真检查花版有无堵版，及时处理。

（3）加强前处理，减少半成品绒毛、毛头，进行烧毛处理。

（4）加强色浆管理，涂料印花时应选择常温下不易交联的黏合剂控制色浆黏度，必要时过滤好色浆上机。

（5）热台板印花时，应观察网版，必要时勤洗网版。

2. 对花不准

在印制两套或两套以上印花织物上全部或部分花型中一个或几个颜色脱开或重合，印制花型与原样不符，有错位现象的疵病称对花不准。

防止措施如下。

（1）橡胶导带表面的贴布浆黏度适中，布浆尽量薄且均匀，使贴布达到黏、薄、匀，布贴得牢且平。

（2）机印（平网、圆网）导带树脂要选择好，使布面充分平铺在导带上，要及时彻底清洗导带，保持长期清洁、平坦。

（3）合理安排印花套色顺序，对花关系相连的安排在邻位，以免因印花浆收缩引起对花不准。

（4）描稿时合理控制各色之间的复色，对于同色系可适当加大复色点。

（5）制网网框制作时，绷网要紧，各方张力要一致，防止丝网松动。

（6）设备上机时要经常保养好，定期修设备，保持设备的精密性。

3. 框子印

平网冷台板印花时，在织物纬向产生有规律的色泽深浅不一的直条色痕，疵点间距离与花框宽度相同的疵病称框子印。

防止措施如下。

(1) 保持花框底部的清洁，干燥，选择底部有一定斜度的网框架。
(2) 合理控制给色量，以免给色量过大，浆层太厚，难以干燥。
(3) 合理选择刀口、角度、速度、压力，以使吸浆干净，使得布面得色匀、薄、实。
(4) 尽量拉大花版间距离。

4. 花纹影印（又称花纹双印或双茎）

印花花型边缘、茎线呈现双层线条，有时其中之一模糊不清，使花型变形的疵病称花纹影印。

防止措施如下。

(1) 绷网经纬张力应足以保持网框绷紧，各向张力保持均匀一致，并且同一花稿各套色版绷网条件要一致。
(2) 机器印花时，调整好刮印参数，使前后各版的刮刀同步进行。
(3) 手工台版的对花规矩眼应定牢，大小一致，有摩擦要及时修复。

5. 多花与漏花

印花织物上出现间距有规律，与印花花回相等、形态一致的与原稿不完全相符的花样，比原稿花样多的称多花，比原稿花样少的称漏花。

防止措施如下。

(1) 严格执行制版程序，并进行全面、仔细的检查与校对。
(2) 印花时加强巡回检查，及时修补。

6. 套歪与露白

套歪是指对花不准，花型脱格；露白是指在花与花的连接处有不应有的白底。

防止措施如下。

(1) 网框绷紧，不易变形，张力一致。
(2) 采用同一批次的描稿片基，对准标准线，并按同一方向裁剪。黑白稿接版处，复色要适当，不能过窄。
(3) 吸湿性大的织物在蒸前受潮后印花以保证贴绸牢固。
(4) 加强导带清洗，清除表面杂质。
(5) 选择对花精度高的设备。手工台板印花时要先校正花版的花位，台板规矩眼有磨损要及时调换。

7. 糊化（溢浆、渗化）

印制花纹轮廓不清，花型周边不规整，不光洁，色相之间相互渗溢，花型"发胖"与原样不符的疵病称糊化。

防止措施如下。

(1) 织物前处理后应充分烘干，贴布浆应尽量薄，以保证印前织物的干燥。
(2) 印花色浆黏度适中。
(3) 合理选择刮刀类型，合理控制刮印压力，以便透浆不会过多。
(4) 控制印花版升降移动的稳定性。
(5) 控制好蒸箱蒸化时的湿度。

8. 刮进

刮进是指在浅色花型中带入了深色浆或异色色浆，导致色萎，是网印中最常见的疵点。

防止措施如下。
(1) 调整花版印制次序，先浅后深排列。
(2) 调换刮刀或调整刮刀压力，以使收浆干净。
(3) 拉大花版印制距离。

9. 压糊

部分花型被压成气孔状，色泽深浅不匀，轮廓不清的疵病称压糊。

防止措施如下。
(1) 拉大花版间距离，在印制过程中加吹热风或其他烘干装置。
(2) 调整刮刀，合理控制刮刀压力和刮印角度，以使浆层薄匀，收浆干净。
(3) 调整印花色浆的黏度和含固量，以保证浆层适当薄。

第二节　圆网印花常见疵病及防止

一、圆网印花疵病产生形式

圆网印花织物绝大部分的印花疵病是在圆网印花机上直接产生的。

二、圆网印花常见疵病及防止措施

常见的印花疵病如下。

1. 对花不正

圆网印制两套色以上的花型时，织物上全部或部分花型有一种或几种色泽没有正确地印到相应的花纹位置上的疵病称对花不准。

防止措施如下。
(1) 印制时如有间歇性对花不正，核对圆网上的记号并检查圆网花纹是否错位。
(2) 严格圆网制版程序，以防制版而造成的对花不正。
(3) 检查圆网印花机导带运行是否正常，检查圆网运转主动齿轮如有磨损应及时调换。
(4) 合理选择粘贴浆料，以使贴布牢固均匀平整。

2. 刀线（宽条状）

当刮刀上有小缺口或黏附有垃圾杂质，圆网旋转时就会产生刮色不匀，造成印花织物出现经向深浅线条状刀线。

防止措施如下。
(1) 选择耐磨、耐弯曲的刮刀，合理控制刮刀角度和压力，尽量减小刮刀和圆网之间的摩擦力。
(2) 合理选择糊料，严格调制工艺，使糊料充分膨化，并过滤色浆，避免色浆中有固体杂质。
(3) 感光前认真检查网孔的清晰度和内壁的光洁度，控制刮胶时的胶层厚度，防止胶液渗入内壁。
(4) 上机前检查刀口是否完好。

3. 传色

传色是指前一个圆网刮印到织物上的色浆，未及时渗入织物，而堆置在织物表面，转移至后一个圆网的网孔内，造成花纹的色泽与原样不符。

防止措施如下。

(1) 圆网按先浅后深原则排列。

(2) 合理选择刮刀，一般深浓色泽花纹的圆网采用硬性刮刀（厚而狭的刀片），浅色花纹则采用软性刮刀（薄而宽的刀片）。

(3) 将印花前半制品先经拉幅，保证半制品的门幅略大于圆网的印花宽度，织物两边各保留 1cm 的余量。

4. 渗化

渗化是指色浆从花型轮廓的边缘向外渗出，花纹边缘毛糙不清。

防止措施如下。

(1) 严格控制印花色浆的原糊稠厚度，防止有变质和脱水现象发生。

(2) 在防印印花时，根据防染难易程度和印花原糊耐防拔染剂的性能合理选择防拔染剂的用量。

5. 堵塞圆网网孔

圆网网孔内嵌入纤维短绒或印花色浆中的不溶性颗粒时导致印花织物上局部花纹露底的疵病称堵塞圆网网孔。

防止措施如下。

(1) 在印花机进布部位安装吸毛吸尘装置，吸尽表面短绒，做好进布处的清洁工作。

(2) 印花色浆付印之前用高目数的锦纶网（150 目以上）过滤，以防色浆中的不溶物堵塞网孔。

6. 露底

印花织物上的有些花纹（特别是大块面的花纹）处呈现色浅或深浅不匀甚至露白疵病称露底。

防止措施如下。

(1) 印制大块面花纹和厚重织物时，合理选择刮刀，控制刮刀角度和压力，以提高给色量，改善露底。

(2) 选用黏度低、流变性好的糊，以保证足够的给色量。

(3) 合理选用圆网，满地大花用目数小的网。

(4) 严格前处理质量，毛细管效应较差与丝光不足会影响织物的渗透性，产生露底现象。

7. 圆网皱痕

圆网皱痕是指织物表面呈现有规则的、间距与圆网周长相等、形态相同的横线状或块状的深浅色泽的疵病。

防止措施如下。

(1) 调节圆网托架的高度，使圆网与印花导带间距离恒定在 0.3mm，避免圆网受刮刀压力后变形而产生皱痕。

(2) 圆网运转前将其均匀拉紧，使圆网有足够的刚度和弹性，防止在刮刀的压力下产生单面传动而扭曲，产生皱痕。

(3) 刮刀刀片的两端与圆网接触的两角应剪成圆弧并磨光，以降低刮刀阻力，避免损伤圆网造成网皱印。

8. 多花（砂眼）

多花是指在印花织物上出现间距有规律，与圆网等周长、形态一致的色斑疵病。

防止措施如下。

(1) 在涂感光胶前用洗涤剂和去污粉混合液彻底清洗圆网，并用低温循环风吹干。

(2) 保持室内清洁，防止尘粒黏附在胶层中。

(3) 选择黏着力强的感光胶，严格制版工艺操作。

(4) 在制版后及印制中认真检查网版，及时修补砂眼。

第三节　滚筒印花常见疵病及防止

一、滚筒印花疵病产生形式

滚筒印花的大多数疵病是由于刮刀选用和操作不当引起，也有部分是与花筒和印花色浆有关。

二、滚筒印花常见疵病及防止措施

常见病疵如下。

1. 对花不正（错花）

滚筒印花在印制多套色花型时，织物幅面上的全部或部分花纹，其中有一种或几种色泽没有正确印到相应的花纹位置上，形成脱版或错花。

防止措施如下。

(1) 合理制定雕刻工艺，多套色花型采用大小合适的花筒，各只花筒圆周长度要精确无误，花纹深浅一致，并使花筒轴心平直。

(2) 印花时调整多花筒及一个花筒两端压力均匀一致，保证花筒平稳运行，并有利于对花。

(3) 清洗衬布，保证衬布表面平整干净，调节衬布张力，以防衬布在进入各只花筒时产生伸缩变化而引起对花不准。

2. 刀线（刀条、刀丝）

花筒表面出现不平、不光之处或刮刀出现缺口使织物上出现经向直线或波浪开线条的疵病称为刀线。

防止措施如下。

(1) 保证圆网质量。花筒做到"三光"，即上蜡前铜环光、镀铬前花筒表面和花纹光、镀铬后的铬层光。

(2) 合理选用和使用刮刀。对花纹面积小的选用较薄的刀片，以较轻的刮刀压力和适当的角度刮压色浆，以减轻刮刀与圆网的摩擦阻力，花纹面积大的选用较厚和宽的刀片。保持刮刀平直，受力均匀，刮浆一致。

(3) 选用含固量较高的原糊，可在其中加入润滑剂，并在使用时过滤色浆，避免色浆中含有固体物质。

3. 传色

印到织物上的色浆经后一套色花筒和刮刀的作用下，沾在花筒表面，逐渐窜入后面一个色浆内，引起色泽变化称传色。

防止措施如下。

(1) 合理改变花筒顺序，使同类色或色泽相近的颜色排列靠近，浅色排在前面，并采用淡水白浆辊筒。

(2) 正确运用除纱小刀，铲除织物上来不及吸收黏附在后面花筒光板上的残浆。

(3) 在变色的色浆内加入适量能抵消或破坏传来色浆的化学药剂，以保护色浆。

4. 拖浆

拖浆是指在印花织物经向出现两条深的色条线的疵病。

防止措施如下。

(1) 正确选择和安装刮刀。掌握四平一光，即装铗平、高低平、锉磨平、与花筒接触平、刀口光滑。

(2) 严格半制品质量，无绒毛杂质。

(3) 保持设备清洁。

5. 得色不匀

印花织物的纬向呈现色泽深浅不匀的现象称得色不匀，检查织物反面易发现此疵病。

防止措施如下。

(1) 安装刮刀刀片做到"四平"。

(2) 合理控制刮刀压力，保证压力均匀，避免压力过大压弯花筒。

(3) 使用干净烘干且平整的衬布。

6. 嵌花筒

嵌花筒是指花纹内嵌入纤维短绒、浆皮等杂质或硬粒，造成花纹局部色浅，露底或全面性深浅不匀的疵病。

防止措施如下。

(1) 严格调浆程序，防止色浆中不溶物质嵌入花筒。

(2) 防止纤维短绒和杂质落入色浆浆盘，并做好印花进布处的清洁工作。

思考与练习

1. 平网印花时对花不准有何种防止措施？
2. 平网印花时出现糊化疵病应采取何种防止措施？
3. 刀线是圆网印花的常见疵病，试描述该疵病的外观形态并提出防止的措施。
4. 如何防止圆网印花中产生传色疵病？
5. 如何防止滚筒印花出现得色不匀疵病？

参 考 文 献

[1] 王菊生. 染整工艺原理:第四册. 北京:中国纺织出版社,1987.
[2] 王宏. 染整工艺学. 北京:中国纺织出版社,2004.
[3] 王授伦. 纺织品印花实用技术. 北京:中国纺织出版社,2002.
[4] 刘泽久. 染整工艺学:第四册. 北京:中国纺织出版社,1985.
[5] 李晓春. 纺织品印花. 北京:中国纺织出版社,2002.
[6] 黄茂福. 杨玉琴. 织物印花. 上海:上海科学技术出版社,1983.
[7] 胡平藩. 印花. 北京:中国纺织出版社,2006.
[8] 沈淦清. 染整工艺:第三册. 纺织品印花. 北京:高等教育出版社,2005.
[9] 郑巨欣. 中国传统纺织品印花研究(南山博文). 杭州:中国美术学院出版社,2008.
[10] 黄元庆. 印染图案艺术设计. 南京:东华大学出版社,2007.
[11] 崔唯. 色彩构成. 北京:中国纺织出版社,1996.
[12] 吴明娣. 中国艺术设计简史. 北京:中国青年出版社,2007.
[13] 徐景祥. 印花图案艺术. 杭州:中国美术学院出版社,1997.
[14] 徐汉. 基础图案装饰. 杭州:浙江人民美术出版社,2006.
[15] 胡克勤. 印花CAD教程. 南京:东华大学出版社,2004.
[16] 李振球. 中国民间吉祥艺术. 哈尔滨:黑龙江美术出版社,2000.
[17] 王宏. 染整技术:第三册. 北京:中国纺织出版社,2008.
[18] 曹修平. 印染产品质量控制. 北京:中国纺织出版社,2006.
[19] 余一鄂. 涂料印染技术. 北京:中国纺织出版社,2003.
[20] 胡平藩. 筛网印花. 北京:中国纺织出版社,2006.
[21] 胡木升. 织物印花色浆调制. 北京:中国纺织出版社. 1988.
[22] 何政民. 织物印花疵病分析及防止. 北京:中国纺织出版社,1993.
[23] 胡平藩,武祥珊. 印花糊料. 北京:中国纺织出版社,1988.
[24] 徐穆卿. 印花. 北京:中国纺织出版社,1982.
[25] 陈英. 染整工艺实验教程. 北京:中国纺织出版社,2004.
[26] 屠天民. 现代染整实验教程. 北京:中国纺织出版社,2009.
[27] 上海市印染工业公司. 印花(修订本). 北京:中国纺织出版社,1983.